殺す理由

なぜアメリカ人は戦争を選ぶのか

Reasons to Kill: Why Americans Choose War

Richard E. Rubenstein

リチャード・E.ルーベンスタイン

小沢千重子＝訳

紀伊國屋書店

バズとアリス・パーマーへ

戦争は愚かさと悪意を多分に含んでいるゆえ、理性の発達に多くを期待しなければならない。
そして、何かを期待できるのであれば、ありとあらゆることを試みるべきである。

――ジェームズ・マディソン

殺す理由——なぜアメリカ人は戦争を選ぶのか　目次

装幀　間村俊一

殺す理由——なぜアメリカ人は戦争を選ぶのか

REASONS TO KILL
by Richard E. Rubenstein

Japanese translation published by arrangement with
Bloomsbury Publishing Inc. through
The English Agency (Japan) Ltd.

はじめに

アル・カーイダが世界貿易センタービルとペンタゴンを襲撃してから二日後の二〇〇一年九月一三日、私ははからずも地元メディアの嵐のような取材攻勢の渦中に巻きこまれた。その前日、ワシントンDCの（NBC系列）ローカルテレビ局のプロデューサーから、翌朝の「モーニング・ニュース」に出演して九・一一の攻撃について語ってほしいと依頼された。私は一九八〇年代からテロリズムについて著述し、アル・カーイダと彼らの攻撃の意味を考察していたので、すぐさま了承した。こういうしだいで当日の朝六時半にテレビ局に出向いたのだが、こんな早朝にチャンネル4を観ている人はそうそういないだろうと思っていた。

番組のニュースキャスターは私を政治的暴力と紛争解決の専門家と紹介してから、困惑と憤慨が入り混じった口調で「これほど無分別で卑劣な行動をとれるのは、いったいどんな人間なのでしょうか?」と尋ねてきた。私は大きく息を吸って、こう答えた。数千もの罪のない人々を殺すというのは、たしかに許すべからざる残虐な所業です。とはいえ、テロリストの行動を無分別とか卑劣と言ったところで、彼らを理解したり、彼らの行動に理性的に対処する役には立ちません。アル・カーイダの攻撃を引き起こしたのは悪意や狂信だけではありません。イラクやサウディアラビア、イスラエル‐パレスチナ問題をめぐるアメリカの政策への反感も、その動機となっているのです。ウサーマ・ビン・ラーディンはかねてから、それを公然と表明していました。この犯罪行為を裁かねばならないのはいうまでもありませんが、わが国の政策がイスラーム諸国でこれほど強い憎悪と怒りを生みだしている理由も、私たちは考えねばならないのです。

このインタビューはせいぜい二分間ほどで終わった。私はもっと時間をかけて問題を論じたかったと思いつつも、自分の発言の内容と論調に満足してスタジオをあとにした。ところが、三〇分後にオフィスに着く頃には、私の電話はすでに鳴りっぱなしだった。私のボス、ジョージ・メイソン大学の学長アラン・マーテンからもかかってきた。「リック、まず言っておくが、君が職を失うことはない。たとえ、この一五分間に君の首を切れと迫る電話が二〇件かかってきても、だ。そのうちの何人かは、子弟に講義を受けさせないとか、大学への寄付を打ち切ると脅していたが」

「あなたはなんと応じたのですか？」

「教授の義務はおのれが真実とみなすことを教えることで、大学の義務は教授にその機会を与えることだ、と言ってやった。だが、君はテレビでいったい何を話したんだ？」

私はマーテン博士の掩護《えんご》に謝意を表し、テレビでの発言を手短に報告した。非難の声が続々と寄せられた原因の一つは、ほとんどの人々がいまだ九月一一日の悲惨な出来事のショックで動揺していることにある、という点で私たちの意見は一致した。まずショックから立ちなおり、死者を悼み、怒りを発散させたあとでなければ、この悲劇の原因や意味について考えることなどできはしまい。私はたぶん、おおかたの人々がまだ考える余裕のない問題について、時期尚早に語ってしまったのだろう。

だが、現在にいたってさえ、これは議論しやすいテーマではない。多くの人々は今もなお、くだんの攻撃をしでかしたテロリストたちを悪魔とみなしている。こうした見方は、彼らを歴史的な因果関係の地平から追放する。悪魔もどきの人間が悪事をなすのは彼らが悪であるからで——それだけのことだ。彼らがなぜそうするのかと論じたりしたら、無分別と思われるばかりか、「悪の同調者《シンパ》」と非難されることになる。

九・一一のテロ攻撃ののち、アメリカがまずアフガニスタン、ついでイラクでの戦争に突き進んでいくなかで、気づいてみると私は例のニュース番組で語ったことをさまざまな形で繰り返し説いていた。多くの外国人がアメリカを憎悪し恐れるのには、悪意や狂信のほかにも重大な理由があるのだ、と。けれども、戦争への国民の支持をとりつけるために唱えられた主張やスローガン、援用されたイメージは、こうした理由を特定したり、それがアメリカの対外政策や国外での行動に対してもつ意味を考察することを避けていた。他者との関係を直視することができず、冒険的な軍事行動がもたらす結果を推測しようともしない——私たちはまるで、おのれが批判するテロリスト同然の無分別な行動をとっているように思われた。

私をついに本書の執筆に踏み切らせたのは、二〇〇三年のジョージ・W・ブッシュによるイラク侵攻だった。侵攻の準備期間中に強硬な主戦論が高まるにつれて、私はいつしか、なぜこれほど多くのアメリカ人が——ブッシュの批判者の大半も含めて——サッダーム・フセインはアル・カーイダと手を組んでいるうえに、大量破壊兵器を保有し、それをアメリカに対して使おうと目論んでいるというブッシュ政権の主張を易々と受け入れてしまうのか、と不思議に思うようになっていた。たとえ、こうした告発が正しいにせよ（私自身は強い疑念を抱いていたが）、なぜ、イラクに侵攻してイラクを占領することが考えうる最良の対応策なのか？ 国連安全保障理事会はすでにアメリカのイラク侵攻の正当性を否定していた。自分の家族や友人や親類や同郷人を危地に赴かせる前に、戦争が唯一の対応策であることを証明せよと、なぜアメリカ人は要求しないのだろうか？

私にとって、この状況はまさしくデジャヴだった。一三年前の一九九〇年にサッダーム・フセインがクウェートに侵攻したとき、私はC-SPAN〔アメリカのケーブルテレビ業界各社が資金援助する非営利のローカルテレビ局。議会中継や文化・社会関連番組を放送する〕で放映された「湾岸での戦争——ほかの選択肢は？」と題するパネル・ディスカッションの議長をつとめた[1]（紛争解決プログラムに携わる者として、私はこの分野の専門家の多くが戦争に代わる平和的で道徳的な手段があると信じていることを知っていた）〔第五章参照〕。ペルシア湾岸でアメリカ主導の戦争を始めれば本格的な対イラク戦争への道を開くだけだ、とパネリストたちは強く主張した。サッダームに圧力をかければたいした苦もなくクウェートから撤退させられる、そののちに信頼できるムスリム〔イスラーム教徒〕の指導者たちの仲介で交渉を行ない、クウェートとイラク間の紛争の解決を図ればよい、ということで彼らの意見は一致した。紛争解決プロセスは、イラク国民を苦しませている同国内の紛争を和らげるのにも役立つだろう。もし、これらの問題が平和的に処理されなければ、ペルシア湾岸は今後も紛争の温床となり、外国の絶えざる介入を招く磁石となる、と彼らは警告したのだ。

　それから数ヵ月後に一人目のブッシュ大統領が始めた戦争は、サッダーム・フセインの軍隊を粉砕し、イラクのインフラを破壊し、イラク国民を困窮させたが、この国と湾岸地域の宿痾《しゅくあ》ともいうべき根本的な社会問題を何ひとつ解決しなかった。そして、湾岸戦争でのアメリカの勝利から一〇年以上経った今、歴史が繰り返そうとしている。二人目のブッシュ大統領と彼の補佐官たちは、サッダームは湾岸地域を不安定にさせ、アメリカ人に危害を加えんと目論む「邪悪な敵」であると言明し、こう主張した。われわれはサッダーム・フセインからみずからを守る神聖な権利を有し、抑圧されたイラク国民を解放する道徳的義務を負っている。彼が敗北すれば、混乱した湾岸地域が民主的な政府と国内の秩序の確立に向かって進む道が開かれよう。イラクの石油に対するアメリカの権益はこの件となんら関係がない。わが国の目的を達成する方法は、アメリカ主導の戦争と戦後のイラク再建以外にありえない。

こうした主張とイメージが湾岸戦争より――いや、ベトナム戦争や朝鮮戦争よりも――ずっと昔にその起源を遡《さかのぼ》れること、世界で最初に生まれた最強の民主国家の国民に独特の共感を呼ぶということが、私に衝撃を与えた。これと同様のアピールは、メキシコやスペインに対する戦争や、両次の世界大戦への参戦を支持するよう国民を説得する際にも用いられた。もちろん、二〇〇三年のアメリカには、二〇〇一年九月一一日に被った激しいトラウマに起因する恐怖感が蔓延していた。アメリカ人の多くは恐怖感のゆえに、保護と信頼できる情報を権威筋に求めるようになり、そしておそらく、自分たちが破壊できる敵を探し求めるようになった。だが、これだけでは、アメリカ人がこれまで幾度となく、自衛や「邪悪な敵」や道徳的義務を説く主張に動かされて戦う気になってきた理由を説明できない。私はこれらのアピールが今なお発揮している説得力の源泉を見出すために、それらが初期の時代にどのように形づくられたのかを探ろうと文献を読みはじめた。

そして、この本ができた。本書が印刷されているあいだも、米軍は海外で戦っていた。この戦いはアメリカ史上最も長期にわたって――一〇年近くものあいだ――途切れることなく続いている。あるいは、湾岸戦争とその後の軍事的・経済的制裁から始まったとみなせば、もっと長く続いているのだ。私たちの多くにとって、戦争はいまや絶え間なく続く通常の活動のように思われる。たとえ、その莫大な財政的・物理的・心理的・精神的コストが私たちと将来の世代に深刻なダメージを与えていようとも。軍事介入について明晰に考察することは喫緊の要事である。私たちを戦争支持に向かわせる修辞的・哲学的計略を検証し、その源泉をアメリカ文化の中に探ることと、他者の生命を奪い、おのれの生命を危険にさらす理由を示されたときに、もっと適切な選択をする術を考えること以上に重要な仕事はまずないだろう。

　過去半世紀のあいだにアメリカが遂行した戦争の数とその期間が顕著に増したにもかかわらず、この手強い問題に取り組んだ著作は数えるほどしかない。歴史家や社会科学者は依然として、もっぱら有力な政策立案者たちの動機を分析することをつうじて、個々の事例における「戦争の理由」を論じている。彼らは時に、特定の戦争で用いられた大衆の支持を得るためのプロパガンダについて述べている。だが、アメリカの歴史に繰り返し登場する説得のパターンを探究し、それらが功を奏した理由を説明している者はほとんどいない。その結果、新たにアメリカの軍事介入が提案されるたびに、私たちはあたかもこれまで遭遇したことがなかったかのように、集団的暴力を正当化する論拠に対処しているのだ。

　本書は、アメリカ人がなぜかくもしばしば戦争を選ぶのかという疑問に決定的な答えを示したものではなく、集団的暴力を正当化するありきたりの論拠について、もっと自主的に考えようと促すものである。私はけっして、正しい戦争なるものはありえないと主張しているのではない。それどころか、たとえ稀《まれ》なケースであっても、アメリカ人がおのれの血と他者の血を流さざるを得ない状況もありうると思っている。とはいえ、私が何より望んでいるのは、本書やこれに類するものが、伝統的にアメリカ人の性格に深く刻まれていた健全な懐疑主義をいっそう強めることである。この次に、わが国の指導者たちがアメリカ国民は自由、国家安全保障、世界秩序のために戦わねばならないと告げるとき、アメリカの国益とアメリカが奉ずる諸々の価値を守るためには機械化された暴力以外の手段はないと彼らが主張するとき、愛国心とは進んで戦争を選ぶことにほかならないと彼らが定義しようとするとき、その時には「証拠を見せられるまでは信じない！」と応じようではないか。

第一章　なぜ、私たちは戦争を選ぶのか

一八三一年、第七代大統領アンドリュー・ジャクソン〔一七六七〜一八四五。在職一八二九〜三七〕が再選も視野に辣腕《らつわん》を振るい、アメリカの西部がロッキー山脈で終わっていたときに、アレクシス・ド・トクヴィル〔一八〇五〜五九〕というリベラルなフランス貴族が新しい社会をその目で見ようとアメリカを訪れ、精力的に調査旅行を行なった。彼が帰国後に著わした『アメリカのデモクラシー』〔第一巻は一八三五年、第二巻は四〇年に出版〕という瞠目《どうもく》すべき書物は今日もなお、アメリカ文化を鮮明かつ啓蒙的に分析したものとして高く評価されている。その時以来、アメリカ国民は甚だしい変化を遂げてきたが、私たちは彼が描いたアメリカ人像の中に――ちょうど小学校の卒業アルバムに幼い日の自分を見つけるように――自分自身を見出せるのだ。

トクヴィルのこの書をひもとけば、そこに私たちがいる。民主的で、体制順応的で、論争好きで、道徳主義的で、勤勉で、政府に懐疑を抱き、富と特権を妬みつつ、それを手に入れたいと切

望している私たちが。けれども、劇的な違いがあることがじきにわかってくる。私たちはどうやら、戦争への嫌悪感を失ってしまったようだ。トクヴィルは自分が出会ったアメリカ人を「平和愛好者」と評し、その理由を「平和は産業を繁栄させ、誰もが自分のささやかな事業を成就するのを可能にするからだ」[1]と忖度《そんたく》している。むろんトクヴィルとて、開拓地の入植者が彼らのいわゆるインディアン、すなわちアメリカ先住民と頻繁に戦っていたことや、この若い共和国が一八一二年から一五年にかけてイギリスと戦っていたことも承知していた。だが、彼にとりわけ強い印象を与えたのは、アメリカの「新しい人間」が総じて外国との戦争を忌避する傾向にあり、ひと握りの職業軍人を除けば、軍事力や武勇を崇拝する気風をもちあわせていないことだった。これは、この新生国家には軍事的な伝統がなく、（少なくとも白人男性のあいだでは）社会的平等主義が確立され、国民が商業に熱心に取り組んでいることの当然の帰結である、とトクヴィルは考えた。恒常的な戦争状態は旧世界の社会的宿痾《しゅくあ》の一つだが、新世界は少なくともこの点に関するかぎり、はるかに健全であるように思われた。

さて、今日のアメリカ国民を見たら、トクヴィルはどう思うだろうか？『アメリカのデモクラシー』が出版されてから、アメリカは大きな戦争を一〇回遂行し、アメリカ先住民諸部族に一八回もの大規模な軍事攻撃をしかけ、二五回以上も諸外国に軍事介入してきた。小規模な介入や秘密裏の行動、暗殺や他国との共同作戦、さらに代理戦争も加えれば、その数は劇的に増加する。第二次世界大戦以後だけでも、アメリカが本格的に武力を行使した事例は優に一五〇を超える。[2]

これほど好戦的な記録をもった近代国家は他に例を見ない——しかも、アメリカのペースは加速しているのだ。一九五〇年以降、アメリカは二〇年以上もの歳月を戦争に費やしてきた。朝鮮、インドシナ、イラク、アフガニスタンでの軍事作戦で一〇万人以上のアメリカ国民が戦死し、その少なくとも五倍以上が負傷した。そして、数百万人もの外国人が命を奪われた。二〇〇一年からは、暴力がやむ見通しの立たないまま、私たちはずっと戦いつづけている〔本書出版後の二〇一一年一二月一四日、オバマ大統領がイラク戦争の終結を正式に宣言し、同月一八日に米軍はイラクから完全撤収した。アフガニスタンに関しては、二〇一二年五月に行なわれたNATOの首脳会議で、国際部隊のほとんどが二〇一四年末までに撤退し、その後もアフガニスタンの治安部隊を支えていくことが合意された〕。

何よりも回答を必要としている問いは、なぜアメリカの指導者たちは戦争をするのかではなく、なぜ私たち国民は彼らに従って戦うのか、というものだ。有力な政策立案者は経済的な利益、地政学的な野心、安全保障上の懸念、イデオロギーに基づく動機や道義的責任、さらには次の選挙での勝算を高めるといった多種多様な理由から、軍事力の行使を主張する（イリノイ州選出の下院議員だったエイブラハム・リンカーン〔一八〇九〜六五。のちに第一六代大統領。在職一八六一〜没年〕がアメリカ・メキシコ戦争〔米墨戦争〕を「票を獲得するための征服戦争」[3]と称したことは周知のとおりだ）。政治的立場を異にするアナリストたちが、アメリカはすでにグローバルな帝国になったと一様に認めている。彼らによれば、いまや軍事介入の主たる動機は、帝国が果たすべき（立法者、警察官、開発業者など）種々の役割をまっとうするために現在の地位を維持することにある。[4] 有力な政治家や利益団体が戦争を唱道する理由を論じた文献は枚挙にいとまがない。それとは対照的に、人的・財政的コストの大部分を現実に負担するのは一般市民であるにもかかわらず、彼らがなぜかくもしばしば戦争に同意するのかについては、これまでほとんど論じられてこなかった(5)。

アメリカ史を特徴づけるものでありながら見落とされがちなのは、以下に述べる興味深い事実である。つまり、一八一二年戦争〔第二次英米戦争〕から第四三代大統領ジョージ・W・ブッシュ〔一九四六生。在職二〇〇一～〇九〕のイラク侵攻にいたるまで、戦争が提唱されるたびに必ずといってよいほど非常に強硬な反戦論が生じた、ということだ。時には、国民の大多数が反対するにいたったことさえあった(6)。ところが、反戦論は概して戦争の準備段階ないし緒戦段階で弱まるか、消失する（のちに再燃する場合もある）。それは、なぜだろうか？　ほとんどのアメリカ人は愛国的心情ゆえに、あるいは政府に服従することが習い性となっているがために、戦争に同意するのだろうか？　彼らはこうした決断を合理的に下しているのか、それとも何かほかの要因が――たとえば、世間に同調しないことを恐れたり、外国の敵に対して被害妄想《パラノイア》的な感情を抱いていたり、暴力を好む性癖があることなどが――かかわっているのだろうか？　もちろんある意味では、この問いに対する答えは「上述したすべて」である。アメリカと同じくらい大きくて多様な社会では、実にさまざまな理由から戦争を支持する人々がいるものだ。けれども、私は研究を重ねた結果、本来なら戦争に乗り気でないアメリカ人を戦争支持へと誘導するのに最も説得力がある理由は、何よりもまず彼らの宗教的ないし道徳的感性に訴えるものである、という結論に達した。自分自身や同胞が危地に赴くのに私たちが同意するのは、こうした犠牲は正当化されると確信しているからこそであり、狡猾な指導者やデマを飛ばす宣伝屋、あるいはおのれの流血への欲望によって戦争支持に駆りたてられたせいではないのだ。

本書は主として、戦争と平和の問題に関する大衆の意思決定にきわめて重要な役割を果たす道徳的正当化を探究している。とはいえ、アメリカ人が戦う理由についての二つの通説をまず検討するのが有用だろう。これらはいずれも看過できない一片の真理を含んでいるものの、全体像を曖昧にするか歪めている。第一の通説は私が「無邪気なかも仮説（the innocent dupe hypothesis）」と呼ぶもので、アメリカ人が意思決定する際に、政治指導者や無批判なメディアが流布させる虚偽のメッセージや誇張された情報に誤り導かれる傾向を強調している。私たちは往々にして、開戦を決断するよう誤り導かれているのだろうか？　そのとおりだ！　だが、この仮説だけでは、アメリカ人が戦争を選ぶ理由を充分に説明できない。第二の通説である「開拓地の戦士仮説（the frontier warrior hypothesis）」は、アメリカ人が戦争を是認する傾向の淵源を植民地への入植と北米大陸の領土拡張という歴史的遺産に求めている。この文化的遺産は今でも私たちの思考において、何らかの役割を演じているのか？　またしても、その答えは「然り、だが……」である。たしかに、私たちは相変わらず白人入植者の開拓地での経験から派生した物語やイメージを紡いでいる――けれども、暴力と非暴力に対するアメリカ人の姿勢は、単にデイヴィー・クロケット〔一七八六～一八三六。なかば伝説的なフロンティア・ヒーローで、アメリカ西部民話の最大の主人公〕の精神を喚起するだけでは説明できない。私たちのものの見方はそれよりもっと複雑で、興味深いものなのだ。

これら二つの仮説はアメリカで戦争が正当化される理由を十全に説明してはいないが、多くの教訓を含んでいる。まず、「無邪気なかも仮説」を検討しよう。この仮説を体現しているのが、ハーマン・メルヴィル〔一八一九～九一〕の有名な小説『ビリー・バッド』〔死後の一九二四年に出版〕の同名の主人公である。

ビリー・バッド症候群と政府当局による欺瞞の記録

船乗りのビリー・バッドはあまりに無垢で人を疑うことを知らないがゆえに、他者の悪意を認識できない。悪意を抱いた下士官から謀反を企んでいると不当な告発をされると、ビリーは衝撃と怒りで口がきけなくなる。言葉で弁明することができず、思わず拳で殴りつけると――「殺すつもりはなかった」が――その告発者はあっけなく死んでしまう。船上で開かれた軍事法廷での罪状認否において、ビリーは艦長にこう訴える。「もしも舌を使うことができたら〔彼は吃る体質だった〕、ぼくはあの人をぶったりしなかったでしょう。だけど、あの人はぼくに面と向かって、そして、艦長のおられるところで、汚いウソをつきました。ぼくは何かを言わねばならないと思ったのですが、ぶつことでしか言うことができなかったのです。おお、主よ、われを助けたまえ！」(7)

ある人々から見れば、アメリカはビリー・バッドたちの国である。おのれの純粋さを無邪気に確信し、外交辞令に馴染むことができず、権威を過度に信頼し、悪意をもった敵に遭遇するや安易に暴力に訴える。こうした見方をする評論家によれば、騙されやすいアメリカ人を戦わせるには、悪意ある侵略者から祖国を守る手段は戦争しかないと訴える強烈なプロパガンダだけで充分である。権威に対する無批判な信頼によって分別を失い、マスメディアが流す広告の主張や約束を真に受けるよう条件づけられているので、私たちアメリカ人は情報操作に長けた政治家と偏向したニュース報道にまんまと騙される。最近の研究報告の表現を借りるなら、「巧妙に売りこまれれば、アメリカ人はいつでも戦争を買う(8)」というわけだ。アメリカ人がこれほど騙されやすく見える理由について、一部のアナリストは、ニュースの独占と先端技術による情報コントロールの時代における政府の強大な世論形成力を強調する。別のアナリストたちは、「国益」の主張の陰に隠された利己的な私益を認識できないアメリカ人のビリー・バッド的無能さを強調する。いずれの見方も、政治家や利益団体がメディアを使って戦争支持のメッセージを広め、世論を操作していることを示す相当数の証拠に依拠している。

私たちは無邪気なかもなのだろうか？　ある程度まで、そのとおりだ。とりわけ、お人よしという性格に不安という要素が加味された場合には。現代のアメリカ人のほとんどは、他者の悪意を認識できなかったビリー・バッドほどうぶではない。それどころか、私たちは他者の悪しき意図を深く案じている。こうした不安を抱えているからこそ、私たちは大衆の不安につけいる指導者の情報操作を受けやすい。それゆえ、アメリカ国民はこれまでしばしば、政府当局の嘘や虚偽の申立てに影響され、時には完全に騙されてきた。古い諺《ことわざ》にいわく――ジョージ・W・ブッシュ大統領が〔二〇〇二年九月一七日のテネシー州ナッシュビルでの〕演説中にこれを言おうとして言えなかったことはご承知のとおりだが――「私を一度騙したならあなたの恥、二度騙されたら私の恥

(Fool me once, shame on you. Fool me twice, shame on me)」と。ところが、アメリカ人はこれまで何度も、のちに根拠が疑わしいとか欺瞞であったことが判明した理由に基づいて戦争に踏み切ってきた。サッダーム・フセイン〔一九三七〜二〇〇六〕はアル・カーイダのテロリストと結託しており、大量破壊兵器を保有しているというミスター・ブッシュの告発は、軍事行動を熱狂的に支持するよう国民をたきつけるために用いられる、虚偽の告発の長い系譜に連なる最新の事例なのだ。たとえ、この手の誤導戦術だけではアメリカ人が戦争を選ぶ理由を充分に説明できないとしても、政府当局による虚偽の申立てのおぞましくも多彩な記録を銘記しておくことは重要である。

これは、二、三の例を手短に述べるだけで明らかになるだろう。

アメリカvsメキシコ〔米墨戦争〕

一八四六〜四八年。ジョージ・W・ブッシュはことを曖昧にするという教訓を、テネシー州出身の民主党員でアメリカの領土拡張の使徒ともいうべき第一一代大統領ジェームズ・K・ポーク〔一七九五〜一八四九。在職一八四五〜四九。〕から学んでいたのかもしれない。一八四六年、ポークは上下両院合同本会議でこう宣言した。「メキシコ軍が国境を越えてアメリカ領土を侵犯し、アメリカ人の土地でアメリカ国民の血を流した……戦争は現実に生じている。われわれが戦争を回避すべく万策を講じたにもかかわらず、メキシコの行動によって生じたのだ(9)」と。アメリカの作家で評論家のメアリー・マッカーシー〔一九一二〜八九〕の言葉を言い換えるなら、ポーク自身の宣言の一言一句が接続詞や冠詞も含めて、せいぜい半分だけ真実だった。実際には、ポーク自

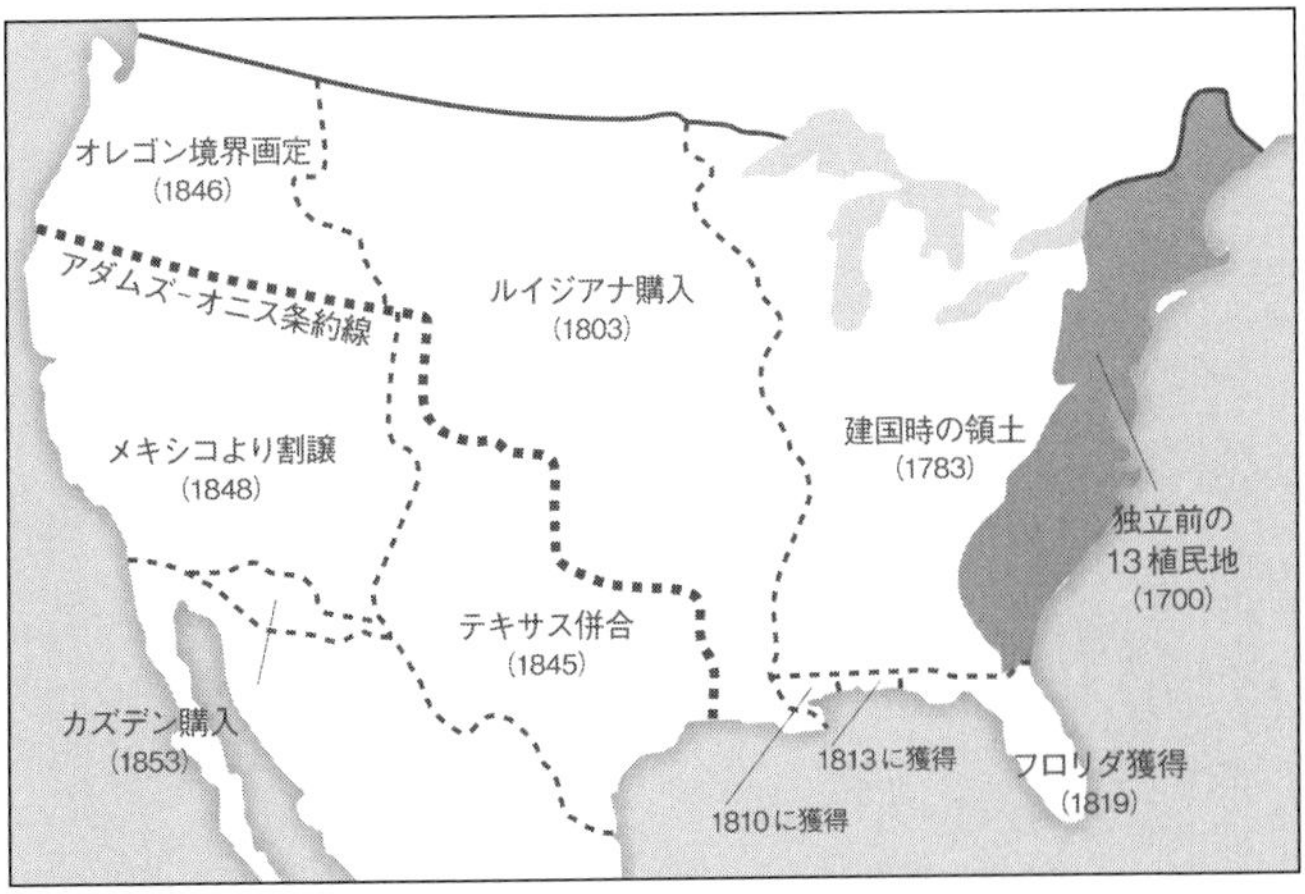

領土拡大の過程（1783〜1853年）

1823年のメキシコ領土
（中野達司『メキシコの悲哀——大国の横暴の翳に』松籟社所収の地図をもとに作成）

身が両国の係争地に軍隊を派遣し、メキシコ軍を刺激してアメリカ軍を攻撃するように仕向けていた。くだんの係争地も、もし国際法廷が審理していたら、おそらくメキシコの領土と認めていただろう。それゆえ、エイブラハム・リンカーンは周知のように、アメリカ人の血が流された正確な「地点《スポット》」を示すようポークに要求したのだ(10)。

リンカーンらホイッグ党〔アンドリュー・ジャクソンの政策に反対する勢力が結成したアメリカの政党で、イギリスのホイッグ党との類似によってこう呼称した。一八五〇年代に共和党に移る形で発展的に解消。リンカーンは一八三〇年代初期からホイッグ党員だったが、一八五〇年代半ばに共和党員になった〕の反戦派はメキシコへの派兵について、これはメキシコがカリフォルニアを含む南西部全土を二束三文でアメリカに売るのを拒否したことに起因する侵略戦争である、と主張した。ポークは万全の戦争回避策をとったと力説したが、実際には一八四五年から四六年にかけて外交使節団をメキシコシティーに派遣しただけだった。案の定というべきか、大統領特使のルイジアナ州選出下院議員ジョン・スライデル〔一七九三〜一八七一〕は、彼らの領土の三分の一を手放すようメキシコ人を説得できなかった。第六代大統領ジョン・クインシー・アダムズ〔一七六七〜一八四八。在職一八二五〜二九〕、ラルフ・ウォルドー・エマーソン〔一八〇三〜八二〕、ヘンリー・デイヴィッド・ソロー〔一八一七〜六二〕らが反戦運動を主導し、これは南部の奴隷所有者が糸を引く反道徳的な土地の略奪行為である、と声高に弾劾した。だが、反戦勢力は少数派にとどまり、三年に及んだ戦争で一万三〇〇〇人以上のアメリカ人が命を落とした。そのほとんどは戦病死で、アメリカの対外戦争における最高の損耗率を記録した。メキシコ人の犠牲はこの一〇倍に達したと思われるが、一顧だにされなかった。米墨戦争の結果、アメリカは当初の提示額の半値以下で広大な西部の土地を買収した。

しかしながら、多くの批判者が恐れていたように、新たな領土につくられる州を奴隷州と自由州〔奴隷制を禁止した州を意味し、奴隷州に対する概念的呼び方〕のいずれにするかという問題が再燃した。この問題が一〇年余りのちに南北戦争を招来し、六〇万人もの死者を出す遠因となった。若き日に士官としてメキシコで戦った第一八代大統領ユリシーズ・S・グラント〔一八二二〜八五。在職一八六九〜七七〕は、回想録の中で米墨戦争を「強国が弱国にしかけた史上最も不正な戦争の一つ[11]」と称している。

アメリカvsスペイン

アメリカvsスペイン〔アメリカ・スペイン戦争、米西戦争〕、一八九八年。米墨戦争から五〇年後、キューバのハバナ港に停泊していた米国海軍の戦艦メイン号が大爆発して沈没すると、対スペイン戦争へのアメリカ国民の支持が急激に高まった。同艦の大砲用の弾薬である五トン以上の火薬が一瞬のうちに爆発し、乗員のほとんどが寝ていた船の前方三分の一をハバナ港の海底に沈めたのだ。二五八名のアメリカ人水兵が即死し、さらに八名がまもなく負傷がもとで死亡した。この翌日、好戦的な海軍次官テディー〔セオドア〕・ローズヴェルト〔一八五八〜一九一九。のちに第二六代大統領。在職一九〇一〜〇九〕が、「メイン号はスペイン人の卑劣な謀略行為によって撃沈された[12]」と宣言した。プレ・エレクトロニクス時代における唯一の大量伝達媒体だった大新聞は、これに追随した。最初はためらいがちに、やがてしだいに確信を強めながら、キューバを領有するスペインを名指して、米艦を沈めた悪人どもと難ずる記事や論説を次々と発表した。

一八九八年三月、当時の素朴な機器で調査に当たった米国海軍調査委員会が、メイン号沈没の原因を船体の下で機雷が爆発したためと結論づけた。それから数週間後、アメリカ議会はスペインに宣戦を布告した。アメリカ兵がキューバの海岸を猛攻し、チリのサンティアゴからフィリピンのマニラ湾にいたる海域でスペイン艦船を撃沈した。戦場のいずこでも、聞こえてくるのは「メイン号を忘れるな！　スペインをやっつけろ！」という雄叫びだった。ところが、この悲劇にスペイン政府がかかわっていたことを裏づける証拠は、当時もその後もいっさい見出されていない。メイン号事件の何ヵ月も前から、マドリードの新政権はキューバをめぐる戦争を回避すべく必死に策動していた(13)。もし、機雷が爆発の原因であったなら、最も嫌疑の濃い容疑者は和平交渉に反対していた気の荒いスペイン軍士官たちか、アメリカをキューバ独立闘争により深く巻きこもうと目論むキューバの反乱勢力だったろう。だが、ついに容疑者は発見されず、そもそも機雷がメイン号を沈めたというのも甚だ疑わしい。一九七六年に米国海軍提督ハイマン・リコーヴァー〔一九〇〇〜八六〕が招集した調査チームは、船倉に備蓄されていた軟炭が自然発火して火薬庫に点火し、メイン号を破壊したという結論を下した。アメリカがスペインにしかけた「素晴らしい短い戦争」の直接的な開戦事由《ケイサス・ベライ》は、濡れ衣だったのだ(14)〔米西戦争はアメリカ史上「素晴らしい短い戦争」と呼ばれるが、キューバは「アメリカ・スペイン・キューバ戦争」と称している〕。

アメリカvsドイツ〔第一次世界大戦〕、一九一七〜一八年。前代未聞の破壊的な戦争がヨーロッパで荒れ狂っていた一九一五年、占領地ベルギーでのドイツ軍兵士の蛮行を報じるニュースがアメリカ国民を戦慄させた。ドイツ兵は修道女をレイプし、赤ん坊を殺し、人々の手を切り落とすなど、恥ずべき残虐行為にうつつをぬかしているという。これらのストーリーは、血に飢えた「ハン（Hun）」〔両次の世界大戦中のドイツ兵やドイツ人に対する蔑称〕というドイツ人像を形成し、中立政策を捨ててグレート・ウォー〔第一次世界大戦〕を戦うイギリス陣営を支援するよう国民を促すために利用された。おおかたの占領軍の例に洩れず、ドイツ軍が民間人に暴力を振るっていたことは紛れもない事実だが、この種のストーリーの最悪の部分はイギリス情報部が捏造し、アメリカの親英官僚や新聞が流布させたものだった。[15] この頃には、英国海軍がドイツとアメリカを結ぶ大西洋横断海底ケーブルを切断していたので、イギリスはアメリカの海岸に届く戦争のニュースを思いのままに選り分けることができたのだ。

この一年後、平和を志す候補者ウッドロウ・ウィルソン〔一八五六～一九二四。第二八代大統領、在職一九一三～二一〕が大統領に再選された。選挙運動のスローガンは「彼は私たちを戦争に巻きこまなかった」だった。それから数ヵ月後、ウィルソンはアメリカを戦争に巻きこむことを決断した。彼はその理由の一部を――たとえば、連合国が勝てば世界は「民主主義にとって安全な場所になる」というおのれの信念を――公に表明した。別の理由は――たとえば、英仏がウォール街の銀行に莫大な債務を負っていることなどは――密室の中でだけ語られた。[16] 彼が新たに見出した大義にアメリカ国民を転向させるために、ウィルソンと配下の広報委員会はベルギーでの残虐行為ストーリーを喧伝し、戦争責任をドイツにのみ押しつけるさまざまな偽りの告発をした。広報委員会は連合国に生活物資や軍需品を運ぶ船舶を標的にしたドイツ海軍の無制限潜水艦作戦をさかんに報じて、国民の怒りを掻きたてた。その一方で、中央ヨーロッパ全域に飢餓と病気をもたらしているイギリスの対ドイツ海上封鎖は、頑として報じなかった。ウィルソン大統領のダブル・スタンダードに愕然とした国務長官のウィリアム・ジェニングズ・ブライアン〔一八六〇～一九二五。在職一九一三～一五〕は、これに抗議して辞職した[17]。

アメリカvsドイツ〔第二次世界大戦〕、一九四一～四五年。

第一次世界大戦とその帰結はおおかたのアメリカ人に激しい幻滅を味わわせ、国際的十字軍はもうこりごりだという気にさせた。こうした事情で、説得術に長けた第三二代大統領フランクリン・D・ローズヴェルト〔FDR。一八八二～一九四五。在職一九三三～没年〕でさえ、ファシスト勢力との戦いに乗り気薄のアメリカ国民を動員するには詭計に頼らざるを得ない、と思うにいたった。三期目を目指した一九四〇年の選挙運動の際には、FDRは一九一六年のウィルソンと同様に平和を公約していた。いわく、「以前にも言ったことだが、何度でも繰り返し言おう。あなたたちの息子をいかなる外国との戦争にもけっして送りこまない[18]」と。それから一年も経たない海軍記念日〔一〇月二七日。現在は廃止〕に、彼は海軍士官学校《アナポリス》で「秘密の地図」の存在を明らかにした。これは「ヒトラー政権下のドイツで新世界秩序の立案者が作成したもので、ヒトラー〔一八八九～一九四五〕が目論むとおりに再編された中米の一部と南米を描いている」というのだ。ローズヴェルトによれば、ラテン・アメリカを五つの新しい国として第三帝国に組みこんだこの地図は、ドイツが「南米ばかりかアメリカも射程に入れていること」を暴露していた。だが、この地図は偽造されたもので——どうやら、あまりいい出来ではなかったようだが——イギリス情報部が提供したものだった[19]。FDRはじわじわと、第二次世界大戦以前のアメリカに蔓延していた厭戦気分を克服していった。その道程を幅広く論評したある歴史家は彼への共感を示しつつ、こう結論づけている。「パール・ハーバーまでは、彼は一再ならずアメリカ国民を欺いていた……それはちょうど、患者のためを思って嘘をつかねばならない医者のようなものだった[20]」

パーシングの十字軍兵士たち、1918年。広報委員会が配布した米国陸軍通信隊のポスター。第一次世界大戦時のヨーロッパ派遣軍総司令官ジョン・J・パーシング将軍〔1860〜1948〕が軍馬に跨り、その側面を固めるのは米軍兵士と、中世のキリスト教徒十字軍の亡霊である（University of North Texas Digital Library, Posters Collection）。

アメリカvsベトナム〔ベトナム戦争〕、一九六四〜七三年。第三六代大統領リンドン・B・ジョンソン〔一九〇八〜七三。在職一九六三〜六九〕も明らかに「患者のためを思って」、一九六四年八月に北ベトナム勢がトンキン湾で米国海軍駆逐艦マドックスとターナー・ジョイを攻撃した、とアメリカ国民に信じこませたに違いない。実際には、このいわゆるトンキン湾事件は、ローズヴェルトの「秘密の地図」を大学生の悪ふざけくらいに思わせるほどの欺瞞だったのだ。

一九六四年の夏、共産主義者が主導する南ベトナム政府への反乱は急速に勢いを増し、ジョンソン政権はアメリカの大規模なベトナム介入を正当化する方途を探っていた。この夏早くから、CIAに支援された南ベトナム軍のコマンド部隊が北ベトナム海岸地帯の「レーダー基地、燃料保管施設、電気や水道等の公共施設、道路や橋」をひそかに攻撃しはじめていた。[21] これと時を同じくして、米国海軍の軍艦も、ハノイ政権が領海と主張する一二海里〔約二二キロメートル〕域内のトンキン湾の哨戒を命じられた。八月二日の夜、南ベトナム軍の猛攻を受けた北ベトナム軍は、三艘の哨戒魚雷艇を派遣して敵の探索に当たらせた。彼らは敵を掩護《えんご》しているとおぼしきマドックスを発見し〔南ベトナム艦艇と間違えたという説もある〕、魚雷を放ったが的を外した。ただちに反撃したマドックスの砲撃によって一艘の魚雷艇が撃破されて数人の乗員が死亡し、北ベトナムの魚雷艇は退散した。

おそらく北ベトナム海岸への攻撃を秘匿するために、この事件はいっさい公にされなかった。その二日後、トンキン湾を大嵐が襲う中、マドックスとターナー・ジョイのいずれかにびくびくしながら乗っていた水中音波探知機のオペレーターが、接近する魚雷を探知したと思いこんだ。二艘の米駆逐艦が見えない敵に向かって砲弾と魚雷を発射すると、空は煌々《こうこう》と照らされた。のちにマドックスの艦長は、敵襲の報告がなされた原因は「異常な天候と熱心すぎる水中音波探知機オペレーター」[22]にあると弁明した。ジョンソン大統領の反応は、人目のないところではこれほど穏やかではなかった。「くそっ、あの間抜けで愚かな水兵どもはトビウオでも撃っていたんだろう[23]」と息まいたという。けれども、かような洞察をしていたにもかかわらず、大統領は正当な理由なく米国海軍駆逐艦を攻撃したとして、北ベトナムを弾劾した。彼はこの架空の攻撃を口実に、議会を説得して自由行動権をもぎ取った。すなわち、「米軍に対する武力攻撃を撃退し、さらなる攻撃を阻止するために必要なあらゆる措置をとる[24]」権限を大統領に授ける上下両院の合同決議を得たのである。それから一年のあいだに、彼はこの権限を行使して一八万もの米軍兵士をベトナムに派兵した。ジョンソンが大統領選への出馬を断念した一九六八年には、五〇万人以上の男女兵士が血なまぐさい戦争の泥沼にはまっていた。

ベトナム戦争の終結以後、政府当局による虚偽の申立ての記録は長くなるばかりで、それはついにサッダーム・フセイン政権に対する虚偽の告発で頂点に達した。この告発は、二〇〇三年のイラク侵攻を支持するようアメリカ国民の大多数を説得するのに功を奏した[25]。たとえそうであったとしても、アメリカ人が底なしのお人よしであるゆえに、あるいは政府を盲信しているがゆえにかような告発を受け入れたとする見方は、とりわけアメリカ人が通常は政治家や商売人の「売りこみ口上」を信用しない傾向にあることを考えると、説得力に欠けるように思われる（その一例として、彼らの多くが相変わらずグローバルな気候変動を疑っていることを考えてほしい[26]）。イラク戦争の場合、二〇〇一年のアル・カーイダによるテロ攻撃が引き起こした敵対的なイスラーム主義者への激しい恐怖心が――サッダーム・フセインはイスラーム主義者でなかったとはいえ――大衆の思考プロセスで決定的な役割を演じたことは疑問の余地がない。より一般的なケースでは、誤った告発ないし誤り導くような告発はアメリカ人に戦争を売りこむ一助となることはあっても、彼らを戦う気にさせる決定的要因にはめったにならないようだ。「スペイン人がメイン号を撃沈した」、「共産主義者がわが国の駆逐艦を攻撃した」、「サッダーム・フセインは大量破壊兵器を備蓄している」といった瑣末なストーリーはいずれも、敵とされる集団とアメリカとの関係にまつわるもっと大きな物語の一部に過ぎない。私たちは通常なら、瑣末なストーリーに騙されたからといって戦争に賛成したりはしない。戦争を正当化するより幅広い理論的根拠を受け入れることによって、みずから騙されるにまかせているのだ。

なぜ、アメリカ国民のほとんどが対メキシコ戦争を支持したのだろうか？　それは明らかに、彼らが単にポーク大統領の主張を信じたからではなく、その多くが西部への領土拡張を望んでおり、しかもカトリック教徒で横暴なメキシコ人との戦争は正当化されると考えていたからにほかならない。同様にメイン号が沈没したことも、もしアメリカ人がキューバの独立闘争に熱烈な共感を寄せ、残酷な「ドン」〔スペイン人〕を激しく憎んでいなかったら、これほど衝撃的な結果は引き起こさなかっただろう。たしかに、リンドン・ジョンソンのトンキン湾事件はでっちあげだった。それにもかかわらず、大多数のアメリカ人がこの餌に食いついたのは、彼らが共産主義を嫌悪し、北ベトナムの侵略から南ベトナムを守らねばならないと確信し、冷戦のイデオローグのいう「ドミノ」がまたしても倒れることを恐れていたからだ[27]〔「ドミノ理論」とは、一九五〇年代の冷戦の最盛期にアメリカの共産圏封じ込め政策のために考案された外交理論で、一国が共産化すると、これに隣接する国々も将棋倒しのように共産化すると考える〕。サッダーム・フセインに対するジョージ・W・ブッシュの告発も、やはり眉唾物だった。だが、九・一一のテロ攻撃によってトラウマを負ったアメリカ人は、敵対的なムスリムを恐れ、アル・カーイダを見つけて罰せられないおのれの無力さに挫折感を抱き、志気を回復させてくれる勝利を必要としていた。そこで、彼らはみずからにより大きな物語を語り聞かせた。そう、世界にはアメリカに悪意をもつ敵どもをかくまう未開の地（「失敗した」ないし「失敗しつつある」国）が数多あり、それゆえ強制的に和平を実現しなければならないという物語を。

　人を欺くプロパガンダはさておき、これらすべてのケースにおいて、アメリカ文化に深く根ざした何かが作用し、おのれを外国から不当な攻撃を受けた無辜《むこ》の犠牲者、抑圧された人々を救うべく神が遣わした解放者、あるいは文明世界の秩序を保つのに欠かせない守護者と描きだすストーリーをアメリカ人に好ましく思わせた。アメリカとそのほかの共同体についての観念やものの見方やイメージの根底にあるこうした基層を、どのように表現したらよいだろう？　アメリカがビリー・バッドたちの国でないのなら、私たちはいったい何者なのだろうか？　一部の評論家は無邪気なかも仮説とは逆の見方をすることによって、この問いに答えてきた。彼らによれば、アメリカは開拓地の戦士たちの国なのだ。

ビリー・バッドではなくデイヴィー・クロケットなのか？　開拓地の戦士仮説

　学者たちの中には、プロパガンダのうぶな犠牲者ではなく、「生まれつきの殺し屋」というアメリカ人像を提示する人々がいる。すなわち、アメリカ人は開拓時代以来、おのれの利益を力ずくで追求し、破壊的な武器を振りまわし、武勲を立てた英雄を崇拝し、外国人の生命を軽んじることが習い性となっている、というのだ。[28] こうした観点からすれば、インディアンと戦い、連邦下院議員に選出され、サンタ・アナ将軍〔一七九四～一八七六。一八三三年から一一回メキシコ共和国大統領になる〕率いるメキシコ軍とのアラモ砦の戦いで没したデイヴィー・クロケットのほうが、ビリー・バッドより適切なロール・モデルである。この分析にしたがえば、私たちの文化を最も強烈に物語っているのは「白人入植者vsインディアン」のストーリーである。非西洋人との戦争というと、アメリカ人は無意識のうちに彼らが勇敢な戦士として登場するドラマを想起する。そのドラマでは、アメリカ人は数のうえでは劣勢でも、文明的な価値を守るべく奮闘し、一致団結し、技術的な優位を駆使して狂信的な野蛮人の群れを撃退する。ジャーナリストで著述家のロバート・D・カプラン〔一九五二生〕によれば、「『インディアンの国にようこそ』という言葉を、私はコロンビアからフィリピン、さらにはアフガニスタンやイラクに駐留する米軍部隊から繰り返し聞いたものだ……テロとの戦争とはまさにフロンティアを鎮圧することだった」。[29] イラク戦争に抗議して国務省を辞したジョン・ブラウンは、このアナロジーをさらに推し進めている。

「対テロ戦争と」インディアン戦争〔初期植民地時代から十九世紀末まで、北米インディアンと白人入植者とのあいだで絶え間なく続いた闘争〕でアメリカが用いた手法は、多くの面でよく似ている。たとえば、優越したテクノロジーで「原始的な」敵を圧倒する、必要とあらば敵側が用いるゲリラ戦術をたとえ比類なく残虐なものであっても採用する、特定の状況下では「自分の敵の敵」と共謀する（つまり、部族同士を抗争させる）、といった手法である。いずれの戦争でも、敵は邪悪で文明化されていないとの確信のもとに、アメリカは通常の交戦法規とみなされているものをしばしば軽視してきた。拷問を実施するのも、これら二つの戦争の特徴である。[30]

一国の文化に根ざしたストーリーの中には、国民的な神話という地位を得るものがある。[31] 危険なほど野蛮な非白人の「他者」という敵のイメージは、アメリカ国民を戦わせる手段の一つとして久しく用いられてきた。[32] たとえ敵が技術的に進んでいる場合でも、旧来のシンボルは共感を呼ぶ。ドイツ人がアメリカ人の大多数と同様に西洋化された白人であり、ドイツ系アメリカ人が国内最大のエスニック集団であったにもかかわらず、第一次世界大戦中のポスターや漫画はドイツ人を浅黒い肌をした野蛮人のように描いていた。第二次世界大戦中には、日本人は忌まわしい黄色の獣ないし虫として描かれた。[33] そして、スタンリー・キューブリック監督〔一九二八〜九九〕の『博士の異常な愛情 または私は如何にして心配するのを止めて水爆を愛するようになったか（Dr. Strangelove or : How I Learned to Stop Worrying and Love the Bomb?)』の大詰めで、カウボーイよろしく水素爆弾に跨《またが》った俳優のスリム・ピケンズ〔一九一九〜八三。コング少佐の役〕が、テンガロンハットを振りまわして奇声を発しながらソ連領土の標的に突進する姿を、誰が忘れられようか。

とはいえ、「開拓地の戦士仮説」も「無邪気なかい仮説」と同様、なぜ私たちは戦争を選ぶのかという疑問に充分に答えていない。アメリカ人は狡猾な指導者にうまうまと騙されるうぶなお人よしでも、開拓時代の祖先たちの野蛮な所業を再現することにとりつかれた殺し屋でもない。デイヴィー・クロケットの役割はアメリカの文化的遺産の一面であって、その「本質」ではない。「入植者 vs インディアン」のドラマは多種多様なストーリーのうちの一つを示しているに過ぎず、文化的な宿命ではない。この物語でさえ、デイヴィー・クロケットのそれに代わる役割を私たちに提供する。その一つは（一七七〇年代のボストン茶会事件〔イギリスの制定した茶条例に反対して、ボストン市民の一団が東インド会社の茶船を急襲した事件。アメリカ独立運動の一契機〕の急進分子や、一九六〇年代の反戦活動家の一部が体現したものだが）、おのれを「先住民」とみなしたり、「先住民」と一体感をもつというものだ。政治学者のベネディクト・アンダーソン〔一九三六生〕が主張するように国家が「想像の共同体」であるのなら、それは国家を想像する仕方は一つに限らないことを意味している。[34]

アメリカの尚武の精神を賛美してやまないハーバード大学教授のスティーヴン・ピーター・ローゼンは、この精神は二つの民族的伝統の所産であると主張する。いわく、「アメリカはほぼ同時に築かれた二つの土台の上に成立した。その一つは挑まれたらいつでも戦う気でいるスコッチ・アイリッシュ〔スコットランド低地地方からアイルランド北部に入植した人々で、十八世紀に多数アメリカに移住した〕が、もう一つは合法と認められれば武力を行使する覚悟をもったピューリタンが、築いたものだ」と。スコッチ・アイリッシュの「生まれつき好戦的」という民族的遺産は、イギリスとアメリカの開拓地での経験によって強化された。ニューイングランドのピューリタンは、聖職者がその理由を正当と認めた場合は戦う覚悟ができていた。ローゼンの見解によれば、「これら二つの集団の異質でありながらも相互に強め合う性向が、開拓地の経験と独立革命の経験をつうじて混ざり合い、アメリカ国民であるなら祖国のために戦い死ぬこともいとわないという観念で統合されたアメリカの国民文化を生みだした(35)」。

はて……そうではないだろう。たしかにアメリカには、〔カナダ南東部から米国東部を走る〕アパラチア山脈以西への開拓の歴史に根ざした戦士の文化が存在している。これが今でもアメリカ軍に新兵を供給しているのだ。けれども、この文化ははるかに多彩でより葛藤に満ちた混合物の中の一つの小さな系統――一つのサブカルチャー――でしかない。ローゼンが示唆するようにアメリカ社会が軍事的義務への献身で一枚岩だったことは、絶えてないのだ。道徳的に正当化される戦争にのみ従事するとピューリタンが固執したことは、「相互に性向を強め合う」ように機能したというより、むしろ開拓地の戦士精神と一再ならず衝突した。エイブラハム・リンカーンなどピューリタニズムの継承者たちは米墨戦争を不要かつ不正な戦争と弾劾したが、アンドリュー・ジャクソンのような開拓地のヒーローたちは熱烈にこれを支持した。一八六五年、新世代《ネオ》のピューリタンは連邦制を防衛し、奴隷制を終わらせるべく『リパブリック讃歌』〔アメリカの民謡・愛国歌・賛歌であり、南北戦争時の北軍の行軍曲〕に合わせて行進し、新世代《ネオ》の開拓者は「政府」に抗して南部の独立と名誉を守るために戦った。ベトナム戦争に反対する人々の言葉はしばしばニューイングランドの聖職者を彷彿とさせた〔ある場合にはそのものだった〕が、ジョンソン大統領ら主戦論者はジャクソン流の論調で男性的な力を示し、抑圧者に立ち向かい、国家の名誉を守らねばならないと訴えた。たぶん、スコッチ・

アイリッシュは生まれつき好戦的だったのだろう（もっとも、私自身はこの種のステレオタイプを疑っている）が、ピューリタンは道徳的にふるまうよう訓練されていたのであり——これはまったく別の問題なのだ。

いずれにしても、相互に衝突し合うスコッチ・アイリッシュとピューリタンの文化的系統は、戦争か平和かの選択に直面したアメリカ人が判断のよすがとする数多の伝統の中の二つというに過ぎない。これら二つの伝統だけを重視すれば、このほかの歴史的な物語を——それらが国民的議論のためのオルタナティヴな枠組みを提示し、時に国民の意思決定に重大な役割を演じてきたにもかかわらず——廃棄してしまうことになる。その一例が平和主義者の伝統で、これは元来フレンド派〔キリスト友会。一六五〇年頃イングランドで創立されたプロテスタントの一派で、クエーカーの公称。絶対平和主義の立場をとる〕などの平和教会〔キリスト教平和主義を主張するキリスト教会、教派、グループ、コミュニティ〕と結びついていた。この系統は「良心的兵役拒否」という徴兵制の例外規定を苦難の末に確立し、第一次世界大戦以後は国民のあいだでかなりの支持を獲得し、のちにはベトナム反戦運動に影響を与えた。もう一つの伝統は、ユージン・V・デブス〔一八五五〜一九二六〕らの労働運動指導者が初めて体系化した左派系の反戦思想である。この系統は一九六〇年代のニューレフトや公民権運動家やブラックパワー活動家がさらに発展させ、今日では下院議員のデニス・クシニッチ（民主党、オハイオ州）やバーバラ・リー（民主党、カリフォルニア州）などの連邦議会議員が表明している。そして、三番目の伝統が連邦上院議員のロバート・A・タフト〔一八八九〜一九五三〕、政治アナリストのパトリック・J・ブキャナン〔一九三八生〕、一九八八年の大統領選挙にリバタリアン党から出馬した連邦下院議員ロン・ポール（共和党、テキサス州）らが代表する保守主義的／リバタリアニズム〔自由主義思想の中でも個人的な自由と経済的な自由の双方を重視する政治的イデオロギー〕的なものの見方である。[36] かように多様であるにもかかわらず、これらのアプローチはいずれも、アメリカ国民であるとは命じられるまま唯々諾々と戦うことと同義であるという観念を否定する。いずれも戦争を擁護する主張や物語に対して懐疑的な見解を説き、今日のアメリカの政治的言説における活発な潮流でありつづけている。

アメリカの歴史に根ざしたこれらの伝統に加えて、戦争と平和の問題についての国民の意思決定に影響する新たな社会的・政治的発展にも注意を払わねばならない。国家の文化的発展は「建国」時の出来事によって完全に決定されると想定するのは、明らかに誤りである。むしろ、一つの国民としてのアメリカ人の性格は、環境の変化に伴って絶えず変容している。近年の劇的な変化の一例として、一部のアナリストのいわゆる「ニュー・アメリカン・ミリタリズム」――強力な軍産複合体に支えられ、継続的に国外での軍事行動に従事する先端的かつ専門化された軍事力を、恭《うやうや》しく信奉する立場――の興隆が挙げられる。[37] 一新されたミリタリズムを開拓戦士気質の現代版と主張するのは、コンピューターは最新式の算盤でしかないというのにやや似ている。これらが連続しているのはいうまでもないが、真に驚くべきはその変化である。

この新たなシステムが出現したのは第二次世界大戦終結後まもなく、第三三代大統領ハリー・S・トルーマン〔一八八四～一九七二。在職一九四五～五三〕が、全体主義によって自由が脅かされている国や地域にアメリカが介入することを正当化したトルーマン・ドクトリンを宣言したときだった。共産主義の拡大を阻止し、ソ連と中国およびその同盟諸国に対するアメリカの優位を確立せんがために、冷戦期のアメリカ指導層は〔一九四七年に停止した〕徴兵制を復活させ、軍事支出を第二次世界大戦時のレベルを優に超える規模まで増やし、兵器システムの研究開発に多大の資金を投下した。のみならず、多くの国々に米軍基地を設け、二つの熱い戦争を行なうとともに、世界各地で数多の秘密作戦と代理戦争を遂行した。しかも、冷戦が終結してアメリカが唯一の超大国として生き残ると、第四一代大統領ジョージ・H・W・ブッシュ〔一九二四生。在職一九八九〜九三〕、第四二代大統領ビル・クリントン〔一九四六生。在職一九九三〜二〇〇一〕、そしてジョージ・W・ブッシュは賭け金をいっそう吊り上げた。すなわち、志願兵だけで編制され、完全に技術化され、世界のどこにでも介入できる統合された軍隊を構築するために軍事支出を増大させ、この軍隊を中東やバルカン地方や中央アジアでの作戦に投入したのだ。これら近年の進展とともにポスト冷戦のイデオロギーが新たに生まれたが、それはアメリカが世界秩序を維持する義務を負っていることと、侵略等の悪しき行為を未然に防ぐために先制攻撃や予防戦争〔相手国が自国に脅威を与えているという理由で、先んじてしかける戦争〕を行なう権利をもつことを強調している。

文化的決定論者が何を夢想しようと、それらはいずれもアメリカの西部がいかにして征服されたかという問題とはほとんど関係がない。はたして、デイヴィー・クロケットがヴァージニア州ラングレー〔CIA本部〕のコンピューター基地からパキスタン上空の小型無人機を操縦する姿や、軍需メーカーのノースロップ・グラマン社と原価加算契約の交渉をしている姿を想像できるだろうか？　むろん、軍部はそれが好都合な場合は古いシンボルや物語を活用する。米軍海兵隊の新兵募集係が制作するむやみにロマンチックで「騎士のように勇敢な」宣伝フィルムは、その格好の例である。たしかに、アフガニスタンのような国々へのアメリカの軍事介入と北米大陸の荒野でのインディアンとの闘争には、いくつか類似点がある。けれども、それはこの種の闘争の当事者が正規軍同士ではないという非対称的な性格ゆえであり、アメリカ人が固定された文化的類型の虜《とりこ》になっているからではない。かつてイギリス人はアフガニスタン、インド、東アフリカで、フランス人は北米と東南アジアで同じような戦争を戦ったが、それは開拓者の遺産ごときものの発露ではなく、彼らが今日のアメリカの指導者と同様に、強情な地元民のレジスタンスを排して世界帝国を維持しようと躍起になっていたからにほかならない。ともあれ、ある国の文化がずっと変わらないままでも、果てしなく繰り返されるのでもないことは、感謝すべきだろう。ニュー・ミリタリズムが開拓時代のアメリカ人の戦士気質を変容させたのと同様に、現在のアメリカの外交政策が直面している危機的状況への反応として、新しい形態の平和擁護論や交渉や問題解決プロセスが生まれはじめている。これら希望をもてる展開については、のちに詳述しよう。

最後に、アメリカ人は生来攻撃的であるとする理論は、歴史上の不都合な事実と矛盾する。つまり、一八一二年から今日にいたるまで、戦争が提案されるたびに多数の国民が異を唱え、反戦運動が広まった、ということだ。もし、アメリカが敵と名指された標的を攻撃する機会をじりじりしながら待っている短気な闘士たちの国であるなら、軍事作戦が最初に提唱されたときにも、それが遂行されているときにも、国民は熱狂的にそれを支持するはずだ。だが、歴史上の事実はこうした予測を裏切っている。反戦気運があまりに強く、あまりに広範に広まったために、指導者が——それさえなければそうしたであろうに——軍事介入の提唱に踏み切れない場合すらある。[38]たとえ戦争が提唱されるにいたっても、前述したように、主戦論者は国民のかなり手強い反対を克服しなければ戦闘への道を切り開けないのが通例である。[39]現実には、国民の反対行動がすでに開戦の決意を固めた指導者たちを翻意させるケースはめったにない。常にとは言えないがほとんどの場合、当初の反戦論は議論の過程で、あるいは戦闘行為が始まるとともに弱まり、緒戦段階では低調のままで推移する。そして、戦争が比較的迅速かつ成功裏に終結しないときには、勢いを盛り返す。[40]とはいえ、当初は戦争に反対するという傾向はきわめて重要な意味をもっている。アメリカ人はうぶなビリー・バッドでも、好戦的なディヴィー・クロケットでもないので、主戦論者は軍事行動への国民の支持を取りつけるために重砲級の説得を試みなければならない。レトリックという武器にどのような砲弾を装填するか——戦えと国民を説得するうえで、いかなる理念やイメージが最も効果的か——という問題が、私たちをさらなる探究に駆りたてるのだ。

開戦の理論的根拠——私たちが戦争を選ぶ理由

アメリカ人が戦争を選ぶ理由をより深く理解するためには、主戦論者が戦争に乗り気でない人々を説得する際にしばしばもちだし、大きな効果をあげている論拠を検討することが有用である。ここでは戦争を選ぶ理論的根拠の主だったものを、簡単なコメントを付して列挙する。その詳細については、のちに考察しよう。

1自衛——（誰それが）**われわれを攻撃した。われわれにはみずからを守る神聖な権利と集団的義務がある。**

十八世紀以来、アメリカ国民はおのれの生命、自由、財産を守る権利を私益の範疇にとどまらない自然権〔すべての人間が生れながらにもっているとされる権利〕ないし道徳的権利とみなしてきた。個人的なレベルから集団的なレベルに拡大された場合、自衛すなわち自己防衛における「自己」はアメリカ国民のみならず、彼らが信奉する諸々の制度や価値も内包する、と一般的に理解されている。それゆえ、自衛という観念はこのほかの理論的根拠と結びつけられて——アメリカの国民や領土の防衛とはほとんど関係がないように思えるものも含めて——アメリカが行なう戦争をことごとく正当化する根拠として用いられてきた。この原理を示している最新の例は、国内外における広範にわたる物理的・心理的・政治的・経済的リスクを国家の安全と保全に対する容認できない脅威とみなす国家安全保障ドクトリンである。

2「邪悪な敵」——（誰それは）**邪悪な侵略者であり、われわれには彼を宥《なだ》めるか、打ち負かすかの選択肢しかない。**

アメリカ人が描く敵のイメージは時代とともに変化してきたが、それらは往々にして、悪意による犯罪や善に対する純然たる憎悪を悪とみなすキリスト教に典型的なものの見方を内包している。この種の悪は歴史の領域の埒《らち》外に存在するので、本質的に交渉の余地がない。もし、二〇〇一年一〇月にジョージ・W・ブッシュ大統領が議会に訴えたように、イスラーム主義を奉ずるテロリストたちが「われわれの自由を憎悪している」のであれば、彼らの信念には歴史的な背景があるとか、それが変わる可能性もあると考えるのは無意味である。以前は単なるライバルとか乱暴な無法者とみなされていた国ないし指導者が実は悪魔という意味での悪であると大衆を納得させるうえで、マスメディアはしばしば主要な役割を果たす。その典型的な例が、第一次世界大戦勃発後まもなくドイツの皇帝《カイゼル》が「ベルリンの野獣《ビースト》」に変わったことだ〔一九一八年には『The Kaiser, the Beast of Berlin』（邦題は『好戦将軍』）と題する反独宣伝映画が製作された〕。もう一つの例は、かつてアメリカの盟友だったサッダーム・フセインが「バグダードの野獣」に変わったことである。

3 宥和政策の帰結は容認できない――われわれが戦わなければ、わが国は弱体化し、面目を失い、貶《おとし》められる。

かかる戦争の理論的根拠はたいてい「現実的な」地政学的利益という言葉で表現されるものの、往々にしてアメリカのナショナル・アイデンティティーや能力や威信についての根強い不安を覆い隠している。開拓地の戦士仮説は、国家の名誉をどう捉えるかという問題とある程度関連している。アメリカ国民にとっての国家の名誉という観念は、（約束を守るという類いの）高潔な行動や、侮辱されたと思うとすぐにかっとなるマッチョな気性や、公衆の面前で恥をかくのを過度に恐れる性向や、戦場で武勇の誉れを守らねばならないという義務感を久しく渾然《こんぜん》一体とさせてきた。今日では、国家の名誉という問題が最も頻繁に表面化するのは、正当性が疑わしくなったり、勝てそうもなかったり、あるいは戦う価値があるとも思えない戦争を終わらせようという提案がなされたときである。それに反対する者たちはほとんどの場合、米軍の撤退を不名誉で国家の威信を致命的に失墜させるものとみなしている。

4愛国的義務——自国の政府から犠牲を払うよう求められたら、戦争をするのがわれわれの道徳的義務である。

愛国心はアメリカ人特有の感情ではないが、アメリカ国民のそれが強烈で国土の隅々まで浸透し、軍事的色彩が濃いことは世に知れわたっている。愛国心は私たちの市民宗教〔ルソーが『社会契約論』第四篇八章で用いた概念で、ある社会の価値観・道徳観の基礎にある宗教的な自己理解の体系〕の信条であり、南北戦争の戦火の中で育まれた。そして、ヨーロッパからの移民の流入がピークに達した時期（一八九〇～一九二〇年）に激化した国家のアイデンティティーをめぐる葛藤と、第一次世界大戦への参戦をめぐる議論をつうじて、近代的な形をとるようになった。次々と紡がれる愛国神話は緊密に統合された共同体、他国に秀でた国家としてアメリカを賛美し、その比類ない価値と国益を力ずくで追求する権利をこの国に授けてきた。しかしながら冷戦が終結してからというもの、このドクトリンは崩壊する傾向にあり、国家の統合を強めるというより、国内の対立を生じさせている。この「愛国心の危機」については後段で論じよう。

5人道的義務——抑圧された人々が悪辣な人権蹂躙に抗する術がない場合、われわれには彼らを救う道徳的義務がある。

人道的義務は戦争を正当化する根拠として、早くも植民地時代から提示されていた。当時、アメリカ先住民との戦争は、異教の風習と野蛮な酋長の支配から先住民を救うために不可避である、と説明されていた。南部の奴隷たちに適用されたときにも、この「宣教師めいた」理論的根拠は南北戦争への北部の支持を集めるうえで一定の役割を果たした。だが、これが近代に使われた最初の重要な例は、キューバ、プエルト・リコおよびフィリピンをスペインの圧政から解放するために遂行された一八九八年から一九〇二年の戦争だった。人道的な目的は両次の世界大戦への参戦をアメリカ国民に納得させるうえで重要であったし、朝鮮半島、ベトナム、イラク、アフガニスタンでの戦争に際しては、二義的とはいえ重要な理由として提示された。現在の地球社会には、人権の危機ともいうべき厄介な状況が数多存在している。また、人道的な目的と利己的な動機を判別することは難しい。それゆえ、抑圧された人々のためにアメリカがいつ介入すべきかという問題は、今なお激しい議論を呼んでいる。

6 比類ない徳――われわれは利己的な帝国主義者ではなく、私心をもたない解放者にして調停者であるがゆえに、戦争を行なう道徳的権利を有している。

戦争を支持する理論的根拠のいくつかに通底しているのは、私たちは比類ない徳を有しているという思いこみである。かような観念の起源は、アメリカ人を神から特別な恩寵を授けられ、暴力的な支配という旧世界の弊習を繰り返さぬよう命じられた新世界の住民とみなす考え方に求められる。第二次世界大戦以後、アメリカの歴代大統領はことごとく、わが国は領土の獲得や、経済的な特権や、軍事的覇権には関心がないと、国際社会に請け合ってきた。しかるに、アメリカは世界を主導する超大国となり、すべての大陸に従属的な同盟国をもち、諸外国に数百もの米軍基地を構え、中東から中央アジアにかけて戦闘部隊が活動している。こうした事実は、一部の評論家が主張するように、アメリカを偽善者たちの国とさせているのだろうか？　これはアメリカが神の愛顧を受けていることや、その使命が達成されたことを示す徴《しるし》なのだろうか？　それとも、力と国民性と道徳性の関係を理解するもっとよい方法があるのだろうか？　アメリカの主戦論者はたびたび、わが国は自由と民主主義、さらに世界秩序を守るために地球規模の十字軍を率いる道徳的義務を負っている、と強調してきた。イラク戦争を中東に民主主義をもたらす十字軍の一環とみなすブッシュ政権の見解は、人道的義務という理論的根拠が廃れていないことを如実に示していた。とりわけ二〇〇一年にアル・カーイダがアメリカ本土を攻撃して以来、自由や民主主義以上に世界秩序の維持を軍事介入の高潔かつ正当な目的と位置づけることによって、この理論的根拠は修正され、拡大されてきた。かかる論拠による戦争の正当化は——これは今なお続いているアフガニスタンでの戦争で表面化してきたのだが——主戦論者と反戦論者の双方にとって特別重要な問題を提起する。

7最後の手段としての戦争——敵が誠実に交渉しようとしない、あるいは「こうした輩《やから》とは交渉できない」ので、戦争に代わる平和的手段は存在しない。

アメリカの戦争を支持する言説はほぼ例外なく、戦闘に代わる平和的な手段は非効率的もしくは非道徳的である、と断言している。アメリカは紛争解決のための非暴力的手段を鋭意模索したが、敵対勢力は真摯に交渉することを拒否し、かつ／または、彼らが約束を守る保証もない、と政府高官は言明する。この種の言説には、ミュンヘン会談〔一九三八年九月にミュンヘンで開かれた独・伊・英・仏の首脳会談で、チェコスロヴァキアのズデーテン地方をドイツに帰属させることを決定した。英仏両国の対ナチス・ドイツ宥和政策の頂点とされる〕でイギリスのネヴィル・チェンバレン首相〔一八六九～一九四〇。在職一九三七～四〇〕を騙したアドルフ・ヒトラーという悪夢がとりついている——かようなイメージの前では、和平交渉などはおのれの弱さと臆病さと馬鹿正直さを表明する危険な行為としか思えない。実をいえば、アメリカ政府はこれまで交渉を拒否したり、独断的な交渉を行なったり、しばしば相手に先んじて時期尚早に交渉を打ち切ってきた。たしかにキューバ・ミサイル危機のように、暴力沙汰に発展しかねない紛争を交渉や会談をつうじて解決した事例も少なくないが、皮肉なことに、アメリカはこうした結果を暴力の行使も辞さないと恫喝したがゆえに得られた勝利と位置づけている。その根底にあるのは、戦うと脅すことは男性的で勇敢な行為であるのに対して、和平を交渉するのは女々しく軟弱な行為であるという認識である。

　これら戦争を正当化する論拠すべてに見られる顕著な特徴は、道徳的・イデオロギー的な意味合いを濃厚に含んでいることである。戦争の大義が道徳的に正しいとまず納得しなければ、アメリカ国民はめったに戦うことに賛同しない。逆の言い方をするなら、わが国民は総じて、ある産業の利益を増すためとか、どこか遠い地域におけるアメリカの覇権を維持するために、進んで家族や友人を危険にさらそうとはしない、ということだ。これを承知しているからこそ、そしておそらくは戦争の利益と負担の配分にまつわる厄介な問題が表面化するのを避けるために、軍事行動を唱道する者たちはほとんど常に、おのれの言い分を道徳的ないし宗教的文脈で語るのだ。中東に介入する公的な理由として石油が挙げられることはけっしてない。それは、かつてフィリピンを征服する理由として経済的利益が挙げられなかったのと同じことだ。あるアナリストが述べているように、「国家の安全保障政策に及ぼす道徳性の影響について懐疑的な者でさえ、道徳を重視する一般大衆に現実政策を支持させるには理想主義的なレトリックがしばしば必要であることを認めている」(41)のだ。

こう断定するのは妥当だろうか？　はたして国家の指導者たちは、公に表明される理由より偏狭で、より好ましくない理由でなされる戦争を支持せよと国民を説得するために、大仰な道徳的原理を振りかざしているのだろうか？　ある程度まで、答えは然りである。その一例を挙げよう。一九九〇年にイラク軍がクウェートを侵攻すると、一人目のブッシュ大統領はただちに数十万規模の軍隊をサウディアラビアに派遣し、五ヵ月後にはクウェートからイラク軍を駆逐すべく空陸部隊に攻撃を命じた。湾岸戦争の公式の開戦理由はクウェート国民の解放と国際法の護持とされていたが、「砂漠の嵐作戦」の準備期間中に国防総省の元高官ローレンス・コーブ〔一九三九生。レーガン政権の国防次官補。在職一九八一～八五〕が珍しく率直に、湾岸地域におけるアメリカの物質的権益について語っていた。もし、サッダーム・フセインが世界第六位の石油資源量を誇る産油国ではなく、貧しい農業国を侵略したのだったら、つまり「クウェートが人参を栽培していたならば、われわれは何とも思わなかっただろう」[42]と、彼はこともなげに言ったのだ。この戦争のより大きな目的が湾岸地域におけるアメリカの経済的・地政学的権益（と、ブッシュとその仲間たちがみなしたもの）を確保することであるのを、部内者は理解していた。そのためには、イラクの軍事力を破壊し、同国の近代化を停止させ、地域政治の主要なプレーヤーたるサッダーム・フセインを排除することが必要だったのだ。[43]

それでは、湾岸戦争を正当化するために提示された諸々の高尚な理論的根拠は、高尚ならざる経済的・地政学的権益を隠蔽するための見せかけに過ぎなかったのか？　この種のイデオロギー的・道徳的アピールは、おのれが唱道する戦争を支持させるために、政策を立案するエリートたちが国民を騙す手段でしかないのか？　これは誇張の過ぎる見方だろう。たしかに統治エリートには、戦争をする彼らなりの理由がある。とはいえ、彼らもやはり、その大義が正しく、戦争が不可欠と確信したときに軍事行動を唱道する傾向があることを示す相当数の証拠がある。[44]たとえば、イラク戦争を分析した専門家の多くは、ジョージ・W・ブッシュ大統領は新保守主義者の補佐官たちが掲げる諸原理によって強く動機づけられていたと指摘している。ブッシュ大統領と副大統領のディック・チェイニー〔一九四一生。在職二〇〇一～〇九〕は明らかに、自衛と人道的見地から、さらに民主主義・人権・市民的秩序・物質的進歩などのアメリカ的価値に即するように湾岸地域を変革するという見地から戦争を正当化した自身の声明が正しいことを、心から信じていた。もし、彼らがこれらの理念を信奉していなかったら、彼らの政策は先代のブッシュ大統領のそれと同様のものとなっていただろう。ジョージ・H・W・ブッシュ大統領は一九九一年の湾岸戦争の目的を、イラクの政権転覆や湾岸地域の変革にまで拡大させようとはしなかった。

逆にいえば、戦うだけの強力な道徳的根拠があるとタカ派がほかの政策立案者や国民を説得できない場合には、軍事介入が実現する可能性は急激に低下する。このことは、フランス軍がベトナムで共産主義者／民族主義者の反乱部隊に打ち負かされたのちの一九五〇年代に起こった（もしくは起こらなかった）ことを説明する一助になる。アメリカの指導層の一部は、インドシナが共産主義者の手に落ちるのを阻止すべく介入することを強く主張した。別の指導者たちは（朝鮮戦争が終わったばかりで）長い戦争に疲れ果てた大衆の支持を受けて、フランスが負けたのは彼らの大義――東南アジアに築いた帝国を維持すること――が不正であったからだと主張した。アメリカのベトナム介入が実現するのは、南ベトナム政権を守るための戦争は民主主義と自由を広める地球規模の十字軍の一環として正当化しうると大多数の政策立案者が確信するまで、待たねばならなかった。その時が到来するや、彼らは国民に対して――リンドン・ジョンソンの言葉を借りるなら――「自由がアメリカの町で生き延びるべきであるなら、南ベトナムのような土地でも保持されなければならない」(45)と説得を試みることができたのだ。

別の言い方をするなら、戦争は通常アメリカ国民に対して、この国の市民宗教の諸原理によって――要求されないまでも――正当化されるものとして売りこまれるということだ。社会学者のロバート・N・ベラー〔一九二七生〕によれば、市民宗教とはものの見方や信念や行動の大まかな体系を意味し、組織化された宗教と同じではないが重複する部分を有し、国家のアイデンティティーに倫理的次元を提供する。[46] 人類学者のマイケル・V・アングロシノはこう述べている。

アメリカの市民宗教は、この国についての諸々の信条が精巧に制度化されたものであり、国民と政府がその法を忠実に守るかぎり、アメリカを守り導いてくれる超越的な神に対する信仰も含んでいる。自由、公正、慈悲、高潔という徳はいずれもアメリカの市民宗教の柱石であり、国民の意思決定プロセスに道徳的次元を付与する。かかる次元は、アメリカほど神の恩寵に恵まれていない諸外国の打算の根底に潜む現実政策《レアル・ポリティーク》とは明確に一線を画するものである。[47]

わが国固有の市民宗教は、アメリカは民主主義、キリスト教、資本主義、科学的思考様式、政治的自由、文明化された秩序という恵みを世界に遍《あまね》く広める権限を託された選ばれた国である、という信条を内包しているとしばしば評される。[48] けれども、かような慈悲深い影響力を行使するとはとりもなおさず外国領土で戦うことを意味するという概念は、初期の教義が発展する過程で近代になされた歪曲――それどころか一八〇度の転換――なのだ。植民地時代には、白人入植者の多くはみずからを旧約聖書の文脈で「選ばれた民」とみなしていた。神は彼らと契約を結び、ヨーロッパという肉のたくさん入った鍋〔『出エジプト記』第一六章三節〕から脱出させて、アメリカという約束の地に赴かせた。彼らは荒涼たる新天地で神の意志を実践し、予想外に繁栄した。[49] ピューリタンたちは、おのれの行動には壮大な宗教的意義があると信じていた。だが、彼らの神聖な使命は土地を収奪し、アメリカ先住民と戦うことを正当化したものの、外国で軍事的冒険をする理論的根拠とはならなかった。アメリカは武力で外国人を征服ないし解放することをつうじてではなく（いずれにしても、これは生き延びるのに精一杯の人々には考えるだに不可能なことだった）、道徳的模範を示すことによって――ジョン・ウィンスロップ〔一五八八～一六四九。マサチューセッツ湾植民地初代総督。選民意識をもって「聖書国家」の実現をめざした〕のいう〔あらゆる人々の目が注がれる〕「丘の上の町」になることによって――世界中に影響力を及ぼすのだ。市民宗教の諸原理はアメリカ独立革命と南北戦争の正当化に重要な役割を果たしたが、国際的な道徳的十字軍への支持を集めるために利用されたのは、熱狂的なプロテスタントの聖職者が「正義のための戦争(50)」と称した第一次世界大戦が初めてだった。こうした好戦的な宣教精神は第二次世界大戦と冷戦への熱狂的支持を煽《あお》るためにも、サッダーム・フセインを失脚させてイラクを「解放」すべくミスター・ブッシュが始めた軍事行動への支持を集めるためにも、利用されたのだ。

　とはいえ、市民宗教は体系的な神学でも、万人が帰依する単一の信条でもない。アメリカの道徳的使命には、たがいに相容れない数多のバージョンがある。その中には、一部の保守派が奉ずるアメリカ版チャーチ・ミリタント〔戦う教会（Church Militant）とは、悪とキリストの敵に対して不断の戦いをするキリスト教徒たちの意〕の教義から、ジム・ウォリス師(51)〔一九四八生。『よみがえれ、平和よ！――差別と戦争と貧困の中から』『核戦争の裏にウソあり』の著者〕の急進的な反帝国主義的信条やベラーが説くそれまでが含まれる。各バージョンの見解の相違は、アメリカ的価値の定義（資本主義には「神聖不可侵の」要素があるのか、民主主義は複数政党制の選挙を必要とするのか？）から、アメリカ的価値を守るしかるべき方法や、それらを輸出することの当否にまで及んでいる。さらに、新保守主義者と超リベラル派がそれぞれ奉ずる両極端の市民宗教のあいだで、さまざまな形で国民の信条が表出されており、その一部は純然たる常識として提示されている。

たとえば、現在進行中のアフガニスタンへの介入において、第四四代大統領バラク・オバマ〔一九六一生。在職二〇〇九〜〕の政権は、イラク戦争につきまとっていた熱狂的な十字軍もどきのレトリックを慎重に避けてきた。現実主義的な外交政策をとると公言する指導者の例に洩れず、オバマ大統領と彼の補佐官たちは一見したところ価値判断を伴わない言葉を選んで対アフガニスタン政策を説いている。すなわち、テロリストの攻撃からアメリカを守るためには、放置しておけば敵に避難所を与えかねない世界のいまだ制御されていない地域を制圧しなければならない、と。問題は、かかる理論的根拠が、その語感と同様に冷静かつ合理的なものであるのか否か、あるいは、世界を文明化するというアメリカの使命をより理性的に主張しうるものであるのか否か、ということだ。周知のとおり、アル・カーイダの指導層はすでにアフガニスタンからパキスタンに拠点を移した。はたして私たちは、アメリカの誠実な同盟者によって統治され、アル・カーイダの帰還を防ぐために今後もアメリカの軍事的プレゼンスを容認する安定したアフガニスタン社会を築くべきなのか？　そして、もしアル・カーイダがソマリアやイングーシ共和国に移ったら、私たちはそれらの社会も鎮圧ないし占領しなければならないのか？　現在アフガニスタンに駐留している米軍司令官らの実際的で見識をうかがわせる語調は、一九六〇年代のロバート・マクナマラ〔一九一六〜二〇〇九。国防長官。在職一九六一～六八〕やマクジョージ・バンディ〔一九一九～九六。国家安全保障担当大統領補佐官。在職一九六一～六六〕のそれとそっくりだ。彼ら有能なテクノクラートはこうした語調で、なぜアメリカはベトナムを平定し、ベトナム人の「心(hearts and minds)」を摑み、戦争を「ベトナム化」しなければならないかを説いていたのだ[52]〔ベトナム戦争の実態を描き「HEARTS AND MINDS」と題したドキュメンタリー映画は、一九七五年にアカデミー賞を受賞した〕。アフガニスタン戦争も含めてアメリカの戦争を正当化するのに用いられた自衛の概念については、次章で詳述する。ここで特記すべきは、市民宗教の信奉者は必ずしも、「善」や「秩序」の名のもとに国民を延々と続く軍事作戦に投入すべく熱弁を振るう原理主義者ではない、ということだ。

明らかに、アメリカの市民宗教は通常の信徒組織が奉ずるいかなる宗教よりも、はるかに首尾一貫していない。たとえそうであっても、市民宗教がたしかに存在することは、アメリカ国民を単なる富や地位や権力のために戦争に動員するのが非常に難しい理由を説明しやすくする。私たちにとって、戦争を正当化する理由は、自衛の権利や、非抑圧者を救う義務や、非暴力的手段の実行不可能性も含めて、国民に広く受け入れられた道徳的諸原理を反映するものに限られる。より物質的で利己的な理由や、あるいは神経過敏としか言いようのない理由は、往々にしてタブーとされるか抑圧される。そして、抑圧された思想や感情が常にそうであるように、こうした腹黒い動機は差し迫った危機が去ったのちに意識に甦《よみがえ》る傾向がある。その時に、私たちはまるで初めて知ったかのように、一部の人間が戦争によって金をもうけていたり、権力を蓄えつつあったり、意気軒昂になっていることに気づくのだ——数千いや数百万もの人々が殺されたり不具にされたというのに。戦争が終わるたびに（第二次世界大戦を大きな例外として）アメリカには幻滅の時期が訪れるように思えるが、この時期に学んだ「教訓」は、市民宗教が命ずる義務がふたたび叫ばれるや、またたくまに忘れ去られてしまう。

市民宗教によって是認される戦争を選ぶ理由を検証することは、その正体を暴いて醜い動機を隠すベールに過ぎないことを示すためにではなく、それらの理由が人々の心の奥深くに根ざし、広く共有された倫理的な願望の所産であるがゆえに、きわめて重要である。市民宗教が掲げる原理や倫理的な願望は――あまりに高く評価されているので、それを実現するために多くの国民が人を殺し、おのれの命を落としているのだが――最良の形のアメリカを提示する。その一方で、アメリカの最悪の暴力を正当化するためにも、これまでしばしば発動されてきた。不正で不要な戦争を行なう目的で市民宗教を悪用することはいかなる点から見ても、アル・カーイダが同じ目的でイスラームの信仰を悪用するのに劣らず不快なことだ。こうした原理の存在と威力を認識することは、私たちも万能薬としての暴力にとりつかれたジハード主義者に――みずからにその正当性を納得させた永続的な戦争への参加者に――なる可能性を認識することでもある。

私が思うに、正義の戦争なるものはたしかに存在するが、そうした事例は稀《まれ》である。それでは、多くのアメリカ人に正義の戦争は稀ではないと納得させてきた論拠やイメージを、もっと詳細に検討してみよう。

第二章　自衛の変質

国民を戦争支持に誘導するために提示されるありとあらゆる理由の中で、最も一般的で、最も強く感情に訴えるのは自衛である「一国が外国の不法な武力攻撃から自国の法益を守るために、それを排撃する行為を自衛といい、必要の限度を越えないかぎり国際法上合法なものとみなされる」。宗教はもう片方の頬をも向けよと命ずるかもしれないが、現代の世界は攻撃からおのれを守ることを神聖な権利とみなしている。通例、我を通すために暴力に訴えれば不当な攻撃として糾弾されるが、攻撃に暴力をもって応ずることは——義務とはされないまでも——容認される。アメリカ国民ももちろん、このように解釈している。植民地時代のインディアン戦争から今日のイラク、アフガニスタン、パキスタンでの闘争にいたるまで、アメリカが行なった戦争はほぼ例外なく、不当な攻撃に対する合法的な自衛権の行使として国民に提示されてきた。とはいえ、こうした主張の多くにはきわめて不可解な点がある。

自衛とは本来、ある個人が攻撃されたときに、その人物が反撃する権利を意味していた。国家に適用される場合も、アメリカ合衆国憲法〔第一章・第八条・第一五項〕が「反乱を鎮圧し、侵略を撃退する」ために民兵団《ミリシア》を召集する規定を設ける権限を連邦議会に授けていることが示すように、この言葉はやはり常識的な意味を有している。国内外にいる何者かがアメリカ国民の生命、自由、財産を力ずくで奪うと脅した場合、アメリカ国民には必要とあらば武力をもっておのれを守る権利があるのだ。ところが、自衛権の行使とされた事例のほとんどは、この種の脅威とは無縁だった。独立宣言から二三〇年余りのあいだ、アメリカ領土に歴然たる攻撃がなされたのは三度しかない。すなわち、一八一二年戦争中のイギリス軍によるワシントンとニューオーリンズの攻撃、一九四一年一二月七日の日本軍による（当時すでにアメリカ領土になっていた）ハワイのパール・ハーバーの空襲、そして二〇〇一年九月一一日のアル・カーイダによる世界貿易センタービルとペンタゴンへの攻撃である。サウスカロライナのサムター要塞襲撃とともに始まった南部連合の大規模な反乱は、南北戦争という莫大なコストを費やして平定された。これら以外の事例では、自衛という主張にはアメリカ国民への直接的な攻撃以外の何かがかかわっていたのだ。

それはいかなるものだろうか？　いくつかの事例では、アメリカが攻撃されているという主張は誤りであったか、偏向した立場からなされたものであったか、欺瞞であったことがのちに判明した。一八四六年のメキシコ軍の「侵攻」はアメリカ軍が挑発したものであり、一九六四年のトンキン湾事件は捏造されたものだった。二〇〇三年に喧伝されたイラクの脅威が差し迫っているという主張は、誤った情報ないし情報の誤った解釈に基づいていた。はたして、英仏がドイツとオーストリアを破るのを助けるために一〇万人以上のアメリカ兵が命を落とした第一次世界大戦は、自衛のための戦争だったのか？　朝鮮戦争や、ペルシア湾岸における「砂漠の嵐作戦」や、アフガニスタンで続いているターリバーンとの戦いも、自衛のための戦争なのか？　さらに言うなら、アメリカの告発が誤っていたことが露顕したのちのベトナムやイラクにおける戦争は？　これらすべてのケースにおいて、自衛（ないし近来はその同義語とされている「国家安全保障」）という概念は、本来のそれより幅広い意味を付与されていた。つまり、たとえアメリカ国民が直接攻撃されていなくても、彼らの多くが脅威と感じれば、それに対する行動も自衛とみなされるようになったのだ。これを理解するためには、自衛ドクトリンの変質における三つの段階を考察するのが有用だろう。第一段階から第三段階に進むにしたがって、本来の常識的な意味がいっそう拡大解釈されている(1)。

第一段階——国内制度の防衛。防衛を必要とする「自己」（あるいは安全保障を必要とする「国家」）には、アメリカの国民と領土だけでなく、国内の諸制度や文化的価値や国民が尊重する自己像も含まれる。脅威の源泉とされる敵は外国人で危険な存在だが、必ずしも邪悪であるとか桁《けた》外れに強力であるとはみなされていない。人々が恐れる深刻な惨事は、近い将来に起こると予想される。その惨事を未然に防ぐためのコストは比較的少なくてすむ。この種の自衛の例は一八一二年戦争と第一次セミノール戦争である（後者についてはすぐあとで詳述する）。

第二段階——普遍的な価値と国家の独立の防衛。この段階では、上述した「自己」ないし「国家」は、(民主主義などの)普遍的原理の形で表現されるアメリカ的価値を包含するまで拡大される。空間の枠組みは世界規模に広がり、時間の枠組みは中期の将来にまで延びる。脅威の源泉とみなされる敵はいまや、根本的に邪悪でアメリカの自治を脅かすほど強力な存在として思い描かれ、これを打ち負かすには相当のコストを要する。この種の自衛の例は南北戦争と両次の世界大戦である。

第三段階——超大国の権益の防衛。「自己」ないし「国家」は、アメリカの地政学的権益と全大陸に在留するアメリカ国民を包摂するまで拡大される。アメリカの兵士や外交官、開発業者や実業家等々の生命ばかりか、アメリカ的/西洋的価値が攻撃されていると認識される。敵はやはり邪悪な存在だが、それはいまや、アメリカ帝国とその同盟諸国に敵対する夥《おびただ》しい数の反乱者として現出する。時間の枠組みは差し迫った脅威と、具現するのに数十年を要するかもしれない脅威の双方を含むようになる。これらの敵と戦うコストは予測の埒《らち》外である。この種の自衛の例はベトナム戦争と、アメリカが相次いで実行したイラクとアフガニスタンへの軍事介入である。

自衛ドクトリンの変質におけるそれぞれの段階をより詳しく考察しよう。アメリカ史のあまり知られていない断片、すなわちアンドリュー・ジャクソンと第一次セミノール戦争の物語は、第一段階のまたとない例証である。

国内制度の防衛――第一次セミノール戦争

一八一八年一月、アンドリュー・ジャクソン将軍は欲求不満をもてあましつつ、テネシー州の自宅で半ば引退生活を送っていた。そんなある日、彼は第五代大統領ジェームズ・モンロー〔一七五八〜一八三一。在職一八一七〜二五〕政権の陸軍長官ジョン・C・カルフーン〔一七八二〜一八五〇。在職一八一七〜二五〕から歓迎すべきメッセージを受け取った。部隊を召集して四〇〇マイル〔約六四〇キロメートル〕ほど南に進軍し、セミノール族のインディアンを懲罰せよと命じられたのだ。彼らはジョージアとアラバマをスペイン領フロリダから画する国境地帯で、アメリカ人の入植地を襲撃しているとされていた。かかる暴力行為を鎮圧すべく数ヵ月前にフロリダに派遣された米軍部隊は、すでに大敗を喫していた。しかも、イギリスの工作員がインディアンに武器を供給しているとの噂があった。イギリスは一八一二年戦争に敗れたばかりだというのに、いまだアメリカに対する陰謀を企んでいるという(2)。ジャクソンが命じられた任務を果たすためには西フロリダに侵攻しなければならないことを、モンロー政権は理解していた。当時アメリカと友好関係にあったスペインに宣戦布告するよう議会に求めるのは、問題外だった。それにもかかわらず、スペイン政府にはセミノール族の犯罪者を制御する力がないと思えたことから、国境を侵犯してアメリカの神聖な自衛権を身をもって示す権限がジャクソンに与えられたのだ。

アンドリュー・ジャクソンはすでに、インディアンとイギリス人双方に対して武勲をあげた戦士として国家的栄誉を勝ち取っていた。一八一二年戦争中の一八一四年、彼はアラバマのホースシューベンドの戦いで、九〇〇人ものクリーク族の反乱分子を全滅させた。ついで、ジャクソンはインディアン諸部族に——彼の側について戦った者たちも含めて——彼らの広大な土地を強制的に無償でアメリカに割譲させた。土地を追われた先住民の多くは国境を越えてスペイン領フロリダに移住し、セミノール族に合流した。その翌年、ジャクソンはニューオーリンズの戦いでイギリスの侵略者を破り、国民的英雄という地位を揺るぎないものにした。クリーク族はすでに敗れ、一八一二年戦争は終結し、アメリカはスペインと友好関係にあったので、深南部への入植を進めるアメリカ人を脅かす恐れのある「敵」は、フロリダを拠点とする敵対的なインディアン諸部族が残っているだけだった。ましてイギリスの工作員が白人入植地を襲うよう彼らを扇動しているとしたら、その脅威はなおさら深刻だった。

だが、かような脅威は本当に存在していたのだろうか？　政府当局が語る無辜《むこ》のアメリカ人が攻撃されているというストーリーは、より複雑で多義的な物語を覆い隠していた。フロリダは久しくスペインに領有されていたが、一七六三年からアメリカ独立革命が終結するまでイギリスの占領下にあった。イギリスが撤退すると、スペインが領有権を取り返し、スペイン人入植者がフロリダに殺到した。だが、同時に別のタイプの移民もやって来た。それは、低南部〔メキシコ湾岸に近い南部の南の地方〕の白人の家庭やプランテーションから逃亡した奴隷たちだった。セミノール族は彼らを仲間として受け入れた。新来者の数は限られていたので、彼らはセミノール・コミュニティーに入り

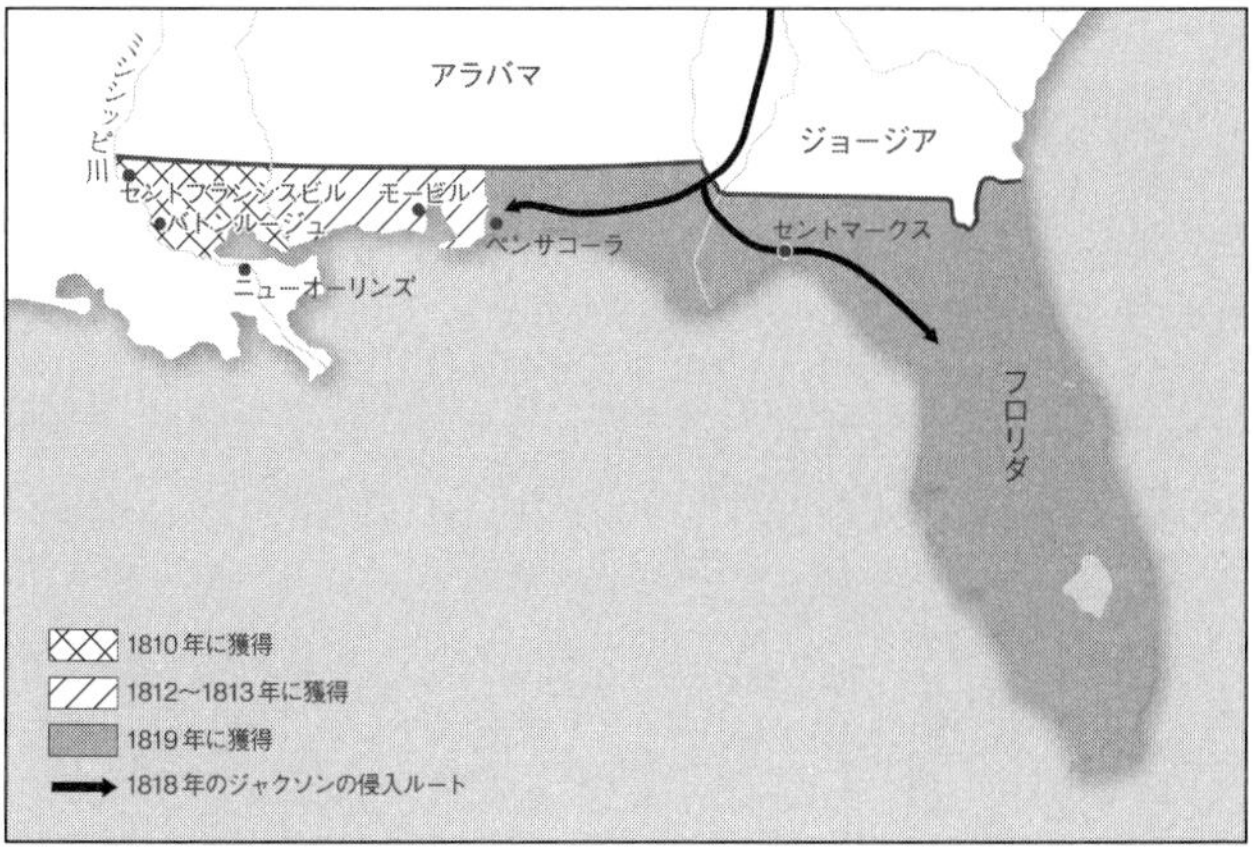

フロリダの獲得過程（1810～19年）
有賀卓ほか編『世界歴史大系　アメリカ史Ⅱ』山川出版社所収の地図をもとに作成

こむことができた。セミノール族はこれらの移民を社会的同格者とはみなさず、小作農として処遇した。これはれっきとした社会的役割で、そのおかげで「ブラック・セミノール」は彼ら独自のコミュニティーを築き、家族を養い、財産を獲得し、戦う術を学ぶことができたのだ。ある歴史家によれば、「彼らはインディアンの衣服をまとい、狩猟と漁労だけでなく、農耕と牧畜も営んだ。男たちはみな武器を携え、彼らの首領のもとで戦闘に従事した。ブラック・セミノールは彼らのいわゆる主人《マスター》たちと友好的で親密な関係を築いていた[3]」

　南部の白人がこうした状況に脅威を感じた理由は、理解するにかたくない。ジャクソンやカルフーン、そして彼らを支持する白人有権者にとって、逃亡奴隷とその家族は私有財産であり、みずから逃亡したからといって盗まれたことには変わりなかった。しかも、セミノール族は盗みを支援し、そそのかしているのだ。なお悪いことに、ブラック・セミノールの存在そのものが南部諸州の人種差別主義者に対する侮辱であり、彼らの癪《しゃく》の種だった。国境のすぐ向こう側で自由人の男女のように暮らすことによって、ブラック・セミノールはアメリカ南部社会の中核的なタブーを犯し、黒人に自由は適さないという神話を直撃していた。武器を携行することによって、彼らは軍事的な能力をもつことを公然と示し、(白人から見れば)反逆するようほかの奴隷たちを暗に鼓舞していたのだ。

早くも一八一二年に、愛国者《パトリオット》と自称するジョージアの志願兵たちが――のちにはテネシーの民兵の支援を受けて――奴隷を奪還し、彼らの主人たちに制裁を加えるべく、フロリダのセミノール族の町や農場を襲撃しはじめていた。カルフーン陸軍長官が訴えたインディアンの襲撃は、スペイン領土に侵入した南部の白人が繰り返し行なっていた殺人や略奪や放火や誘拐に対する報復だったに違いない。一方、アンドリュー・ジャクソンの堪忍袋の緒を切らせたのは、西フロリダに「ニグロ要塞《フォート》」が出現したことだった。この要塞はもともとイギリス人が建設したものだが、今では黒い戦士たちが防備を固め、彼らの庇護のもとで逃亡奴隷が尊厳をもって生き、働いているというのがもっぱらの噂だった。(4) ジャクソンからすれば、こうした不健全な状況に対処する方法は明白だった。そう、アメリカがフロリダ全土を併合すればよいのだ。一八一六年、ジャクソンはスペインの西フロリダ総督に対して、ニグロ・フォートを奪取して、その守備兵を殺すか投獄するよう要求した。総督が異議を唱えると、怒り狂ったテネシー男は配下の将校たちに国境を越えて要塞を破壊せよと命じた。一人の将校が川を航行する軍艦から「熱い砲弾」(厨房で赤くなるまで熱した砲弾)を発砲して、すみやかに命令を果たした。砲弾が要塞の火薬庫に着弾し、要塞は破壊され、三〇〇人以上の守備兵が殺されたのだ。

ブラック・セミノールは後退したものの、この一撃によって彼らの存在が提起する脅威が消滅することも、彼らを抹殺せんとするジャクソンの決意が揺らぐこともなかった。ついに一八一八年、ワシントンからゴーサインが出るや、ジャクソンは五〇〇〇の兵員を率いて西フロリダに侵攻し、スワニー川流域のセミノール族とブラック・セミノールの主要な町や村を次々と破壊した。さらに、インディアンを「扇動」した容疑で捕らえた二人のイギリス人を軍法会議にかけ、有罪を宣告して処刑した。(5) それから、彼はフロリダのスペイン当局に照準を合わせた。健康上の理由でテネシーに帰省すると陸軍省に偽りの報告をしたのちに、ジャクソンは西フロリダの州都ペンサコーラまで軍を進めた。そして、スペインの総督を逮捕し、ペンサコーラにアメリカ国旗を掲げ、部下の将校の一人をこの地の統治者に任命した。これら独断的で冒険的な一連の行動は、連邦議会につかのま非難の嵐を巻き起こした。だが、イギリス人のトラブルメーカー二人を処刑し、スペイン人に身の程を思い知らせたという理由で「ニューオーリンズのヒーロー」を譴責《けんせき》するという決議案は、とうてい採択されるべくもなかった。許可も得ずに西フロリダを奪ったとジャクソンの政敵たちが彼の専横を非難すると、下院議員のジョン・レア(リパブリカン党〔民主共和党。民主党の前身〕、テネシー州)はこう応酬した。いわく、正式な許可を得ていようといまいと、彼の行為は「至高の自然法と国家の法、すなわち自衛の法によって正当化される」[6]と。

その間に、ジャクソンは思いがけず強力な味方を得ていた。それはモンロー政権の野心的な国務長官ジョン・クインシー・アダムズで、彼はすでにスペイン大使とのフロリダ割譲交渉に着手していた。ジャクソンの「軽率な行動」はスペインがアメリカの侵略からフロリダを守れないことをはからずも白日のもとにさらしたが、これはアダムズのようなやり手の交渉人には願ってもないことだった。彼は外交コードに則《のっと》って、まず短気者の行動を謝罪したうえで、それによって露呈したスペインの弱点につけこんだ。アダムズの動機は彼が嫌悪してやまない奴隷制度を擁護することにではなく、フロリダの併合にあった。なぜなら、彼は偉大な大陸帝国の建設を夢見る熱烈なナショナリストであるとともに、アメリカ流民主主義を地の果てまで広めることを心に誓った「グローバルな共和主義者」だったからだ。それゆえ彼は、スペインがフロリダ全土をアメリカに割譲し、スペイン領土の北から太平洋まで広がる土地に対するアメリカの権利を認めるという条件で、五〇〇〇万ドル相当のスペインの負債を肩代わりしようと申し出た。スペイン大使には同意する以外の選択肢はなかった。かくして一八一九年、J・Q・アダムズとスペインの外務大臣ルイス・デ・オニス〔一七六二〜一八二七〕によってアダムズ゠オニス条約が締結された〔アメリカはフロリダ地方を獲得し、一八〇三年にフランスから購入したルイジアナ地方以西のスペイン領との境界線を画定した〕。この条約はいみじくも、「グローバルなアメリカ帝国の創設に向けた断固たる第一歩」[7]と呼ばれている。

これは自衛だったのか……それとも、武力による領土の略奪だったのか？　自衛のレトリックの陰に、アメリカの真の戦争目的が隠されていたことは一目瞭然だ。セミノール族とブラック・セミノールが国境を越えて白人入植地を襲撃していたとしても、それはパトリオットと名乗る白人たちの侵略と破壊行為によって引き起こされたものだった。さらに、ジャクソンや入植者たちには危険きわまりないと思われた脅威も——つまり、ブラック・セミノールとともに暮らす生活が南部の奴隷を魅了していたことも、外国の工作員がアメリカ先住民を支援していたことも——明らかにむやみやたらに誇張されていたようだ。フロリダに避難所を見出した奴隷の数は、総勢およそ二〇〇万人の奴隷人口のうちせいぜい一〇〇〇人くらいに過ぎなかった。反奴隷制運動が最高潮に達し、「地下鉄道」〔南北戦争前の奴隷解放秘密結社で、自由州やカナダへの奴隷の脱出を助けた〕が創設された時期でさえ、奴隷の逃亡は南部社会に対する脅威というより癪《しゃく》の種でしかなかった。当該地域におけるアメリカの権益に対するイギリスの脅威は、それに輪をかけて誇張されていた。ジャクソンに処刑された二人の不運なイギリス人が命知らずの一匹狼以上の存在だったとか、ヨーロッパ列強がフロリダ獲得にいささかなりとも関心をもっていたことを示す証拠は皆無なのだ。

したがって、第一次セミノール戦争で自衛のために戦ったとされる者たちは、実際には侵略者だった。この戦争の結果、アメリカの領土と影響力は著しく増大した。たとえそうであっても、私はあえて、自衛という主張は意図的なつくり話ではなかったと主張したい。アンドリュー・ジャクソンと南部の白人入植者たちがフロリダを侵略したのは、単なる領土的野心や好戦的な性向のゆえではない。実のところ、入植者はフロリダの未開の沼地にほとんど食指が動いていなかった。この地域はありとあらゆる逸脱行為を育む未開地とみなされていたのだ。セミノール族は逃亡奴隷を助け、「よき」(すなわち従順な)インディアンの役割を演ずることを拒否した。自由な白人のごとくにふるまう逃亡奴隷が南部のカースト制度を侵していることは、まさに言語道断だった。外国人は先住民の味方となり、彼らと社会的に(そして、噂が本当なら性的にも)交わっていた。しかも、弱体なスペインの植民地政府はかかる危険な無秩序状態を野放しにしていた。ジャクソンと彼を支える有権者たちは、彼らがことあるごとに無秩序・無法・不道徳・容認しがたい混沌と評した状況に脅威を覚え、憤りを募らせていた。これこそが——敵の襲撃ではなく混沌とした状態こそが——彼らを筆頭に多くのアメリカ人が容認しがたい脅威と受けとめたものだったのだ。

この場合、自衛の主張には二つの意味があった。第一の意味は領土の防衛というより、心理学的側面から見た政治や道徳にかかわるものだった。セミノール族とブラック・セミノールが脅かしていたのは何よりもまず、ジャクソンのような男たちが心に描くアメリカという理念——自由で自立した独立独行の白人男性を典型的な国民とする国家像だった。かかるイメージは、白人男性の(コミュニティーに対する)民主的なコミットメントや物質的野心を、個人の規律や「文明化された」行動や社会秩序への情熱——ないし異常な熱意《マニア》——と結びつけていた。早くから植民がはじまった大西洋岸より西方の地域では、アメリカの白人社会はまがりなりにも文明化されていたとしても、その程度は彼らが見下していたアメリカ先住民やアフリカ系アメリカ人の社会より優っているとはとうてい言えなかった。[8] アメリカ人の多くは、おのれの欲情を抑えられない個人としても、たとえば奴隷制のような、絶え間なく犯罪と暴力を生みだしている社会制度の一員としても、国内の秩序が乱れることを恐れていた（売春宿や賭博場を法律用語で「治安紊乱所《びんらんしょ》」という意味を考えてほしい）。ジャクソンのごとき好戦的な愛国者が表明した怒りと反感は往々にして、自己／国家の境界の内部で生まれた不安を、いまだ個人レベルでも政治組織のレベルでも統御されていない「野蛮な」地域に投影したものだったと結論づけても、あながち牽強付会といえないだろう。「野蛮な」地域が強力に統治されていない場合、脅威はいっそう強く感じられ、ナショナリズムのレトリックで表現されるようになった。つまり、アメリカに敵対的な勢力がかかる混乱した状況につけこんで、おのれの帝国ないし勢力圏を拡大するかもしれない、と。皮肉な話だが、大多数のアメリカ人は比較的近年にいたるまで、強力ならざる政府――ジェデダイア・パーディーのいわゆる「容認できる無政府状態」――という概念をおおいに尊重していた。だが、パーディーが指摘しているように、アメリカ人の思考の中では、自由と独立を愛する心と、国民一人ひとりを厳しく統制しなければならないという意識が常に葛藤していた。さもないと、人間というものは闘争本能や罪深い欲望に突き動かされて、悪行を犯してしまいがちだから、と。[9]（根っからのニューイングランドのピューリタンだった）ジョン・クインシー・アダムズから見れば、北米大陸のいまだ統御されていない地域はどこであれ、アメリカとその民主的価値を敵視する勢力にどうしても奪いたいという気を起こさせずにはおかないものだった。彼がフロリダを欲したのは、アメリカが併合しそこなったら、別の誰かが併合するかもしれなかったからなのだ。

歴史家のジョン・ルイス・ギャディス〔一九四一生〕によれば、アダムズによるフロリダの奪取は、「失敗国家」の支配を意図した先制攻撃という現代的ドクトリンの基礎を確立した。

現在使われている「失敗国家」という言葉は〔スペイン政府に送った〕アダムズの覚書には出てこないが、彼が権力の空白は危険であり、したがってアメリカがそれを埋めるべきであると主張したとき、彼の脳裏にその概念があったことは間違いない。

「『失敗した』あるいは『遺棄された』国家への懸念は」と、ギャディスは続けている。

アメリカの国際関係の歴史において何ら新しいものではなく、それらに対処するための先制の戦略もまた目新しいものではない。したがって、ジョージ・W・ブッシュ大統領が……アメリカ人は「われわれの自由と生命を守るために必要なときにはいつでも先制行動をとる覚悟」を決めなければならないと……警告したとき、彼は新しい何かを確立したというよりも、むしろ古い伝統を繰り返し述べたに過ぎなかったのである。(10)

たぶん、そのとおりなのだろう。けれども、J・Q・アダムズからG・W・ブッシュへの飛躍は、この学者には受け入れられるのだろうが、あまりにも唐突だ。当時、ヨーロッパとラテン・

アメリカで独立と民主主義を求めて闘っていた自由の戦士側に立って介入するよう求められたときに、アダムズは「アメリカは倒すべき怪物を求めて海外に行くことはない」と応じていた。もし、アメリカがたとえ正しい大義のためであっても外国との戦争に巻きこまれたら、「わが国の政策の基本原則はしだいに自由から力へと変わるだろう」。そして、アメリカは「世界の独裁者」になってしまうかもしれず、その場合には「もはやみずからの精神を律せられなくなるだろう(11)」と。もっとも、ギャディスの主張には一理ある。彼ほど肯定的でない言い方をするなら、「権力の空白」に対する恐怖心は今日もなお、領土拡張戦争を正当化すべく自衛ドクトリンを拡大する誘因でありつづけている。アフガニスタンからインドネシアにいたる地域の失敗した国や失敗しつつある国をことごとく占領せずには安全たりえないと言うのであれば、アメリカは永久に戦争を続けるグローバルな帝国になるしかない、と国民は決意を固めるべきなのだ。

セミノール戦争の一部始終は、祖国を守るために戦争をしなければならないと言われたときに、用心深いアメリカ人なら質《ただ》したいと思うであろう重大な疑問を示唆している。第一の疑問——私たちが守ろうとしているのは正確なところ何なのか？ アメリカ人の生命や自由や領土が危機に瀕しているのか、あるいは、もっと複雑な理念や国家のあり方が脅かされているのか？ 換言すれば、私たちを実際に脅かしているのは何か、ということだ。イスラーム過激派のテロリストがらみのケースのように、答えが自明と思える場合もある——九・一一のテロ攻撃の再現だ。だが、アンドリュー・ジャクソンなら「セミノール族の襲撃の再現」と言っただろう。おそらく私たちに不安を抱かせているのは、テロリストがふたたび攻撃してくる可能性だけではない。夥《おびただ》しい数の外国人が自国におけるアメリカ人の行動に憤慨し、アメリカに災いあれと願っているという認識や、これまでアメリカ人を守ってくれていたように思える「魔法」が消えてしまったという感情も、私たちを脅かしている。さらなるテロ攻撃はたしかに恐るべきことだが、テロリズムはありとあらゆる種類の不安や懸念を引き寄せる磁石としても機能するかもしれないのだ。

第二の疑問――いったい正確なところ誰からおのれを守ろうとしているのか？ 脅威の源泉は私たちを攻撃した個人やグループなのか？ それには、彼らをかくまう同盟者や同調者も含まれるのか？ もしかすると、私たちの自衛行動にすぐさま協力せずに中立を保っている人々も含まれるのだろうか？ もし、私たちが「最大限の敵」に対して自衛するのであれば、潜在的な友と不仲になり、紛争を新たな集団や場所に拡散させるリスクを負うことになる。敵がいかなる意図をもっているかという問題は、第二の疑問のきわめて重要な要素である。彼らは私たちを支配しよう、傷つけようと躍起になっているのかもしれない。あるいはブラック・セミノールのように、放っておいてほしいと思っているだけなのかもしれない。後者の場合、あくまで彼らと暴力で対決しようとすれば、私たちは防衛というより攻撃の主体としてふるまうことになる。

第三の疑問――アメリカ国民をより安全にするという観点から見て、自衛の手段は合理的なのか？ それとも、より深刻な脅威を生じさせるのか？ ジョン・クインシー・アダムズの目には、フロリダ併合はさぞかし「スラム・ダンク」〔必ず成功すること〕のように映っていたに違いない。けれども、同じ理由づけが南西部とカリフォルニアの奪取を正当化するまでに拡大されると（つまり、われわれがメキシコからカリフォルニアを奪わなければ、誰かに奪われると強弁するにいたると）、これは地方間の反目を煽《あお》り、それが積もり積もって想像を絶する破壊的な内戦を引き起こした。[12] いうまでもなく実際的な論点は、脅威と目されるものに効果的に対処できる非暴力的な手段があるか否かということだ。武力で攻撃すれば武力で反撃されるのは当然とみなすのは合理的かもしれないが、現実には強烈な復讐心がいっそう破壊的な攻撃を招きかねない場合もあるのだ。

最後の疑問――関連するコストはどれくらいか？　こと自衛に関するかぎり、人々は費用と便益の観点から戦うか否かを決しようとはしないものだ。脅威が深刻で差し迫っているなら、私たちには第三五代大統領ジョン・F・ケネディ〔JFK。一九一七～六三。在職一九六〇～没年〕が言ったように「いかなる重荷も負い、いかなる代価も支払う」覚悟ができている。とはいえ――財政的のみならず物理的・心理的・精神的な――コストが論点になると、私たちはいやおうなく脅威の深刻さと緊急性に加えて、自衛手段の効率性について再考することを迫られる。その結果、現在のテロとの戦争のようないつ終わるともしれない武力闘争がアメリカ国民と長期的な国際関係にもたらすダメージを、直視せざるを得なくなる。そして、このことは私たちに、安全に対する基本的欲求を満たすより効率的で斬新な方法を模索するよう促すのだ。

普遍的な価値と国家の独立の防衛——両次の世界大戦

自衛ドクトリンは、両次の世界大戦と関連して劇的な展開を遂げた。アメリカは第一次世界大戦では同盟国（ドイツ、オーストリア＝ハンガリー、トルコ、ブルガリア）と、第二次世界大戦では枢軸国（主としてドイツ、日本、イタリア）と戦うために、莫大な数の軍人と文民を国外に派遣した。これらの戦争は戦場があまりにも遠く、あまりにも多くの国がかかわっていたので、アメリカ国民が「私たちとどんな関係があるのか？」と問うたのは理の当然だった。初代大統領ジョージ・ワシントン〔一七三二〜九九。在職一七八九〜九七〕の告別の辞〔一七九六年に三選不出馬と内外問題についての所見を新聞紙上で表明したもの〕にまで遡《さかのぼ》る孤立主義の伝統は、ヨーロッパの政治にアメリカを巻きこむべからずと戒めていた。大多数のアメリカ国民は、外国人同士の喧嘩でどちらかに味方することに乗り気ではなかった。喧嘩への介入が祖国から遠く離れた戦場で殺したり死んだりすることを意味する場合は、なおさらだった。それゆえ、アメリカ軍を海外に派兵しようという提案はとうてい国民の支持を得られなかった。一九一六年に再選を果したウッドロウ・ウィルソンは、平和を志す大統領候補としてアメリカの中立政策を維持すると誓っていた。フランクリン・D・ローズヴェルトはアメリカの親たちに彼らの息子を外国との戦争に送らないと公約して、一九四〇年に三選を勝ち取った。ところが、二人とも当選後は、なんとか回避しようと努めたが参戦は不可避で、この戦争は自衛の原理によって正当化されると説明するようになった。

ウィルソンやローズヴェルトのごときリベラルな理想主義者の手腕によって、自衛という概念は新たに二つの意味を付与された。その一つは、民主主義や人権や「文明化された」道徳性という類いの普遍的な原理を特定し、アメリカはその主たる模範にして擁護者と目されているという論拠に基づいて、これらの価値に対する攻撃は――たとえアメリカの国内制度が差し迫った危険にさらされていなくても――アメリカへの攻撃とみなしうる、というものだった。かような自衛の再定義は自衛と道徳的十字軍の境界を曖昧にするものだったが、第一次世界大戦期には、アメリカとイギリスを文化的に同一視していたアメリカの中流階級に属するプロテスタントの白人には強くアピールした(13)。だが、移住してきたばかりの移民や生活苦に喘ぐ産業労働者や農民や非白人など、アメリカ国内で民主主義の恩恵をいまだ充分に享受していない人々の多くにとって、こうした自衛の概念は異国の地で人を殺し、おのれが死ぬ理由としてはあまりに抽象的に過ぎた。そのため、自衛ドクトリンは、紛争の一方の当事者を世界支配の野望にとりつかれた生来の邪悪な侵略者と描くことによって補強された。こうして、アメリカの諸原理だけでなく、アメリカの独立そのものも危機に瀕していると主張されるようになったのだ。たとえば、ドイツの皇帝《カイゼル》が世界征服計画に乗りだしたら、アメリカが攻撃されるのは――たとえ差し迫っていなくても――不可避とされた。そして、もし不可避であるなら、敵がいっそう強力になるまで待っているより、今すぐこの危険に立ち向かうほうが賢明だろう。

第一次世界大戦の場合、かかる主張の正しさを証明するのは容易でなかった。一九一四年以前のヨーロッパ列強は軍事的な優位、国家の威信、経済的な勢力圏、植民地の保有をめぐって激しく競い合っていた。列強諸国は複雑な軍事同盟システムを構築していたが、それがあまりに錯綜していたので、偶発的な暴力沙汰が軍事動員と侵攻の連鎖反応に発展するのは必至の情勢だった。[14]ウィルソン大統領自身もこの戦争を英雄も悪人も存在しない闘争とみなし、「思考においても行動においても公平・中立」の立場を守るよう、アメリカ国民に呼びかけていた。[15]ウィルソンは当初は自身の原則に固執し、一九一五年にドイツのUボート〔両次の世界大戦で使われたドイツ軍の潜水艦〕がイギリスの豪華客船ルシタニア号を撃沈し、一二八人のアメリカ市民を含む一九〇〇人以上が犠牲になったときですら、暴力をもって報復しようとはしなかった。「戦うにはプライドが高すぎるという男も存在する」と、彼はフィラデルフィアで演説した。「その正しさを力ずくで他者に納得させる必要がないほど、正しい国というものも存在するのだ[16]」

大多数のアメリカ国民はウィルソンに同意した。当時のヨーロッパを呑みこんでいた混沌の中で、いったい誰が罪人と聖人を識別できただろう？　フランスの塹壕で百万もの兵士が命を落としつつあった一九一五年には、交戦諸国はしだいに死に物狂いになっていた。その兆候の一つは、両陣営とも毒ガスの使用が増したことだった。もう一つの兆候は、イギリスが北海に機雷を敷設し、海上封鎖に踏み切ったことだった。食糧その他の必需品も含めて、いかなる物資もドイツやその支配下にある国々の港に輸送させないと決断したのだ。当時の海軍大臣ウィンストン・チャーチル〔一八七四～一九六五。のちに首相。在職一九四〇～四五、五一～五五〕は、海上封鎖の目的を率直に認めていた。いわく、「ドイツ国民を——男も女子どもも、老いも若きも、負傷者も健常者も——一人残らず飢えさせて、降服に追いこむのだ[17]」と。三つ目の兆候は、英仏に物資を運ぶ船舶に対するドイツの無制限潜水艦作戦で、これは輸送船が中立国の旗を掲げていてもおかまいなしだった。だが、ルシタニア号を撃沈したのちに、ドイツは客船の攻撃は避けると誓約した。その後まもなく、ドイツは中立国の商船に対する攻撃も中止した。国務長官のウィリアム・ジェニングズ・ブライアンは、ドイツのUボート作戦と基幹的民間物資の輸送を阻むイギリスの海上封鎖の双方を非難するよう、ウィルソンに要請した。これを拒否されたブライアンが職を辞すと、ウィルソンはその後任に親英派の外交官ロバート・ランシング〔一八六四～一九二八。在職一九一五～二〇〕を任命した。

いまやアメリカ政府は連合国側に立って参戦すべく、猛然と動きはじめた。アメリカの実業界はすでに久しくイギリスを国外最大の顧客としており、ウォール街は連合国に数十億ドルの融資をしていた。大統領が二期目の任期についた頃には、これを回収できる見こみは心もとなくなるばかりだった。フランス軍の内部で反乱が勃発し、連合国陣営で戦っていたロシア軍は姿を消しつつあった——これは、まもなくロシアを大戦から撤退させることになる革命の最初の兆候だった。イギリスはウィルソンに参戦するよう懇願し、たとえ遅れて参戦しても、連合国はドイツと和平を交渉しないですむようになり、アメリカは戦後世界の調停者にして指導者という地位を確保できると主張した。こうした要請を受けてウィルソンが参戦に傾きつつあった折も折、ドイツが開戦事由（*casus belli*）——戦争をする直接的な原因——とみなしうる二つの事件を引き起こした。一九一七年二月、中央ヨーロッパに飢餓が蔓延する中で、ドイツは英仏に物資を運ぶ船舶への無制限潜水艦作戦を再開し、アメリカ商船六艘を撃沈した。三月には、ドイツ外相アルトゥール・ツィンメルマン〔一八六四〜一九四〇。在職一九一六〜一七〕がメキシコ政府に覚書を送り、アメリカが対独宣戦布告を発した場合は同盟を結ぼうと提案していたことが発覚した。この覚書はさらに、同盟国が勝利した暁にはメキシコが米墨戦争で失った領土の一部を取り戻せる可能性を示唆していた[18]。イギリスがこの極秘電報を傍受して解読し、ツィンメルマンの陰謀を告発したのだ。

それから数週間後、ウィルソンはドイツに宣戦を布告するよう議会に要請した。彼はツィンメルマンの電報にも言及し、ドイツはアメリカの産業に対してスパイ行為やサボタージュ作戦をしかけていると告発した。しかし、彼の演説の大部分はドイツの潜水艦作戦に向けられた。ウィルソンにとっての自衛概念の核心は、普遍的な法的・倫理的原理の形で表現されるアメリカ的価値を守ることだった。「現在ドイツが行なっている通商に対する潜水艦作戦は、人類に対する攻撃である」と、彼は議会に訴えた。アメリカは自国の船舶が撃沈されたからといって、自衛しようとはしない――それは高潔ならざる利己的な行動だろう。だが、われわれは法的権利と人権のために戦う闘士であるからこそ自衛する。アメリカが戦う相手はドイツ国民ではなく、独断で彼らに戦争を押しつけた残酷で独裁的なドイツ政府である、とウィルソンは主張した。「世界は民主主義のために安全にされねばならない」と、彼は記憶に残る宣言をした。民主国家の国民は統治エリートが始める戦争にけっして同意しないから、民主主義への道は諸国の連盟と世界平和への道でもある。[19] ドイツとの戦争は（ウィルソンは連合国のために戦うとはいっさい言わなかった）この輝かしい道への第一歩なのだ。

ウィルソンの演説が響かせた高尚な論調は、大統領自身とその支持者たちにとって厄介な二つの問題を生みだした。参戦に反対するアメリカ人――いまだに国民のかなりの部分を占めていた――は、この演説を単なるプロパガンダとみなし、大げさな党派的言辞くらいにしか受けとめなかった。ウィルソンは相変わらずイギリスの海上封鎖を黙殺したばかりか、この戦争の責任をプロイセンのごく少数の独裁者と軍国主義者だけに負わせていた。けれども、ドイツ議会は事実上満場一致で開戦に賛成票を投じており、その最大政党たる社会民主党〔一八七五年に結成されたドイツ社会主義労働党が九〇年に改称したもの〕はヨーロッパ最大の労働者階級の政党でもあった。この戦争は当初、イギリスとフランスでも国民の支持を集めていた。ウィルソンの演説は連合国に

「**この狂った獣を殺せ**」、1917年。第一次世界大戦時の米国陸軍の新兵募集ポスター。ドイツ兵を女性に暴行する獣として描いている。棍棒に「kultur」（「culture」に相当するドイツ語）と記されていることと、自衛概念に基づく参戦の理論的根拠―ヨーロッパ域内で終わらせなかったら、この戦争はやがてアメリカ領土に到達するという見解―が表現されていることに注目されたい（Harry Ransom Center, University of Texas at Austin Collection）。

言及していなかったが、それはおそらく、英仏という民主主義を奉ずる友好国がドイツよりはるかに強力な地球規模の帝国主義国家であり、英仏と同盟していた帝政ロシアが地上で最も独裁的な国家の一つだったからだろう。ヨーロッパの戦争を民主制と独裁制の闘争という枠組みで語るのは、控えめにいってもかなりの拡大解釈だった。

ところが、ウィルソンのアプローチは主戦論陣営をも困惑させた。ドイツ国民は統治者に誤り導かれてきたに過ぎないと主張することによって、彼はドイツ軍兵士一般を血に飢えた「ハン」と描こうとする目論みに水を差してしまった。より重要だったのは、独裁制についての彼の抽象的な表現では、ドイツ皇帝のイメージを一変させる――つまり、アメリカの新聞や雑誌の読者が「カイザー・ビル」として馴染んでいた滑稽な威張り屋から、世界支配を企む怪物に変身させる――役に立たなかったということだ。ヴィルヘルム二世〔一八五九～一九四一。プロイセン王・ドイツ皇帝、在位一八八八～一九一八〕を「ベルリンの野獣」に変身させる作業はロバート・ランシングら政権のスポークスマンが始め、新聞とりわけ漫画家とポスター制作者が完成させた。彼らはドイツ皇帝を悪の化身と描いて、わが世の春を謳歌した。

宣戦布告から数ヵ月後に行なった演説で、ランシングはなぜアメリカ国民が「ほかの国の戦争」に加担しなければならないのかと訝《いぶか》る人々に直接訴えかけた。「これは抽象的な正義の原理を確立するための戦争ではない」と述べたうえで――もっとも、ウィルソンはまさにそのようにこの戦争を位置づけていたのだが――ランシングは「この戦争にアメリカの将来がかかっている」と言明した。なぜなら、ドイツの統治者は世界征服という「邪悪な目的」をもっているからだ、と。ドイツ皇帝は絶対君主として「ギリシアやローマ、あるいはカリフ〔全イスラーム教徒の宗教的指導者にして、イスラーム共同体の政治的支配者〕のそれより大きな世界帝国」を統治せんと欲している。それゆえ――これが殺し文句だった――たとえドイツ皇帝がまだアメリカを攻撃していなくとも、彼は必ず比較的近い将来にそうするだろう。

アメリカが中立を保ったがためにドイツがヨーロッパの勝者になった、と想像してほしい。さて、全地球の主人たらんと目論む輩《やから》の次の犠牲者になるのは誰だろうか？　莫大な富を有するこの国が、勝ったとはいえ疲弊したドイツの飽くなき欲望を刺激しないといえるだろうか？　わが国の民主主義は、ドイツの独裁的な統治者と彼らの究極の野望のあいだに横たわる唯一の障害ではないだろうか？　彼らがこれほど豪華な獲物から手を引くと、あなたたちは思っているのか？

いうまでもなく、ドイツの攻撃という脅威がランシングの言うように明白で差し迫っていたなら、不可避の対決を遅らせるのは道理にかなっていなかっただろう。この時以来アメリカ国民が繰り返し聞かされてきたのと同様の言葉を用いて、国務長官は事実上、将来の攻撃を防止するための先制攻撃を提唱したのだ。

それでは、私のほうから質問しよう。勝利によって活気づき、強大な陸海軍を擁するドイツ帝国にわが国が単独で立ち向かうほうが、現にこの帝国と戦っている勇敢な諸国と同盟して、わが国の将来に対する脅威を今きっぱりと断つよりも容易なのか、あるいは賢明なのか?[20]

ランシング国務長官に対して公正でありたいと思う向きもあるだろうが、これはまったくの幻想だった。史上最も破壊的な戦争が終結したとき、ドイツはいわずもがな、アメリカを脅かせるような国は皆無だった。一九一八年には「勝利によって活気づいた」フランスとイギリスは膨大な数の戦死傷者と巨額の負債によって意気沮喪していたので、既得の所有物にしがみつくことしかできず、それもしだいに困難になりつつあった――そしてドイツの困窮はそれに輪をかけていた。後知恵によって、アメリカの参戦はいっそう厳しい批判にさらされている。というのは、もしアメリカが中立を保っていたら、おそらく連合国陣営と同盟国陣営は相対的に同等の条件で「勝利なき平和(講話)」〔一九一七年一月二二日、ウィルソンが上院で語った言葉〕を結ぶことを余儀なくされたであろうし、その場合はヴェルサイユ条約でドイツに懲罰的で屈辱的な講和条件を課すこともなかっただろうからだ。まずまず平和な状態であっても、一九二〇年代に大恐慌が襲ったときにヨーロッパ諸国が勢力均衡を保つのは困難だったに違いない。それでも、「あらゆる戦争を終わらせるための戦争」を終わらせた報復的な諸々の条項が「ドイツの救世主」が登場する舞台を整え、その後の大規模な紛争の種を蒔いたことは明らかなように思われる。

いかにも、自衛の概念を拡大するのは危険な所業だ。アメリカの中核的な価値と安全保障上の権益に対する脅威が、主戦論者が主張するほど深刻かつ緊急であるとか、対処しがたいものであることはめったにない。しかも、「よい」戦争でさえ予測できないさまざまな結果を招来するものだ。といっても、これは自衛を論拠とする主戦論が常に見かけ倒しであることを意味しない。フランクリン・D・ローズヴェルトはパール・ハーバーの何年も前から、世論操作に影響力を振るった「炉辺談話」〔一九三〇年代のニューディール政策の実施にあたり、世論の支持を得るために全国的なラジオ放送網をとおして行なった政策説明〕において、ウィルソン・ドクトリンの両方の要素を援用しつつ、ナチス・ドイツと日本帝国に対して軍事的な「準備」を整える必要性を説いていた。ローズヴェルトの論拠の一端は、軍事攻撃に対するアメリカの脆弱性と、経済的・技術的進歩によって小さくなった世界でアメリカ経済が崩壊したことにあった。

> もしイギリスが敗れたら、枢軸国陣営がヨーロッパ、アジア、アフリカ、オーストラリアの諸大陸と公海を支配するだろう——そして、膨大な陸海軍の資源を西半球に投入できるようになる。南北アメリカ大陸の住人すべてが銃口を突きつけられて生きることになるといっても、けっして誇張ではない——その銃には、通常の銃弾のみならず、経済的な意味での弾丸もこめられているのだ。

だが、FDRの最強の切り札は、「彼ら以外の人種を劣等人種と決めつけ、それを根拠に彼らの命令への服従を繰り返し強要してきた」体制の邪悪な性格だった。勝利に驕《おご》る枢軸国陣営はエリート主義的で暴力崇拝的な性向に駆りたてられて、生き延びたかったら自分たちを手本にしろ、と他者に強いるに違いない。

私たちは新たな恐ろしい時代に突入することになる。そこでは、われらの半球も含めて全世界が野蛮な力の脅しによって運営される。かような世界で生き残るために、わが国は永遠に、戦争経済を基盤とする軍国主義国家にならざるを得ないだろう。(21)

ウッドロウ・ウィルソンと同様に、ローズヴェルトも自衛を要する国家という「自己」を、地球的規模で普遍的なものと表現されるアメリカ的価値と同一視していた。しかしながら、彼の構想においては、守られるべき価値は選挙制民主主義や人権にとどまらず、ニューディール政策〔一九二九年から始まった恐慌を乗り切るため、ローズヴェルト大統領が実施した一連の経済政策。政府の統制を強化して経済復興を図るとともに、社会保障制度や労働者の団体交渉権確立のための政策をとった〕で神聖視されたさまざまな価値を網羅していた。ローズヴェルトはこれらの価値を「四つの自由」という広義の言葉で要約した。すなわち、言論の自由・信教の自由・欠乏からの自由・恐怖からの自由である。枢軸国陣営がヨーロッパとアジアを支配するようになったら、これらすべてがすぐにも失われかねない、と彼は訴えた。欠乏からの自由と恐怖からの自由は、アメリカの市民宗教における新しい何かを表わしていた。前者が経済的安定を保障される国民の権利を意味していたのに対して、後者は最終的な世界の武装解除と実効ある国際連合の設立を目指していた。アメリカ合衆国憲法修正第一条〔議会が宗教・言論・集会・請願などの自由に干渉することを禁じた条項〕に謳《うた》われた諸々の自由とともに、これらの自由もファシズムの脅威に直接さらされている。ヨーロッパでナチスが勝利をおさめた暁には、とローズヴェルトは以下のように警告した。

アメリカの労働者は諸外国の奴隷労働と競争せざるを得なくなる。最低賃金を決めて、労働時間を制限しろ？　ナンセンスだ！　賃金も労働時間もヒトラーが決める（ことになるだろう）。アメリカの労働者と農民の威厳も力も失われ、生活水準は低下する。労働組合は過去の遺物となり、団体交渉はジョークとなるだろう。(22)

FDRの主張はウィルソンやランシングのそれより、たしかな根拠に基づいていた。というのは、ヴィルヘルム二世治下のドイツとは異なり、第三帝国はすでに西ヨーロッパの大半を征服し、日本帝国も東アジアの広大な地域を占領していたからだ。それゆえ、枢軸国陣営には――条約の破棄、奇襲による他国の征服、議会制度の打倒や廃止、労働組合の禁止、政敵の投獄や殺害、「劣等人種」の奴隷化や虐殺など――それと指摘できる前科があった。それでもやはりパトリック・J・ブキャナンらのように、ファシスト勢にはアメリカを攻撃する気はなかったのだから彼らと戦う必要はなかった、と主張する人々もいるだろう。勝手にやらせておけば、ナチスはソ連との、日本は中国との戦争でエネルギーを使い果たしていたはずだ、とブキャナンは主張する。なぜなら、ドイツと日本はそれぞれの地域で強大な支配者になることを熱望していたのであって、全地球の共同統治者になろうとしていたのではないからだ、と。(23)

おおかたの歴史家はこうした見方に同意していない。たとえ枢軸国の指導者たちの意図についてのブキャナンの認識が正しいとしても、彼はローズヴェルトが明確に理解していたことを見落としている。それは、ドイツと日本はソ連のごとき二流の工業国ではなかった、ということだ。かつて世界の最貧国の一つだったソ連はいまやヨシフ・スターリン〔一八七九～一九五三。ソ連首相。在職一九四一～没年〕の独裁政治のもとで近代化に邁進していたとはいえ、その道のりははるかに遠いものだった。ドイツと日本は経済強国で、新たな占領地を得るたびに生産力を急激に高めていた。その経済力のおかげで、両国指導層のエリート主義的なイデオロギーが地球規模で具現する可能性すらあった。ローズヴェルトの見解の根底には、アメリカはこれほど精力的で圧制的なシステムとは平和共存できないという認識があった。平和共存するためにはかかるシステムに順応せざるを得ないが、それはとりもなおさず、アメリカが独自の道徳的羅針盤と政治的アイデンティティーを失うことを意味するのだ。副大統領のヘンリー・ウォーレス〔一八八八～一九六五。在職一九四一～四五〕はこれを簡潔に「この戦争は奴隷の世界と自由な世界の戦いである」と要約した。映画監督のフランク・キャプラ〔一八九七～一九九一〕はこのリンカーンもどきの言葉を名高い『われらはなぜ戦うのか（Why We Fight）』シリーズ

〔一九四二〜四五〕の第一作で用いて、闇の勢力と光の勢力によって分断された世界を描きだした。(24)

この時点で、ウィルソン流自衛ドクトリンの二つの要素が混ざり合った。つまり、「四つの自由」のような普遍的価値の防衛と、「邪悪な敵」の世界支配を防止する必要性が融合したのだ。その結果生まれたのが、アメリカ流聖戦ドクトリンとも呼ぶべきもの——攻撃的で邪悪な敵と彼らの誤ったイデオロギーから世界を救う義務を負った十字軍だった。ところが皮肉なことに、この十字軍がベルリンとヒロシマの灰燼の中で勝ち誇っていたまさにその時に、アメリカの自衛概念がさらに大きく変質する舞台が整ったのだ。というのも、第二次世界大戦後の世界では、唯一アメリカだけが戦前より豊かで強大になり、より統合されてグローバルな力を行使できるようになって

「われわれは自由に選べる……今日の労働と明日の労働を」、1942年。ナチズムをアメリカの団体交渉制度に対する脅威として描いた米国陸軍のポスター。上段の吹きだし——「今日の労働」わが国は自由を守るのに不可欠な金属を米軍兵士に供給するために、われらが鉱山労働者を頼りにしている。下段の吹きだし——「明日の労働」週に72時間以上働かない鉱夫は一人残らず射殺する！　ナチスの新世界秩序には金属が必要なのだ！（University of North Texas Digital Library, Poster Collection）

いたからだ。アメリカは新しい巨人《コロッサス》として世界に屹立し、ごく自然ななりゆきとして弱体化したヨーロッパ諸帝国の後継者となった。そしてついに、ヘンリー・ルース〔一八九八〜一九六七。雑誌編集者・出版者〕が一九四一年に『ライフ』誌で主張したとおりに二十世紀を「アメリカの世紀」(25)とする覚悟を固めたのだ。連合国の団結が相互不信と対立に変貌していった時期に、アメリカに唯一対峙できたのは、富の面でも活力の面でもはるかに劣るソ連だけだった。

こうした情勢下で邪悪な侵略者や誤ったイデオロギーと戦う道徳的十字軍を説くというのは、いったい何を意味するのだろうか？　一九四七年以降、ハリー・S・トルーマンやトルーマン政権の国務長官ディーン・アチソン〔一八九三〜一九七一。在職一九四九〜五三〕らアメリカの指導者たちは、共産主義者の破壊行為と乗っ取りの脅威から「自由世界」を守るグローバルな闘争を旗印にした。彼らはどうやら、自分たちは冷戦という新たな環境下でウィルソン＝ローズヴェルト流の自衛路線を踏襲していると確信していたようだ。けれども、彼らが実際に行なっていたのは、帝国というアメリカの新たな地位の堅持を正当化すべく自衛概念を再構成することだったのだ。冷戦の考察は次章に譲って、ここでは現在進行中のテロとの戦争における新しい自衛ドクトリンの主たる要素に着目しよう。(26)

超大国の権益あるいはアメリカの覇権の防衛——テロとの戦争

自衛が主張されたときに質《ただ》すべき基本的な疑問——私たちは何を守ろうとしているのか、それを誰から守ろうとしているのか、自衛の手段は合理的なのか、そのコストはどれほどになりそうか——を思い出してほしい。アル・カーイダの解体を目指す近年のアメリカの行動に関するかぎり、少なくとも最初の二つの疑問に対する答えは比較的はっきりしている。しかし、二〇〇一年九月一一日の同時多発テロ攻撃を契機に始まったいわゆるテロとの戦争は、その当初から、アル・カーイダとその直接的な支持者よりはるかに広範なグループを標的としていた。二〇一〇年までに、テロとの戦争はアフガニスタンとイラクにおける大規模な軍事作戦、パキスタンとイエメンにおけるミサイル攻撃、レバノンからフィリピンにいたるイスラーム世界とコロンビアやコンゴのような非イスラーム国家における多種多様な秘密作戦を含むまでに拡大した。

　アメリカを実際に攻撃したり、何らかの攻撃計画を立てていたテロリストや反乱者のグループはごくわずかだったにもかかわらず、これら多様で概して関連のない軍事行動を、どうして自衛という口実で正当化できようか？　東アフリカやイエメン、そしていうまでもなくアメリカ本土でアメリカ国民を殺傷したアル・カーイダは、典型的なテロリスト集団として扱われた。だが、これは明らかに例外的なケースだった。イラクの反乱者やアフガニスタンのターリバーンは自国に侵攻したアメリカ軍と戦ったが、彼らの活動範囲は自国内に限られていた。パキスタン・ターリバーン運動〔パキスタンの部族地域を拠点にアフガニスタン国境地帯で活動するイスラーム主義組織〕、ラシュカレトイバ〔カシミール地方の分離独立闘争を掲げ南アジア地域で国際的に活動するイスラーム過激派〕、ソマリアのアル・シャバブ〔ソマリア南部を中心に活動するイスラーム主義勢力〕、フィリピンのアブ・サヤフ〔フィリピン南部を拠点とする過激派組織〕、コロンビアの反政府左翼ゲリラFARC〔コロンビア革命軍〕など、テロリストと指定された集団の多くは、自国政府やライバル組織と戦っていたが、アメリカの軍隊や民間人を襲うことはめったになかった。たがいに支援し合っていた武装組織も一部あったが、それは稀《まれ》なケースだった。しかも、彼らが協力し合ったのは多くの場合、アメリカの敵対行動がもたらした結果であって、その原因ではなかった。実のところ、米国国務省がテロ組織と指定した世界全域の四五グループのうち、アメリカ国民を狙った何らかの暴力行為に関与していたのはほんのひと握りだったのだ。(27)

それでは、いったい何が、アル・カーイダだけを標的にしたのではない「テロとの戦争」を自衛戦争と主張させたのだろうか？　その答えは、アメリカという国のさらなる再定義に存していた。この国はいまや、国外におけるアメリカのプレゼンス全体も包含するとみなされるようになった。軍人や軍属や情報機関員、民間の契約業者や開発業者、企業の現地スタッフやジャーナリスト等々の常駐人員の数は数百万人におよび、しかも急激に増加している。こうした「国外のアメリカ」の拡大は冷戦の時代に始まった。この時期のアメリカは、共産主義者に乗っ取られそうな同盟国の救援に駆けつけると誓い、諸外国に軍事基地や文化施設やプロパガンダ・センターを築き、世界全域で経済協力事業を展開した。ソ連が崩壊してもはやライバルのいない唯一の超大国となっても、アメリカはそれまでに確保したいかなる海外拠点からも撤退しなかった。それどころか、軍の海外派遣を大幅に増やし、東ヨーロッパとバルカン地方から中東を経て中央アジアや南アジア、さらに太平洋地域にまで連なる広大な地域で、さまざまな同盟関係を構築した。こうした拡大路線が地元住民の抵抗運動を引き起こし、国外でアメリカを代表する人々が攻撃されると、それはアメリカ本土に対する攻撃と同一視された。のみならず、アメリカのグローバルな権益を脅かすとみなされた集団や国への先制攻撃が正当化されるまで、自衛権が公然と拡大解釈されるようになった。ついには、看過できない脅威の源泉とみなされる国や集団のリストは、テロとの戦争にアメリカの盟友として参加することを拒んだ国や集団を含むまでに拡大された。このように自衛の概念が何度も修正された結果、アメリカが敵とみなした世界各地の勢力と戦争をする理論的根拠は非常に幅広いものとなったのだ。

国を守るとは国が獲得した最前線の拠点を守ることと同義であるという観念は、自衛ドクトリンの大きな革新を画している。それはすなわち、世界のどこであれアメリカの軍隊や民間労働者が攻撃されたら――彼らがそこにいる理由（ないしは理由の欠如）のいかんにかかわらず――アメリカは暴力をもって反撃する権利がある、ということだ。たとえば、もし、私たちがサッダーム・フセインはアル・カーイダと共謀しているとか、生物化学兵器をもっていると誤って確信し、自衛を根拠にイラクに侵攻したとして、イラクにおけるアメリカのプレゼンスに反対する勢力が米軍を攻撃してきたら、米軍の反撃は彼らが攻撃されたという事実を唯一の根拠として――アメリカの侵攻の正当性やそれに続く占領の合法性にはかかわりなく――自衛行為と呼ばれるのだ。

要するに、これが「軍を支持せよ」という善意から出たとはいえ思慮の浅いスローガンの意味するところなのだ。その含意はまことに驚くべきものだ。というのは、いかなる前進拠点であれ、それがわれわれの拠点であるというだけの理由でその防衛が正当化されうるなら、既得の拠点を守るために新たな征服行動を始める権利があることになるからだ。これは典型的な帝国主義的領土拡張のロジックである（ユリウス・カエサル〔前一〇〇頃～前四四〕はブリタニア征服を、ヒトラーはポーランド攻撃を正当化するために、このロジックを用いた）。もちろん、「軍を支持せよ」というスローガンが人々の心に強く訴えるのは、軍の成員が自分の親戚や友人や隣人や同郷人であるという事実とかかわっている。私たちは彼らが危険な目にあわず、無事に帰国することを願う。だが――彼らが何をしているかにかかわらず――自衛を根拠に彼らの外国での活動を正当化することには、より複雑で一種曖昧な帰属意識がかかわっている。「われわれの自由を守り」、「われわれを安全に保つ」ために生命の危険を冒して異国の戦地で働いている軍人や軍属に繰り返し謝意を表明することは、その一つの表われである。彼らの行動が本当に自由の大義の推進や国家の安全保障の向上に寄与するのか、彼らは私たちが奉ずる価値を体現しているのかと問うたりしたら、控えめにいっても悪趣味と思われる。だが、こうした問いかけを怠れば、帝国主義的循環とも呼ぶべき状況が生じてしまうのだ。

帝国主義的循環――われわれは従来の拠点が攻撃されたので、新たに獲得した拠点を守っている。従来の拠点を防衛していたのは、それ以前の拠点が脅かされたからだ、云々と続く。このロジックはアメリカの国外での軍事的コミットメントを継続的に拡大させるとともに、自衛と侵攻の区別を実質的に消し去ってしまう。それはまた、一つの国としてのアメリカと、帝国と目されるアメリカの区別をも消し去るのだ。冷戦が終結する以前には、おおかたのアメリカの評論家は、アメリカではなくソ連こそが「帝国主義」勢力であると主張していた。だが今日では、アメリカの広範にわたる経済的・政治的・軍事的行動は全体としてグローバルな帝国の一類型を構成するという見方が、しだいに多くの学者たちに支持されるようになってきた[28]。外国で活動しているアメリカの文官と軍人は、ヴィクトリア女王〔一八一九〜一九〇一。在位一八三七〜没年〕時代のイギリス植民地行政府の役人や大英帝国軍の将兵のそれと本質的に同じ役割を演じている。彼らが従事している活動の多くは、「先住民」に文明の恩恵を授けることから、反乱を鎮圧し、地元の軍隊と警察を訓練し、協力的な地元の首領たちに給料を支払うことにいたるまで、典型的な帝国主義的行動である。とりわけ一九九〇年代以降は、この帝国主義的先遣隊と国民が一体となって、国家安全保障の概念を根本的に定義しなおしてきた。

国家安全保障の概念が見なおされると同時に、自衛の概念もアメリカのグローバルな発展を妨害する勢力への予防的な先制攻撃や報復攻撃も正当化されるまで拡大されてきた。九月一一日の大惨事から三日後、連邦議会は下院では四二〇対一、上院では九八対〇という圧倒的多数でブッシュ大統領に以下の権限を与える決議を採択した。すなわち、「二〇〇一年九月一一日に発生したテロリストによる攻撃を計画し、認可し、実行し、あるいは支援したと大統領が判断する国家や組織や個人、さらにはかかる組織や個人をかくまった者たちに対して、かかる国家や組織や個人がふたたびアメリカに国際的なテロ攻撃をしかけることを断固阻止するために、必要で適切なあらゆる力を行使する」[29]権限を大統領に与えたのだ。その六日後、ブッシュは「いかなる地域のいかなる国もいまや決断しなければならない。われわれにつくか、テロリストにつくかを[30]」と宣言した。イラク侵攻に踏み切ったのちの二〇〇三年五月一日、大統領は自衛ドクトリンの拡大をいっそう鮮明にした。つまり、「テロリストを支援し、保護し、かくまう個人や組織や政府」に対する攻撃は自衛の権利によって正当化される、と主張したのだ。なぜなら、彼らはすべて「無《む》辜《こ》の民を殺害した共犯者であり、テロ犯罪に関して実行犯と同様に有罪である[31]」からだ、と。

九月一一日の出来事によって深く傷つき、犯人逮捕を渇望していた人々の多くにとって、こうした見方はしごく当然のように思われた。アフガニスタンのターリバーン政権がウサーマ・ビン・ラーディン〔一九五七〜二〇一一〕を捕らえてすぐさまアメリカに引き渡そうとしないのなら、そんな政権は倒さねばならない。問答無用だ。だが、アメリカ国民は、九月一一日以前にアメリカ政府代表がターリバーン指導部とビン・ラーディンについて何度も協議していたことを知らされなかった。また、ビン・ラーディンがこのテロ攻撃を組織したことを裏づける確たる証拠があるなら、彼をアメリカに引き渡すか、イスラーム法に基づいて裁く用意があるとアフガニスタンの政権が言明したことについて、これが策略以上のものであるのか、時間稼ぎの戦術に過ぎないのかを判断するよう求められもしなかった[32]。報復へと驀進する中で、（アメリカの法の一部とみなされている）国際法が犯罪者を大目に見たり避難所を提供しただけの者に対する攻撃を、暴力をエスカレートさせ拡散させるという理由で難じていることを、誰も一般国民に教えなかった[33]。さらに、ターリバーン政権打倒がどのような結果を招来するかについても、真剣に考慮されなかった。何人かの独立心旺盛な評論家が、アフガニスタンで戦争を始めれば無辜の民が犠牲となり、アメリカは新たに占領ないし統治すべき帝国主義的領土を負うことになり、反米反乱分子が激増するだろうと警告した。しかし、彼らの見解は危険なほど軟弱とみなされ、無視された。

自衛の観点からすれば、テロとの戦争におけるアメリカの戦略の合理性には疑問の余地がある。イラクでのアメリカの戦争を終わらせる権限を託されて二〇〇九年に発足したオバマ政権は、その目標に向かって何歩か進んだ。しかし、侵攻と反乱、その鎮圧と内乱がすでに六年も続いた今、この国の将来は不透明であり、アメリカの軍事プレゼンスの規模が今後どうなるかもはっきりしていない〔二〇一一年一二月一八日に米軍はイラクから完全に撤退した〕。戦火によって破壊され貧窮したアフガニスタンの状況は、イラク以上に混沌としている。八年に及んだ成果の乏しい戦闘を検討したのちに、ワシントンの新政権は二〇〇七年のブッシュ政権によるイラク増派をほぼ踏襲して、アフガニスタンへの三万の増派に踏み切った。だが、その一方で、二〇一一年には——数は明言しなかったが——米兵の撤退を開始すると公言した〔その後、二〇一一年内に一万人、二〇一二年夏までに三万三〇〇〇人を撤退させ、二〇一四年に戦闘部隊の撤退を完了すると発表した〕。オバマ大統領によれば、この戦争の目的は自衛だった。つまり、アル・カーイダがアフガニスタンを作戦基地として使うのを防止するための戦争だというのだ。けれども、アフガニスタンに残っているアル・カーイダの戦士はごくわずかだ。それ以外の戦士はすでにパキスタンか、そのほかの国々に去ってしまった。彼らが作戦基地としてアフガニスタンを必要としているようには思えない。それにもかかわらず、アメリカがこの国で軍事行動を展開する公式の理由は、ターリバーンが政権に返り咲いたときにアル・カーイダが戻ってくるのを阻止するためとされている。

この理由は筋が通っているだろうか？　もし、アフガニスタン戦争の敵が本当にターリバーンではなくアル・カーイダであるのなら、アル・カーイダを帰還させないという拘束力のある協定を結ぶのと引替えに、米軍の撤退に合意したらよいではないか（中立的なムスリム諸国や国際的な監視組織の支援を得れば、こうした協定を施行するさまざまな方法が考えられよう）。時が経つにつれて、アメリカの対ターリバーン政策は曖昧になるばかりだ。アメリカ政府高官の声明が示唆するところによれば、二〇一〇年の増派の目的はターリバーンを破ることではなく、彼らが戦争に勝つのを阻止し、それによってアメリカと地元のアメリカ同盟者に有利な条件で交渉を始めるお膳立てを整えることだった。政府高官が表明した第二の目的は、これまでに反乱勢力がまともな文民政権を築いたことがあるかと主張できるような、しかるべく機能する地方および地域レベルの統治組織を確立することだった。そして第三の目的は、アフガニスタンの国軍と警察に訓練と装備を与えることをつうじて、戦争を「アフガニスタン化」することだった。しかしながら、オバマ政権の高官がごく控えめな語調で述べていたにもかかわらず、この計画はジョージ・W・ブッシュ政権が提唱したさまざまな「国家建設」プロジェクトのどれにも劣らぬほど野心的な企てと思われた。保守系シンクタンクであるヘリテージ財団の防衛問題専門家ジェームズ・ジェイ・カラファノ〔一九五五生〕は、オバマ大統領の対テロ政策全般について「ブッシュ・ライト〔ブッシュのミニ版〕」と呼ぶのさえ公正でない」と述べている。「これはブッシュそのものだ。政権の雰囲気はともかく、実質的な相違点を一つでも見出すのは実に困難だ」[34]

これらの政策の実行可能性と想定されるコストが不確実さを増すとともに、また、戦争が新たな戦域に拡大する恐れがあることから、一般国民は受動的な不満ともいうべき状態に陥った。二〇一〇年初期の世論調査の結果では、アメリカ人の大多数は依然としてアフガニスタン戦争に反対し、イラクからの撤退を支持していた。回答者のほとんどはオバマの増派を支持していたが、戦争の今後のなりゆきについては総じて悲観的だった。[35] 世論がイラク戦争反対に大きく変わった二〇〇五〜〇六年以降、アメリカ人は自国の軍事介入に対する熱狂的支持を示さなくなった。こうした変化は、ベトナム戦争以来最も大きな反戦感情の高まりを示している。その一方で、国民の反戦感情は、ベトナム反戦「運動《ムーブメント》」流の大規模かつ戦闘的な反戦運動を動員できるだけのレベルには達していない。むしろ、アフガニスタンやイラクへの軍事介入を支持しない人々は、もっぱら選挙をつうじて政治参加することによって意見を表明してきた。

二〇〇六年の連邦議会選挙と二〇〇八年の大統領選挙では、民主党がこうした国民の不満の主たる受益者だった。ホワイトハウスにオバマ大統領がいることが、アフガニスタンに関する彼のいくぶん謎めいた言説とあいまって、大衆の不満を少なくとも短期的には和らげ、街頭でデモが繰り広げられるという事態をある程度防いできたように思われる。アメリカの経済的苦境が長引いていることも、国民の関心を内向きにさせ、これにひと役買っていたのだろう。なにしろ、労働者階級と中流階級のアメリカ人にとって、軍隊と軍事産業関連企業は今でも頼りになる数少ない雇用先なのだから。とはいえ、テロとの戦争が成果をあげずにだらだらと続けば、これまで抑えつけられてきた数々の疑問が国民の意識の表面に浮上して、論争が激化するに違いない。

これまでタブーとされてきたそうした疑問の一つは、アル・カーイダとターリバーンの指導者、代表者、野戦司令官の暗殺や逮捕をつうじて、これら組織の壊滅を図るアメリカの政策の妥当性にかかわっている。かかる政策の合理性について疑念を呈すれば、敵の有力者を殺すか捕まえようと躍起になっている者たちの目には、臆病な不忠者ないし見当違いの意見をほざく愚か者のように映るだろう。自衛と報復を同一視する傾向は非常に強い。私たちは往々にして、これを暴力の応酬と考える。だが、哲学者で倫理学者のデイヴィッド・ロディン〔一九七〇生〕が警告しているように、「自衛と処罰を明確に区別することがきわめて重要である」[36]。状況によっては、暴力的な報復は実際には国家の安全保障を低下させかねない。もし、一九六〇年にU-2〔米国空軍の高高度戦略偵察機〕パイロットのフランシス・ゲーリー・パワーズ〔一九二九〜七七〕によるソ連領空侵犯にニキータ・フルシチョフ首相〔一八九四〜一九七一。在職一九五八〜六四〕が武力で報復していたら、もし、その二年後にキューバでソ連のミサイルが発見されたときにジョン・F・ケネディ大統領が報復として空襲していたら、米ソに何が起こっただろうと考えただけで身震いがする。

テロとの戦争の文脈において自衛が真に意味するものは何か――これをもっと明晰に考察することが死活的に重要だ。「テロリストに殺される前に奴らを殺せ」という政策は、いかにも合理的に思われる。だが、かかる政策はその前提として、第一にテロリストと指定された諸々の個人や集団はアメリカ国民を殺傷するという決意で一致団結している、第二に彼らを殺すか不具にする以外にとるべき方法はない、第三に彼らの一部を殺すか不具にすればアメリカ国民に対する全般的な危険が減少する、ことを想定している。こうした想定はいずれも疑問の余地がある。たとえば、伝えられるところによれば、ターリバーンとアル・カーイダの関係はかなり前からひどく悪化しているという[37]。けれども、ターリバーンの指導者を暗殺しようとすれば、彼らをアル・カーイダ陣営に追いやることになる。同様に、オバマ大統領は二〇〇九年のノーベル平和賞受賞演説で「交渉ではアル・カーイダの指導者たちに武器を置くよう説得できない」と述べたが、大統領がアル・カーイダに交渉をもちかけたことを示す証拠は存在しない[38]。しかし、実際にテロリスト集団に交渉をもちかけたケースでは、かかる提案はしばしば彼らのあいだに分裂を引き起こし、真剣な政治的関心をもった活動家と、破壊行為を誇示することだけに関心がある者のあいだに楔《くさび》を打ちこんできた[39]。この件に関しては、本書の最終章で詳述しよう。

私たちを攻撃した者を殺したい、そんな奴らをかくまう者たちを罰したいと思うのは、しごく当然な心理である。だが、これは戦略的な自衛なのか、それとも報復なのか？　自衛における暴力の行使は、いっそう強硬な暴力的反撃を引き起こすことなく敵対グループの指導層を解体できるならば、効果的な戦略たりうるかもしれない。だが、双方が自衛の名のもとに報復し合い、暴力がエスカレートするならば、勝利を不可能もしくは無意味なものとさせる悪循環が拡大するだけだろう。ベトナム戦争を例にとるなら、アメリカはフェニックス計画と称する秘密作戦を支援した。これは都市ばかりか村レベルでも、共産主義者とおぼしき指導者を暗殺するというもので、およそ三万五〇〇〇人のベトナム人を殺したと推定されている。だが、この計画によって南ベトナム政権の安全保障が目立って改善されたわけではない。それはもっぱら、反乱者の戦闘意欲を高めるという結果だけを招来したようだ。(40) 反乱を鎮圧するための暴力が新たな反乱者を生みだす場合、かかる状況はより深刻な脅威を醸成するばかりか、政府当局に何千、何万もの反乱者の殺害を構想させることになる——かような政策はほとんど常に、それを実行する者たちを意気阻喪させ、腐敗させ、破滅させるのだ。

ジョセフ・コンラッド〔一八五七〜一九二四〕の名高い小説『闇の奥』の第二章の終わり近くで、語り手はヨーロッパ人の象牙ハンターで「万能の天才」と称されるクルツが作成した報告書に言及する。その記述はコンゴ原住民を益するための壮大な利他主義的構想から始まっていたが、最後のページにずっとあとになって「震える手で乱暴に書きこまれた」ように見える後記には、「澄みきった大空に稲妻が一瞬閃《ひらめ》くかのように明確かつ凄絶に、『蛮人どもを皆殺しにせよ』(41)」という言葉が記されていた。アメリカの数々の自衛戦争は、敵に避難所を提供しかねない未開の地を平和な文明の地に変えようとする試みが、しばしば反抗的な「蛮人ども」の抹殺作戦に終わることを、私たちに教えてくれる。とりわけ、私たちが守っているのが拡大を続ける帝国である場合には、この種の自衛は自己破壊という形態をとる。私たちはアメリカ国民の生命と価値に対する純然たる脅威に対処するための、より効果的で人道的な方法を見出さねばならないのだ。

第三章　悪魔を倒せ――人道的介入と道徳的十字軍

自衛を根拠とする主戦論には、物議を醸すという大きな弱点がある。たとえ指導層がわが共和国は危機に瀕していると断言しても、それだけで彼らのいう脅威が暴力で対抗せざるを得ないほど深刻であるとか、暴力が唯一の対抗手段であると国民を納得させることはできない。アメリカの軍事力発動を事実上すべて正当化するまで自衛の概念を拡大すれば、自衛ドクトリンは空疎化する。そして、軍事力を発動しても国民をより安全にできない場合には、国民のあいだに懐疑主義が広まる。その結果、アメリカ人は「防衛」戦争を支持するにいたる前に、しばしば厳しい問いを発するようになった。実際のところ、わが国に対する危険はどれほど深刻なのか、どうすればそれがわかるのか、軍事行動が最良の対処法なのか、ほかにどのような手段を試みたのか、と。

サッダーム・フセインの悪魔化

これらの問いはまさに、二〇〇二年にアメリカ政府高官がサッダーム・フセイン政権の転覆を意図した戦争を唱えはじめたときに投げかけられたものだ。ジョージ・W・ブッシュ大統領以下、政府の代表者は異口同音に、イラクの独裁者は一〇年あまり前の湾岸戦争に敗れて大幅に武力を減殺《げんさい》されたとはいえ、いまだに深刻かつ差し迫った危険をアメリカに及ぼしていると断言した。なぜなら、彼は大量破壊兵器を保有しているうえに、二〇〇一年九月一一日にニューヨークとワシントンを襲ったテロリスト集団と手を組んでいるからだ、と。「率直に言って、サッダーム・フセインが大量破壊兵器をもっていることに疑問の余地はない」と、副大統領のディック・チェイニーは二〇〇二年八月に言明した。その数週間後、国防長官ドナルド・ラムズフェルド〔一九三二生〕も同様の率直さをもって議会で証言した。いわく、「イラクのサッダーム・フセイン政権ほど、わが国民の安全と世界の安定に差し迫った大きな脅威を与えているテロ国家は存在しない[1]」と。

だが、サッダームは本当に核兵器や、化学兵器や、生物兵器をもっていたのか？ アル・カーイダや、その類いのテロ組織と接触していたのか？ 周知のとおり、いずれの問いに対する答えもノーだった。連邦議員や宗教界の名士、さまざまなコミュニティーの指導者やジャーナリストから、告発を裏づける証拠を示すよう要求されると、ブッシュ政権の高官たちは――もしそれが真実なら——事実に基づく証拠が無意味になるような主張を始めた。つまり、サッダーム・フセインはアメリカの中東権益に敵対する凶暴なナショナリストであるばかりか、アメリカとその国民に最大の害をなさんと決意した「邪悪な敵（Evil Enemy）」であると主張しはじめたのだ。たとえ現在のところは化学兵器や核兵器をもっておらず、アル・カーイダと結託していないことが判明したとしても、彼は必ず遅かれ早かれこの種の兵器を手に入れ、それをアメリカに対して使うだろう、と。国家安全保障問題担当大統領補佐官コンドリーザ・ライス〔一九五四生〕の言葉によれば、サッダームは「邪悪な男で、好きなようにさせておけば、またしても自国民や近隣諸国民を大混乱に陥れ、大量破壊兵器とその運搬手段を手に入れた暁には、私たちすべてを破壊するだろう[2]」。

ライスはむしろ新参者としてサッダームの悪魔化キャンペーンに加わったが、ジョージ・W・ブッシュが政権を握って以来、政権内部の新保守主義者たちはサッダームをこのように評していた。ブッシュはもちろん、一九九三年にイラク政府高官が父のブッシュ元大統領の暗殺を謀ったという情報も、ビル・クリントン前大統領がその報復としてバグダードのイラク情報機関本部ビルを巡航ミサイルで破壊したことも知っていた[3]。ジョージ・W・ブッシュと彼の補佐官たちはサッダームを悪魔のように邪悪な暴君と描きだし、彼が無辜《むこ》の民を攻撃するのはその悪しき性格のなせる業だと言いたてた。世界貿易センターのツインタワーが倒壊してから一ヵ月後、『ウォール・ストリート・ジャーナル』紙の論説委員マックス・ブート〔一九六九生〕はこう論説した。

フセインが九月一一日のテロ攻撃に関与していたか否かを議論するのは見当違いだ。彼がこの非人道的行為にかかわっていたかどうか、誰が気にかけよう？　彼は長年にわたって――クルド人への毒ガス攻撃からクウェート侵攻にいたるまで――あまりに多くの非人道的行為に関与してきたので、すでに一〇〇〇回以上も死刑宣告を受けたに等しい。だが、フセインを失脚させるのは単に正義の問題であるのみならず、自衛の問題でもある。彼は大量破壊兵器を入手しようと画策しており、彼ないしその共謀者はチャンスがあればアメリカと同盟諸国にそれを使用するだろう。(4)

『ナショナル・レヴュー』誌のリチャード・ローリーも同じ意見で、「サッダーム・フセインがアメリカの永遠の敵であることを知るには詳細な検証をするまでもない」(5)と述べていた。上院議員のゼル・ミラー（民主党、ジョージア州）〔一九三二生〕はこの永遠の敵の動機を代弁した。いわく、「［サッダームが］九・一一にかかわっていたとか、アル・カーイダと手を組んでいるとか証明するまでもない。彼がアメリカを憎んでいることを、われわれは知っているのだから」(6)と。サッダームは善良な人々と公正な制度を破壊したいという欲望を抑えられない――この不変の事実ゆえに、制裁によって打撃を被りながらも、彼はアメリカ人に危害を加えるのを思いとどまれないのだ。それゆえ、戦争によって彼を抹殺する以外にとるべき方法はない、と大統領補佐官ライスは主張した。

政権転覆を是とする論拠は確固たるものだ。この政権は、われわれが知っているだけでも核兵器の獲得を二回試み、その時点で私たちが思っていた以上に成功に近づいていた。彼は化学兵器を自国民と隣人に対して使用し、近隣諸国に侵攻し、数千人もの自国民を殺害した。彼はさらに、アメリカ軍が国連安全保障理事会決議を執行中の飛行禁止空域で、わが国の航空機を狙い撃っているのだ。[7]

これらの告発は概して真実だったが、奇妙なことにいくつかの事実が省略されていた。サッダームがイラクで絶対的な権力を握るのを、アメリカ政府は支援していた。イランに侵攻し、イラン人とクルド人に化学兵器を使ったとき、彼はアメリカの信頼できる同盟者だった。隣国のクウェートに侵攻する前に、彼はどうやらイラク駐在アメリカ大使からゴーサインをもらっていたようだ。アメリカの敵の中にはサッダーム以外にも、アフガニスタンのイスラーム主義者など当初はアメリカのクライアントだった者たちがいるので、この暴露話はざっと紹介する価値があろう。

アメリカ人がサッダームを「発見」したのは一九五九年、第三四代大統領ドワイト・D・アイゼンハワー〔一八九〇～一九六九。在職一九五三～六一〕の政権がイラクの独裁者アブド・アル＝カリーム・カーシム〔一九一四～六三。イラク共和国初代首相。在職一九五八～没年〕を排除しようと決断したときのことだった。カーシムはアメリカが支援するバグダード条約機構〔または中東条約機構。一九五五年にイラク、トルコ、パキスタン、イラン、イギリスが調印して発足。一九五九年にイラクが脱退後は機構本部をバグダードからアンカラに移し、中央条約機構と改称〕から脱退し、冷戦下でより中立的な役割を担おうと欲したのだ――これで、彼はＣＩＡから死刑宣告を受けたも同然となった。サッダームは強硬な反共主義者だったので、ＣＩＡは彼とその配下のバアス党指導部に資金その他の援助をふんだんに与えた。バアス党はカーシムの暗殺を謀ったが失敗に終わり、暗殺の実行犯としてかかわったサッダームは傷を負ってエジプトに亡命した。それから四年後、この若き闘士は法学の学位と〔カイロ大学法学部で学び、帰国後の一九六八年に学位をとったとされているが、その証拠は見つかっていない〕、最高指導者として祖国を統治するという野望をもってイラクに帰国した。バアス党将校がクーデターを起こしてついにカーシムを倒すと、サッダームは情報機関の重要メンバーとなり、数千人ものイラクの共産主義者を処刑してアメリカのスポンサーたちを喜ばせた(8)。しかしながら、彼がアメリカの大義に最も貴重な貢献をしたのは、一九八〇年に最高指導者としてイラン・イラク戦争を始めたことだった。

当時、アーヤトッラーのルーホッラー・ホメイニー〔一九〇二～八九〕が率いるイラン・イスラーム共和国は別格の「邪悪な敵」だった。アメリカが何より恐れていたのは――近年の出来事を考えると皮肉に思えるが――ホメイニーがイラク人口の多数派を占めるシーア派住民の反乱を扇動して、イラクにおのれの影響力を広めることだった。サッダームがイランを先制攻撃したことに対して、アメリカは借款や無償資金、食糧の信用貸し、「民生と軍事の両方に使える《デュアル・ユース》」軍事装備、ハイテク機器で収集した戦場情報の供与などの形で謝意を表した。サッダームはこれらの支援を活用して、イラン国民とクルド人の反政府勢力を化学兵器で攻撃した。第四〇代大統領ロナルド・レーガン〔一九一一～二〇〇四。在職一九八一～八九〕の政権は毒ガスの使用に対して形式上抗議を表明したが、それはレトリックに過ぎなかった。[9] レーガンは信頼する代理人、二〇〇一年に二代目ブッシュ政権でふたたび国防長官となるドナルド・ラムズフェルドを派遣して、サッダームをたしなめさせた——そして、さらなる援助と協力を約束したのだ。もちろん、こうした「友情」には限度があった。一九八四年以後、イラクがあまりに強大になりつつあると見たアメリカ政府は、イスラエルを介してひそかにイラクの敵イランに軍事援助を与えた——こうした行動が、連邦議会がイラン・コントラ事件〔レーガン政権がイランへの武器売却代金をニカラグアの反共ゲリラ「コントラ」の援助に流用していた事件〕を審議したときに暴露されたのだ。[10]

　長期にわたったアメリカとサッダームの親密な関係をついに終わらせたのは、イラクの独裁者がクウェートを侵略して同国との長年の係争に決着をつけようと決断したことだった。この決断にイラク駐在アメリカ大使エイプリル・グラスピー〔一九四二生〕が果たした役割については、いまだに論争が続いている。彼女はたしかにイラク軍のクウェート侵攻の八日前、一九九〇年七月二五日にサッダームとイラク外相ターリク・アズィーズ〔一九三六生〕と会っていた。大使は彼らに対して、イラク軍がクウェート国境に移動していることについて質《ただ》し、両国の紛争が平和的に解決されることを望んでいるというジョージ・H・W・ブッシュ政権の意向を伝え、ついでアメリカはこの件に「いっさい関心をもっていない」と表明した。[11] たぶん、紛争の最大の争点は、イラクとクウェートの国境にまたがる巨大なルマイラ油田にあったのだろう。クウェートは傾斜掘削法を採用して、イラク領土から石油を盗掘していると言われていた——かかる行動はイラク国民を憤慨させずにおかなかった。なにしろ、イランとの戦争によってイラク経済は破綻したというのに、クウェートの部族長たちは以前にも増して裕福になっていたからだ。サッダームがくだんの油田を奪っただけならアメリカ政府は抗議しなかったであろうこと、サッダームがクウェート全土を征服するのは彼らの予想外であったことを示す証拠がいくつか見つかっている(12)。当時のブッシュ政権高官のリチャード・ハース〔一九五一生。国家安全保障会議近東・南アジア担当上級部長〕は最近著わした回顧録の中で、サッダームが「クウェートに侵攻するとは(いわんやクウェート全土を征服するとは)」夢想だにしていなかった、と述べている——これは一種独特の言い方で、彼やその同輩が限定的な侵入は予想していたことを物語っている(13)。だが、サッダームは大挙してクウェートに侵攻し、ジョージ・H・W・ブッシュはこれに対抗すべく、ベトナム戦争以来最大規模の軍事介入に踏み切ったのだ。

興味深いことに、クウェートの解放戦争を唱道するに際して、最初のブッシュ政権はサッダーム・フセインを悪の化身とする立場をとらなかった。「砂漠の嵐作戦」の準備期間中、アメリカ大統領は彼を国際法の違反者にして世界平和への脅威と弾劾した。だが、彼の行動を純然たる悪意や、救いがたい道徳的堕落や、サディスティックな衝動に帰することは思いとどまっていた。ただ一つ「残虐なエミール(Emir)〔アラビア語で「司令官」「総督」、転じてムスリム集団の長を意味するアミールの英語読み〕」という非難の言葉だけが、神権政治の文脈における悪を示唆していた。ブッシュはサッダームをこう呼びながら、根拠のない告発を繰り返した。いわく、クウェートを占領したイラク軍は病院の保育器から赤ん坊を放りだし、透析機から患者を引き剝がして、これらの医療機器をバグダードに送っている、と。ところが、

その舌の根も乾かぬうちに、彼は「これらの話のどれほどが証明できるのか、私にはわからない」と言っていたのだ。(14)

第二次世界大戦に従軍したジョージ・H・W・ブッシュにとって、喧伝されているイラク軍の残虐さは要点ではなかった。サッダーム・フセインが犯した真の罪は、イラクに富と栄光と地域的な覇権をもたらすというおのれの夢を追って、無防備な隣国を侵略し征服したことだった——これはまさに、一九三九年から四五年の戦争を引き起こしたファシストの攻撃を想起させずにおかない行動だった。ブッシュ大統領の観点からすれば、イラクのクウェート侵攻は明らかに、クウェートの独立と国際法の諸原理、中東の勢力均衡を守るためにアメリカが介入することを正当化するものだった。(15) ブッシュはそうとは明言しなかったが、イラクがアメリカの思わくに反して地域の指導的な産油国たらんと目論んだことが、彼を戦争に踏み切らせたもう一つの動機だったに違いない。けれども、これらの理論的根拠は、サッダーム・フセイン政権を倒してイラクに新政権を樹立すべくバグダードまで戦域を広げることを正当化しえなかった。もし、父ブッシュがサッダームをヒトラーの再来と心底思っていたのなら、イラクに侵攻して征服する以外の選択肢はなかっただろう。父ブッシュがそうしなかったという事実は、彼がイラクの独裁者を抑制すべき暴力的なナショナリストとみなし、抹殺すべき悪魔的人物とは見ていなかったことを物語っている。地域政治で重要な役割を演じられなくなる程度までサッダームと彼の国を弱体化させれば充分だ、と父ブッシュは考えていたのだ。(16)

イラク軍をクウェートから駆逐し、サッダームの軍事力のかなりの部分を破壊し、米国空軍がクルド人自治区を保護するためにイラク北部に飛行禁止空域を設けることをもって、湾岸戦争は終結した。しかしながら、その一〇年後、以前よりはるかに弱体化したサッダーム・フセインがまさに悪魔のような人物となった――少なくとも二人目のブッシュ大統領とその補佐官たちのレトリックにおいては。サッダームの悪魔化キャンペーンを推進した要因には、イラクの石油支配を目論むアメリカの欲望や、自爆攻撃したパレスチナ人の遺族にサッダームが経済的援助をしていることに対する親イスラエル派の憤激などが含まれていた。たぶん、父ブッシュ大統領の暗殺計画をめぐる記憶もその一つだったのだろう。新たな属性を付与されて容認できない存在となったサッダームは、主戦論者が厄介な反戦論を抑える最も効果的な方法は「邪悪な敵」をつくりだすことであるという戦略／レトリック上の一般原理を明らかに示している。この「邪悪な敵」は自国民にさえ残虐な仕打ちをする暴力的な存在で、アメリカ国民に危害を加え、アメリカ国民が奉ずる価値を侵そうと絶えず執念深く目論んでいる。ソ連のヨシフ・スターリンやウサーマ・ビン・ラーディンのアフガニスタンの同志たちと同様に、かつてアメリカの友人ないし盟友であったという事実は、「邪悪な敵」という地位を得る資格要件ではないが、彼に裏切り者という印象をも与えるのだ。

「邪悪な敵」は本当に存在するのだろうか？　善を破壊せんという純然たる悪意に駆りたてられた者という絶対的な意味では、存在しないと私は思う。アドルフ・ヒトラーでさえ歴史の産物であり、歴史を超越した悪の権化ではなかった。相対的な意味ではイエスだが――それはきわめて稀《まれ》にしか存在しない。世界には、アメリカ人を害する気はまったくない暴力的な指導者や集団がわんさとおり、また、アメリカの権力に反感をもちつつも、たぶん自衛する必要に迫られないかぎり、暴力に訴えようとはしない指導者や集団も無数に存在する。もし、サッダーム・フセインがジンバブエのロバート・ムガベ大統領〔一九二四生。在職一九八七～〕のような残酷な独裁者、あるいはベネズエラのウゴ・チャベス大統領〔一九五四生。在職一九九九～〕のごとき急進的なナショナリストと目されていただけだったら、彼の存在そのものがアメリカを危険にさらすと主張することは不可能だったろう。「邪悪な敵」をつくりだすには、邪悪な性格に加えて邪悪な意図が必要である。それゆえ、悪魔化キャンペーンは戦争の早期の警鐘となる。ムガベやチャベスの悪魔もどきの性格に加えて、邪悪な意図とアメリカを害する能力についての噂が聞こえはじめた時点で、彼らに対して力を行使するためのキャンペーンが始まったことを私たちは知るのだ。万一こうした事態が起こった場合、私たちはけっして、敵とされる存在の残忍さや敵意についての証拠のない主張を鵜呑みにして――たとえ一方は真実であったとしても――どちらも真実であると思いこんだり、それを根拠にわが国への攻撃が差し迫っているとか不可避であると早まって結論づけてはならないのだ。

悪魔のような敵の基本的な属性

破壊の精神を体現した敵、つまり、それが善であるという理由だけで「善」を破壊せんとする者は、戦争をめぐるアメリカ人の言説において古来語り継がれてきたテーマである[17]。悪魔を悪魔たらしめている特徴の一つは、飽くことを知らない権力欲だ。その野望は果てしがなく、なんと彼は神にならんと欲しているのだ。したがって、かかる敵が存在することはそれだけで、ただちに自衛しなければならないことを示唆し、先制攻撃をする口実となる。敵の攻撃が本当に避けられないのであれば、手をこまねいて不可避の攻撃を待っていることはない。しかも、悪魔のごとき敵の存在は、その容赦ない抑圧から犠牲者を救わねばならないというような、戦争を正当化する事実上すべての論拠をはなはだしく強化する。ついには、敵は単に頑迷ないし過度に攻撃的なのではなく絶対的な悪であるとする主張は、否定しがたくなる。そんなことをすれば、いかにも敵に譲歩しているような印象を与えてしまうからだ。一部の評論家は、世界には残酷な独裁者が満ち満ちており、サッダーム・フセインはその一人というに過ぎないと主張した。だが、彼らは、サッダームをアメリカへの明白かつ差し迫った危険と位置づけるジョージ・W・ブッシュ政権のサッダーム悪魔化キャンペーンを阻止できなかった。絶対的に邪悪な勢力が世に放たれ、その攻撃目標はアメリカであるという主張によって、悪行にもさまざまな程度があるという相対的な見方は一掃されてしまったのだ。

一般国民がかかる告発を受け入れた背景に九・一一のテロ攻撃の恐怖が与っていたことは、想像にかたくない。この場合の悪魔はウサーマ・ビン・ラーディンの顔をしていた。けれども、このアル・カーイダの指導者はわれわれの報復を逃れ――しかも彼の意見表明と行動はその後も恐怖を撒き散らしていたので――サッダーム・フセインを代役に立てるのは好都合だった。悪魔が私たちのあいだにいるのなら、ウサーマ以外の堕落した邪悪な輩《やから》にもその徴《しるし》を見出せるだろう――たとえばイラクの独裁者のような人物に。そして、サッダームはウサーマとは異なり、居場所を見つけて抹殺することが可能だった。ベトナム戦争の時と同様に、イラク戦争に対するアメリカ国民の支持は開戦後一年が過ぎると横ばいになり、その後は低下する一方だった[18]。それでもやはり、サッダームが残忍な統治者だったのは明らかなことから、彼が失脚するのは当然であり、いずれは（相対的な悪から絶対的な悪に徐々に変容して）大量破壊兵器を手に入れてそれをアメリカに対して使うだろう、とアメリカ国民の多くは信じこんでいたのだ。

それでは、アメリカでは「邪悪な敵」はどのように描かれているのだろうか？　ある個人やグループとの紛争は交渉や脅しや限定的な力の行使で解決できるのに対して、別の個人やグループとの紛争は彼らを完全に抹殺することでしか解決できないと、いったい何が私たちを納得させるのだろうか？　アメリカの歴史は「邪悪な敵」のイメージの基本的な要素を提示するが、これらの要素は二重の性格をもっていると心理学者は指摘する。一方で、それらは「私たちとは違うこと（not us）」――つまり、私たちの肯定的な自己像のそれとは対極に位置する諸々の特徴を示している。そう、私たちは善で、彼らは悪なのだ。他方、それらの要素はしばしば私たち自身の好ましくない側面を反映している。私たちはそれを「私たちとは違う者（not us）」に投影することで自己像から取り除きたい、その存在を否定したいと思っている。[19]そう、私たちはそれほど善くはない、それでも問題はないが、彼らは悪い奴らなのだ。アメリカの文化の中で、「邪悪な敵」は以下に列挙するような特徴によって認識される。

彼は暴君である。[20] アメリカの市民宗教において、暴君という言葉は単なる政治的な表現ではなく、道徳的な判断を内包している。暴君は過大な権力をもっているばかりか——ジョン・ロック〔一六三二〜一七〇四〕や第三代アメリカ大統領トーマス・ジェファーソン〔一七四三〜一八二六。在職一八〇一〜〇九〕のようなリベラルな理論家によれば、これだけでも間違ったことなのだが——破壊的な衝動と自制心の欠如から権力を誤って使用する。「邪悪な敵」は権力に耽溺し、支配欲や物欲、倒錯した嗜好や彼の意志に服従する人々へのサディスティックな衝動など、おのれの恥ずべき欲望を満たすために権力を行使する。これはまさに、ニューイングランドのピューリタンがその支配を逃れんとしたイギリスの統治者たちに対して抱いていたイメージであり、アメリカ独立革命の時期に独立推進派《パトリオット》の説教師や政治家の多くがイギリスのジョージ三世〔一七三八〜一八二〇。在位一七六〇〜没年〕と植民地主義者を描出したイメージだった。[21]この時期の説教や演説は「腐敗や約束不履行、利己主義や私利の追求、『浪費・不節制・賭け事・怠惰・暴飲』」を声高に難じているが、これらはいずれも、償わなくてはならないアメリカ人の罪であるとともに、イギリス人の敵どもの骨の髄まで染みこんだ性格そのものとみなされていた。[22] ジョージ三世からメキシコのサンタ・アナ将軍、ドイツ皇帝ヴィルヘルム二世、アドルフ・ヒトラー、サッダーム・フセインにいたるまで、悪辣な暴君のイメージには過大な権力と悪しき個人的習慣が結びついている。そして、かかる暴君を倒すことは往々にして、暴力によって国を浄化し、変えることができるという期待と結びついているのだ。[23]

彼は世界の支配を目論んでいる。 ジョン・ミルトン〔一六〇八〜七四〕が描く悪魔のように、「邪悪な敵」は地獄に君臨するだけでは飽き足らず、天国も支配したいと欲している。ウサーマ・ビン・ラーディンは信心深く一見自制心が強そうなことから、堕落しているというお決まりの非難は当たらないように思われる。それでも、彼は私たちの目に、世界征服を目指す誇大妄想的な悪魔と映るのだ。ある洞察力に優れた著述家はこう述べている。すなわち、ビン・ラーディンは大衆文化に登場する、

> 典型的な悪の天才である――００７シリーズの悪役ドクター・ノオとゴールドフィンガー、それに生身の悪漢よりスケールが大きく、常に世界支配を目論んでいる輩《やから》すべてが合体したような人物なのだ。私たちはつい、ビン・ラーディンのこんな姿を想像しそうになる。アフガニスタンのハイテク化された洞窟の中、コンピューターのキーボードを操作して配下の工作員たちの複雑な動きをスクリーン上でモニターしつつ、邪悪な微笑みを浮かべて白い猫をなでながら、さも満足げにおのれの所業を眺めている姿を。[24]

ビン・ラーディンは架空の悪人ではなく、生身の人間だと反駁する向きもあるだろう。自分は神に代わって話し行動しているという狂信者独特の絶対的な確信のもと、身の毛がよだつような罪を犯した犯罪者なのだ、と。それはたしかにそのとおりだ——だが、彼は地球の独裁者になることも意図しているのか？　これはそう簡単には答えられない。このサウディアラビア出身のジハード主義者のように信仰心の篤いムスリムは、イスラームが地上を席巻し、あらゆる「誤った宗教」が歴史のゴミ箱に捨てられることを願っているに違いない。けれども、彼の説くジハードが目指しているのは世界をイスラームに改宗させることではなく、同信宗徒のムスリムを彼の構想する信仰に回心させ、全ムスリムを統治するカリフ国家を復活させ、イスラーム世界から西洋の影響を排除することなのだ。グローバルな権力がその手中に転がりこんできたら、ウサーマはおそらくそれを拒絶するまい。しかし、彼の戦略的目標を西洋の支配と決めつけるような見方は、証拠に基づく判断というより、ドクター・ノオのファンタジーに類するものだ。もちろん、ビン・ラーディンのごときテロリストと戦うことには正当な理由がある——だが、彼らは全世界にイスラームを押しつけるつもりだと断定したら、彼らを単なる敵から恐ろしい悪魔に変身させてしまう。これは問題の解決には役立たない。

彼は人間とは思えないほど残酷である。「邪悪な敵」に必ず見られる特徴は極端な残酷さで、それはしばしば、捕虜や政敵や自国ないし植民地の無防備な人々への拷問やレイプや大量殺戮など、恐るべき残虐行為の形で示される。非人間的な残酷さは、世界征服の意図より一般的で、証明するのがはるかに容易である。そして、残虐行為のストーリーは人々の心をおぞましくも魅了する。どのストーリーに注目し、どのストーリーを信じるかを判断する際に、ある程度の選択がなされているようだ。その多くが性的な色合いを濃厚に含んだ「虜因物語〔インディアンの捕虜になった白人の体験記〕」は人肉食《カニバリズム》など極端に残酷な風習にまつわる物語とともに、十七世紀以来アメリカ文学の主要な素材となってきた。(25) 南北戦争の前には、数十万もの読者が架空のプランテーション所有者サイモン・リグリーの残酷さに戦慄した（とともに、いくぶん興奮もした）。『アンクル・トムの小屋』で描かれたアンクル・トムら奴隷に対する彼の残酷なふるまいは、南部の奴隷制度への反対を結晶化させるのにひと役買った。前述したように、アメリカの新聞と雑誌が誇張して報道したドイツ軍のベルギー人への蛮行が、アメリカ国民に野蛮な「ハン」と戦う覚悟を決めさせた。こうした誇張がのちに幻滅をもたらしたことも一つの理由となって、メディアは一九四〇年代初期におけるヒトラーのユダヤ人迫害をごく控えめに報ずるにとどまり、ホロコーストの事実を基本的に見逃してしまった。(26) それとは対照的に、日本人はしばしば捕虜や占領地の住民を非人道的に扱ったことから、残酷さの達人とみなされた。白人のアメリカ人には日本人を人間以下の東洋のモンスターと描くのが容易だったことも、その一因だった。(27)

彼は不誠実で狡猾で悪意を抱いている。私たちは悪魔が「偽りの元祖」〔『ヨハネによる福音書』第八章四四節〕であることを知っている。「邪悪な敵」もまた、真実を蔑視し、偽りを述べることによっておのれの利益を図るとされている。もし、これほど口がうまくなかったら――いかにも誠実そうにふるまって、私たちの信じやすい性向に巧みにつけこんだりしなかったら――彼はそれほど危険な存在ではないだろう。だが、彼は狡知をもって私たちを騙し、彼を信じるように言葉巧みに誘導する。そして、彼を信じたら最後、私たちは失敗するのだ。その言動の目的は、地政学的に有利な地位を得るという類いの実際的な目標を達成するにとどまらず、私たちを欺き貶《おとし》めることによっておのれの優位を誇示することにある。これはすなわち、彼が悪意を抱いているということだ。敵をこのように性格づけることは、その権力欲と残酷さを喧伝するのと同じくらい、大衆を戦争へと導くのに効果的である。というのは、私たちが相手の言い分を信じられない場合、とりわけ相手の真の狙いは私たちを欺き貶めることだと思っている場合は、いかなる交渉も問題外となるからだ。「こんな輩《やから》とは交渉できない」という言葉は、相手が非暴力的プロセスをおのれの勢力を拡大し、当方を衰退させる手段としか見ていない――そして、相手の性格そのものがかかる言動をとらせていることを、意味しているのだ。

かような不誠実な敵のイメージを最初に体現していたのは、たぶんアメリカ先住民だったのだろう。白人入植者の多くは彼らを悪魔のような存在で、生来約束を守れない人種であるとみなしていた（これは前述した「私たちとは違う（not us）」という見方が内包する問題の典型的な例だろう。なぜなら、入植者や州政府、連邦政府はインディアンとの条約や協定を「再解釈」したり、あっさり破ることで悪名を馳せていたからだ）。だが、今日のように悪意をもった敵が交渉に応ずるのはひとえに相手を欺くためだと強調されるのは、誠実さが重視されるようになった二十世紀の産物である。ウッドロウ・ウィルソン政権の国務長官ロバート・ランシングにとって、ドイツが犯した罪の最たるものは信義を破る不誠実な行動をとったことだった。[28] 敵の狡猾さを何より雄弁に物語っているのは、アドルフ・ヒトラーが一九三八年に英仏伊とミュンヘン協定を締結するという大芝居を打ったことだ。ヒトラーはこの協定で、ドイツがチェコスロヴァキアのズデーテン地方を併合するのを西洋列強が認めさえすれば、ほかの領土はいっさい要求しないと約束していたのだ。ヒトラー以来、アメリカの敵はほぼ例外なく、交渉する前からミュンヘン事件の汚名を着せられてきた。敵は悪意をもった詐欺師であると確信している以上、和平交渉は無益どころか、もっと悪いものとしか思われず、アメリカ政府の指導者たちがこうした理由で交渉は無益だと心底信じている場合さえある。そして、アメリカ側が交渉を拒否したり打ち切る口実として「詐欺師」のイメージを利用するのも、珍しいことではな

「これが敵だ」、1942年。白人女性を襲う邪悪な日本人を描いた人種差別的カリカチュア。長い爪は、一連の映画に登場した東洋の悪人フー・マンチュー博士〔イギリスの作家サックス・ローマーが創造した架空の悪人。『怪人フー・マンチュー』（嵯峨静江訳、早川書房）参照〕のイメージを想起させる（1942年に催された「これが敵だ」ポスター・コンテストに出品されたものと思われる作者不明のポスター）。

い（この問題については第五章でさらに考察する）。

彼は根本的に私たちと違っている。「邪悪な敵」のこうした属性は、しばしば肌の色や人種的特徴の違いによって象徴的ないし具体的に示される。インディアン戦争からフィリピンのゲリラ、日本人、北朝鮮人、アラブのムスリムとの戦争にいたるまで、アメリカの敵は劣等な非白人の「他者」とみなされてきた。アメリカの白人と敵の身体的な違いがないか、ごく小さい場合でさえ――たとえば両次の世界大戦におけるドイツ人や、ラテン・アメリカの左派の反乱者や、対テロ戦争におけるアラブ人やペルシア人のような場合でも――漫画やポスターなどのビジュアル媒体は頻繁に人種的・エスニック的ステレオタイプを用いて、「悪い奴ら」を浅黒い悪者として描出した。「ポスト人種差別主義」のアメリカにもこうしたイメージが根強く残っていることについて、洞察力に富んだ多数の学者が考察してきた[29]。その道徳的含意はとりわけ注目に値する。というのは、「他者」のイメージはそれとの対比によって私たちの自己像を規定するばかりか、私たちが嫌悪する自身の性格の諸側面を反映する「影の分身（shadow double）」としても機能するからだ。

たとえば、一般的な敵のイメージは、彼らを獰猛な未開人――血に飢えた野蛮人として描いている。交戦中の兵士はおのれを恐ろしい存在と思わせるために、時にこうしたイメージを故意につくりだす。その例として、アル・カーイダが捕虜の首を切る場面をテレビで流したことや、ベトナムに派兵された米軍のＧＩが「勝利の記念品《トロフィー》」として切り取った敵の耳や鼻を誇示したことが挙げられる。だが、アメリカ人にとって、自分たちの文明化の度合いは常に触れてほしくない弱みだった。建国初期の時代には、ヨーロッパ人はアメリカ人を（高貴であろうとなかろうと）野蛮人とみなしていた〔「高貴な野蛮人」とは、文明の毒に侵されていない人々を誇り高く純真無垢な自由の民とする見方〕。非アメリカ人の多くは、いまだに私たちをことのほか暴力的な国民とみなしている。アメリカ人自身も折に触れて思っているのではないだろうか――体面や秩序を重んずる私たちの姿勢が、こうした束縛を振り捨てようとする本来の性向を覆い隠しているのではないか、と。多くのアメリカ国民にとって、イラクのアブグレイブ収容所で楽しげに捕虜を虐待している米軍兵士は、見るに堪えないおのれの姿を垣間見せているのだ。

同様の問題は、もう一つのステレオタイプ的な敵のイメージ――画一的で没個性化した思慮のない群れ――によっても提起される。最悪のケースでは、この手のイメージは敵を象徴的に害虫や蛇や蝙蝠《こうもり》、その他さまざまな害獣に変えてしまう。かかるイメージが訴えているのは、敵は自分たちと根本的に違うということだ。なぜなら、私たちがみずから決定を下す自由な個人であるのに対して、彼らは命令に盲従する従順な奴隷に過ぎないからだ、と。こうした敵のイメージを影の分身として見ると、これは私たちに、アレクシス・ド・トクヴィル以来の観察者たちがアメリカ人は指導者に追随する傾向があり、自分で考えるのが苦手であると述べてきたことを想起させるだろう。[30] 害獣のメタファーはとりわけ危険である。というのは、それは暗黙のうちに、敵の政権と軍隊に対する戦争ばかりか、敵国の一般国民に対する戦争をも正当化するからだ。そして、かような恐怖と嫌悪を掻きたてるイメージはこれまでずっと、「蛮人どもを皆殺しにせよ」というキャンペーンと結びつけられてきたのだ。繰り返すが、アメリカ国民の戦時体験は、私たちが敵国の国民を人種的な「他者」とみなした場合、彼らすべてを敵とみなしがちであることを示唆している。第二次世界大戦において、核兵器はドイツ人にではなく、日本人に対して使用された。その一方で、ドイツ人とアメリカの白人の多くが近縁のエスニック集団に属しているという事実は、ヒロシマとナガサキの原爆攻撃に匹敵するほど破壊的な空襲からドレスデンとベルリンの住民を救わなかった。それはおそらく、〔ドレスデン無差別爆撃が行なわれた〕一九四五年二月の時点ではすでにバルジの戦い〔第二次世界大戦最後のドイツ軍の大反攻で、連合軍がベルギー北東部に追い詰められた〕が勃発し、世界各地での米兵の死者数が——ソ連・ドイツ・日本・中国のそれよりはるかに少ないとはいえ——五〇万人に達しようとしていたからだろう。戦闘が熾烈になると、人間というものは敵も人間であることを——その人種にかかわらず——忘れてしまうものなのだ。

戦時におけるアメリカ人のものの見方の研究が示唆しているのは、戦争初期には相手の政権と軍隊だけを敵とみなしているものの、自国民のそれも含めて大量の血が流されたのちには、「邪悪な敵」のカテゴリーが敵国の一般国民にまで広がるということだ。[31] ベトナム人の戦闘員一〇〇万人以上と推定二〇〇万人の民間人を殺したベトナム戦争は、この力学の恐るべき実例である。アメリカ政府は今のところ、テロとの戦争を全アラブないし全ムスリムとの戦争に発展させまいと努力している。これは殊勝な心がけだが、フランクリン・D・ローズヴェルト政権の戦時情報局も、第二次世界大戦初期にはドイツと日本の一般国民に対して同様の努力を払っていたことを忘れてはならない。[32]戦争がエスカレートしてある段階に達すると、国民が敵に対して抱くイメージはたいした刺激を与えなくても急激に悪化する——個性を欠いた狂信者の群れ、危険で嫌悪すべき集団、絶滅するか、せめて監禁しなければならない存在へ、と。実際、日本軍のパール・ハーバー攻撃はただそれだけで、アメリカ政府が一〇万人以上の日本人と日系アメリカ人を第二次世界大戦が終わるまで各地の収容所に強制収容する充分な動機となった。[33]万一わが国がふたたび好戦的イスラーム主義者の本格的な攻撃を受けるようなことがあったら、国内外の「潜在的なテロリスト」（すなわちムスリム）すべてに対する報復を国民が要求するであろうことは想像にかたくない。アメリカはこうした暴力の連鎖が生じないよう戦争を「科学的に」コントロールできるという考え方は、大きな悲劇を育む不遜なものとしか私には思えない。戦争はけっして、テロリズムに対処する最良の方法ではないのだ。

人道的介入——米西戦争の場合

敵を少なくとも相対的な意味で悪と定義することは、それ自体では悪いことでない。そうでなければ、戦闘で誰かの命を奪ったり自分の命を危険にさらすことを、どうして正当な行為と思えようか。カール・フォン・クラウゼヴィッツ将軍〔一七八〇〜一八三一〕のあまりにも有名な「戦争とはほかの手段をもってする政治の継続である」という言葉は、道義上やむを得ない理由なくして戦うことをよしとしない人々に容認されたためしはなかった。前述したように、アメリカ国民は通常なら領土や経済的優位を求めて、あるいは一部の政治家のいう国益を守るために戦争をしようとは思わない。私たちは時にこの「国益」なるものの防衛について語り合うが、この言葉は本質的にイデオロギー的なものであり、権益と道徳性の一方を他方の観点から定義することによって両者の境界を曖昧にする、とこれまで正当に評されてきた。[34] 私たちが戦うのは多くの場合、おのれの大義は正しく、敵のそれは正しくないと思っているからにほかならない。

しかしながら、ここで問題となるのは、いくつかの基本的な条件を満たさないかぎり、本当に正しい戦争とはみなされない、ということだ。第一に、個人的・国家的な勢力拡大のためにではなく、正当な理由で戦われるものでなければならない。第二に、それら正当な目的を実現する唯一の手段であらねばならない。第三に、暴力は過剰であってはならず、目的の実現と矛盾するものであってもならない。これらの条件を満たすのは至難である。[35] だが、敵を絶対的な悪と決めつければ、正しい戦争たりうる条件がたとえ満たされていない場合でも、満たされたように見せることができる。敵が悪魔のような存在なら、敵を排除することが正当な大義となるのは理の当然だ——もはや、より好ましくない動機を考慮する必要はない。敵が今後も変わることなく邪悪で攻撃的でありつづけるなら、猛烈な十字軍をしかける以外に彼を排除する手段はありえない。当方の行動を変えようと話し合ったり、「悪い奴ら」と交渉したり、彼らが暴力で威嚇するのをやめさせようとしても、まったく意味がない。そして、ひとたび十字軍が正当化されたなら、大量殺戮にはいたらない暴力の行使を過剰であるとか、逆効果であるとどうしてみなせよう？　悪魔との闘争は、たとえ私たちの誰一人生き残ってそれを語ることができなくても、するだけの価値があるとされるのだ。

アメリカ国民のあいだできわめて人気の高い米西戦争は、こうした原理とそれが含意するものを明らかにして、私たちを動揺させる。この一八九八年の戦争は、夥《おびただ》しい数のキューバ人が壮絶な独立闘争の中で命を落としていたときに、キューバをスペインの支配から解放するために実行された人道的介入だった。先に述べたように、ハバナ港でメイン号が爆発して沈没するとアメリカの世論は沸騰した。なぜなら、アメリカの大衆はキューバのゲリラ戦士のヒロイズムに心底から敬服し、スペイン政府の対応に嫌悪感を覚えていたからだ。反乱を鎮圧するために、植民地政府当局は「屠殺人ウェイレル」ことバレリアーノ・ウェイレル・イ・ニコラウ将軍〔一八三八～一九三〇。キューバ総督・駐キューバ軍司令官。在職一八九六～九七〕に全権を委任していた。彼の部隊は捕虜を拷問して殺害し、作物を焼きはらい、五〇万人もの民間人を当局の監視・支配下にある「強制収容所」に追いやった。収容者のうち一〇万人以上が飢えと病気によって命を落とした。スペイン政府は一八九七年にウェイレルの任を解いたが、アメリカの世論に関するかぎり、彼が与えたダメージは取り返しがつかなかった。アメリカの新聞と雑誌が脚色したストーリーは、スペイン人を残酷で反民主主義的な独裁者、キューバ人を自由を求めて戦う無私の戦士、アメリカ人を抑圧された人々に手を差し伸べる無私の解放者と描きだした。世界の国々の中で唯一アメリカだけが、抑圧の犠牲者を解放したのちに抑圧者の後釜に座らない、と信頼することができた。アンクル・サム〔アメリカ政府または同国民のニックネーム〕はスペイン統治下のキューバ、プエルト・リコ、フィリピンの人々を解放しても、彼らに対してなんら権利を主張しないのだ、と。

悪魔もどきの敵というイメージは、私心のない十字軍兵士――利己的な関心をいっさいもたない「解放者」――というアンクル・サムの高尚なイメージに対応していた。だが、かようなイメージに人知れず潜む影の分身は、おのれの出番を虎視眈々とうかがっていた。スペイン陸海軍の大敗をもって米西戦争が短期間で終結するや、第二五代アメリカ大統領ウィリアム・マッキンリー〔一八四三〜一九〇一。在職一八九七〜没年〕とその補佐官たちは、マドリード政権のかつての臣民はまだ自治能力を有していないと断を下した。資本主義や民主主義を経験したこともない無知なカトリック教徒の農民が、どうして法の支配を遵守し、おのれの自由や(たぶんもっと重大なことに)外国人が彼らの土地に所有する財産を守ることができようか？　マッキンリーがのちに回想しているところによれば、彼はある夜ホワイトハウスで眠れずにいたときに、あたかも天啓を受けたかのように突然こう悟ったという。

われわれがとるべき道は一つしかない。すなわち、フィリピン全土を征服し、フィリピン人を教育し、向上させ、文明化させ、キリスト教化し、キリストがその罪を贖《あがな》うために死んだわれらの同宗信徒として、彼らのために神の恩寵のもとで最善を尽くすことだ。こう悟ると、私はベッドに入って眠りについた。ぐっすり眠った翌朝、私は陸軍省のチーフ・エンジニア（地図製作者）を呼びにやり、フィリピンをアメリカ合衆国の地図に組みこむよう命じた。こうしてフィリピンはアメリカの植民地になり、私が大統領でいるあいだはずっとそのままだろう。(36)

マッキンリーはすぐさま、議会を思うように誘導した。議員の一部は声高に異議を唱えたが功を奏さず、大統領は抗議の声を押し切った。かくして、アメリカはすみやかに敗戦国のカリブ海と太平洋の植民地を奪取した。

ほとんど間髪を容れず、フィリピンでは国民的英雄のエミリオ・アギナルド〔一八六九～一九六四。第一次フィリピン共和国初代大統領。在職一八九九～一九〇一〕率いる大規模な反乱が勃発した。アメリカ軍はこの反乱を三年におよんだ残忍な戦争〔フィリピン・アメリカ戦争。一八九九～一九〇二〕をもって鎮圧したが、その間に四〇〇〇人の米軍兵士が戦死し、二〇万人以上のフィリピン人が犠牲になり、フィリピンの国土は荒廃した。アメリカ政府当局はこれ以後お馴染みとなった「飴と鞭」政策を推し進めた。彼らは一方で、フィリピン人の忠誠と尊敬を獲得すべく（あるいは、言うなれば彼らの「ハーツ・アンド・マインズ」を摑むべく）真剣に努力した。すなわち、「憎むべきスペインの制度を廃してアメリカの法体系や税制を導入し、診療所を設けて病人を治療し、学校を建設し、フィリピン国民の福利向上を重視していることを示すために最善を尽くした」(37)。その一方で、彼らは反抗的なフィリピン人を邪悪な野蛮人と決めつけ、最大の処罰に値するとみなした。あるアメリカ軍の将軍はそれをこう簡潔に述べていた。いわく、「フィリピン人の半分を現在の半ば未開状態より高度の生活水準に引き上げるためには、残りの半分を殺さねばなるまい[38]」と。

反乱がフィリピン諸島全域に広まると、（第二次世界大戦の英雄の父である）現地司令官アーサー・マッカーサー・ジュニア将軍〔一八四五〜一九一二〕は、もうたくさんだと腹を決めた。彼は麾下《きか》の部隊に命じて、反乱者を処刑し、彼らの支持者を投獄し、反乱勢力の財産を破壊し、市民を「保護地帯」に強制的に収容させた。ここでもスペイン統治下のキューバと同様、人々は飢餓に見舞われ、大量に病死した。アメリカ軍はまた、正式に認可された数種類の拷問を実施した。その中には、恐ろしいことに現代の読者にも馴染み深い拷問も含まれていた。それは「水責め」と呼ばれるもので、捕虜を押さえつけ、その口に竹筒を突っこんで、「汚水を――不潔であればあるほど望ましい――むりやり喉《のど》の奥まで[39]」流し入れるというものだった。

一九〇一年三月に反乱の指導者アギナルドが逮捕され、夏までに反乱は完全に鎮圧された〔同年七月に軍政から民政に移行し、翌年七月にアメリカはフィリピン平定作戦終了を宣言し、全面的なフィリピン植民地統治を開始した〕――だが、ミンダナオ島に居住するムスリムのモロ〔スールー諸島、パラワン島、ミンダナオ島などに分布するムスリムの総称で、言語・文化を異にする複数の集団からなる〕は例外で、彼らは今日ふたたびフィリピン政府とその後援者アメリカに反抗している。キューバの独立も短命に終わった。この島はまもなくアメリカの保護領となり、以後は新植民地主義〔先進国が形式的にはいわゆる発展途上国の主権を尊重しながらも、実質的にはこれらの途上国を「半植民地」的状況におき、途上国つまり新植民地に対する政治的支配と経済的搾取を維持・強化するために再編した植民地支配の新しい体系〕の文脈での属国となった。米西戦争を支持したアメリカ人の多くのあいだに、裏切られたという思いが隠しようもなく広まった。「キューバに自由と主権をもたらすと誓ったにもかかわらず、私たちはいまや、この島に植民地的隷属状態を押しつけようとしている」と、元マサチューセッツ州知事のジョージ・バウトウェル〔一八一八～一九〇五。在職一八五一～五三〕は訴えた。哲学者にして心理学者のウィリアム・ジェームズ〔一八四二～一九一〇〕は「フィリピン諸島での悪行の数々、くたばれアメリカ」[40]と罵った。フィリピンにおける自国の行きすぎた行動に反感を抱いた作家のマーク・トウェイン〔一八三五～一九一〇〕は、彼の地に翻《ひるがえ》るアメリカ国旗に代えて「私たちがいつも使っている旗を掲げよ。そう、白線を黒く塗りつぶし、星の代わりに頭蓋骨と交差した二本の骨を描いた旗を」[41]と主張した。

トウェインやジェームズのような人々を何より驚愕させ狼狽させたのは、この戦争で「影の分身」がもたらした結果だった。わずか二年間のうちに、反乱者と民間人の大量殺戮という大罪を犯した敵に対する高貴な軍事介入が、征服戦争に変容した。その正義にもとる行動は、当初この十字軍が標的としていた敵のそれと生き写しだった。戦争の様相がかように醜く変わったのには、「英雄的なキューバを救え」プロパガンダの時期には意識下に抑えられていた、あるいは婉曲に表現されていた対スペイン戦争の真の動機がかかわっていた。セオドア・ローズヴェルトのような指導者たちは仲間内ではあけすけに、アメリカの経済的・軍事的影響力を太平洋全域に及ぼすためにはカリブ海から東アジアにかけての地域で軍事基地と給炭所を確保しなければならない、と語っていた（ちょうどこの時期に、アメリカが支援したクーデターによって成立したハワイ共和国が、準州としてアメリカに併合されていた)。[42] 砂糖トラストやタバコ・トラストなどの農業関連団体や金融業界も、国外に営業拠点を広げたいと熱望していた。[43] アメリカの統治者たちはトウェインらアメリカ反帝国主義連盟〔一八九八年から一九二一年まで存在した政治団体〕のメンバーと同様に、キューバを解放するための戦争がアメリカの海外帝国を創設するための戦争でもあることを理解していたのだ。

とはいえ、マッキンリーはけっして偽善者ではなかった。ホワイトハウスで授かった「メッセージ」は良心の声を表わしている、と彼は確信していた。アメリカの一般国民を戦争支持へと導くのに説得力を発揮したのと同じ人道主義的イデオロギーが、大統領にフィリピン併合の正当性を納得させたのだ。要するに、「邪悪な敵」の顔が残酷な植民地主義者のそれから、狂信的な反逆者のそれに変わったということだ。十字軍の主たる目的は、(秩序によって抑制される)自由から、(自由によって啓蒙される)秩序へと変わった。けれども、反帝国主義連盟に属さない人々の多くには、こうした変化はさほど不都合とは思えなかった。それは一つには、アメリカの市民宗教における原型的な物語が『出エジプト記』であり、原型的な解放者がモーセ〔イスラエル人の指導者。前十四世紀頃エジプトに生まれ、苦役に従事させられていた同胞を率いてエジプトを脱出、シナイ山において神と民との契約を結び、律法を民に与え、約束の地へ導いたとされる〕だからだろう。[44] ニューイングランドに最初に入植した人々はみずからを「新たなイスラエルの民」、すなわち奴隷状態から「約束の地」への逃亡を再現した選ばれし民とみなしていた。南北戦争のあいだ、アフリカ系アメリカ人も北部の白人もエイブラハム・リンカーンをモーセになぞらえていた――マッキンリーもやはり無政府主義者によって暗殺されたのちに、モーセに比せられたのだ。[45] ずっとのちに、国民を大恐慌から脱出させ、ついで枢軸国を破ったことから、フランクリン・D・ローズヴェルトもアメリカのモーセとみなされた。

　きわめて重大なことだが、モーセという人物像は三つの典型的な特徴をもっている。第一に、モーセは「解放者」であり、抑圧された人々を奴隷状態から救って自由な境遇に導く。第二に、モーセは「革新者」であり、内面的な十字軍を指導して（金の子牛の出来事〔神に代わるものとして人々が拝んでいた鋳造の金の子牛をモーセが燃やしたことを指す〕）、彼に従う者たちの罪を一掃する。第三に、モーセは「法の制定者」であり、その支配下の民と（死後に後継者のヨシュアを介して）新天地に居住する異教徒に、理性と秩序と正義をもたらすのだ。モーセ像は、本来ならたがいに矛盾するとみなされるであろう指導者のさまざまな側面を統合する。不正な権力者に抗して立ちあがった被抑圧者を助け、彼らを解放した英雄その人が、やがて彼らを訓練して浄化し、ついには彼らを合法的に統治する権威者となるのだ。ピューリタンの指導者たちはこれらすべての役割を実践した。南北戦争の指導者たちも然りだった。そうであるなら、スペイン王の臣民だった未開人を解放したアンクル・サムも、彼らを浄化し、統治する者としてふるまっていけないわけがあろうか？

　こうした事情で、根本的に非人道的な体制から被抑圧者を解放することは、たとえ邪悪な敵を退けたのちにアメリカがその後釜に座ることになろうとも、戦争を行なう正当な理由のように思われた。同様に、アメリカの支配をたしかなものにするために過度の暴力を行使することも、それが大きな悪を防ぎ、大きな善を始めるという理由で正当化されるとみなされた。数十万ものフィリピン人の命を奪うことは、フィリピン諸島を無法と混沌から救いだし、その住民に「アメリカの自由の旗のもとに……有能で安定した政府という恩恵」[46]を与えることへの正当な対価とみなされた。そして、ついに、キューバを解放するには戦争が不可避であると――最後の手段であると――判断されるにいたったのだ。なにしろ、スペイン人は道理をわきまえていないうえに和平を講ずる意志も能力もないのだから、と。ところが実際にはアメリカのほうが、開戦以前にマドリードのリベラルな政府との交渉を打ち切っており、戦争の最終局面ではアギナルドの代理人と会うことを拒否していたのだ。[47] しかし、この戦争を人道的な解放戦争、聖戦と信じて参加した人々には、そんなことは屁理屈としか思えなかった。

アメリカの指導層がモーセの事例を喚起してことを始め、最後には古代エジプトの王ファラオの役割を演じるのは、これが最後ではないだろう。また、「二つのアメリカが存在するに違いない」と訴える批評家も、マーク・トウェインが最後ではないだろう。いわく、「一方は捕囚を解放するが、もう一方はかつての捕囚が新たに得た自由を剝奪し、なんの根拠もなく彼らに喧嘩を売り、その土地を手に入れるために彼らを殺すのだ」[48]と。こうした見方は、人道上由々しき大惨事を阻止するためであっても、アメリカは軍事介入すべきでないことを意味しているのだろうか？　たとえば、一九九四年に集団殺害《ジェノサイド》の阻止にひと役買うべくルワンダに介入することを思いとどまったように？　いや、断じてそんなことはない――だが、それは、たとえ介入するとしても、法律家のいう「当事者利益」を有するところにのみ介入すべきであることを意味している。

自分たちは抑圧された人々を救ったのちにあっさり立ち去れるような比類なく高潔な解放者ではないと理解すれば、私たちはかかる傲岸不遜な思いこみを誘う主張に抵抗する術を学べるだろう。そして、人道的介入は他者の苦しみから利益を得ようと企む当事者をつうじてではなく、国際機関や地域機関を介して多角的に行なうべきだと要求できるようになるだろう。実際、辛口のミスター・トウェインがまだ生きていたら、アメリカが一九九四年にルワンダに介入しなかったのは、そこには求める利益がなかったからだと主張するに違いない。

道徳的十字軍――「よい戦争」から冷戦へ

大多数の人々はいまだに第二次世界大戦――いわゆる「よい戦争」――を、被抑圧者を解放し、民主主義と自由の恩恵を全世界の人々にもたらすための努力が成功した事例とみなしている。こうした評価は多くの点で妥当である。連合国の戦争努力のおかげでナチス・ドイツと日本帝国は敗れ、両国政府が弾圧していた国民は（少なくとも生き延びた人々は）非人間的な奴隷状態から解放された。アメリカはマーシャル・プラン〔欧州復興計画〕等の援助策を講じて、西側同盟諸国が戦争で被った凄まじい破壊から復興するのを支援した。かつての敵国に対しても、彼らが豊かな新同盟国になれるよう、経済的な復興と社会の民主化を支援した。だが、交戦国中で最大の損失を被った――アメリカ軍の戦死者二九万五〇〇〇人に対して、一三〇〇万人の兵士を含めて約二一〇〇万もの国民が命を落とした――かつての同盟国ソ連だけは、こうした寛大な政策の恩恵に与れなかった。一九四九年に中国が共産主義化すると、このかつての同盟国も――一〇〇〇万人の民間人を含めて一一〇〇万人が戦争の犠牲になったにもかかわらず――やはり除外された。[49] 一九四七年以降、アメリカは共産主義勢力を「邪悪な敵」、いわば敗北した枢軸国の道徳的・政治的後継者とみなすようになった。

どうして、こうなったのだろうか？ 対ファシズム十字軍が終わると息をつく間もなく、新たな地球規模の闘争が始まった。これは冷戦と公称されているが、その実態はまことに熱いものだった。敵対する陣営がそれぞれ軍事同盟を結び、危険きわまりない核軍拡競争を推し進め、「非友好的な」政権を転覆させ、暗殺その他の秘密作戦を決行した。アジア、アフリカ、ラテン・アメリカで代理戦争が遂行され、朝鮮半島（一九五〇～五三）、インドシナ（一九六四～七三）、アフガニスタン（一九七九～八八）ではきわめて破壊的な軍事闘争が繰り広げられた。この時期のアメリカの行動がもっぱらソ連の領土拡張主義の脅威に対処するためのものだったのか、あるいはグローバルなアメリカ帝国を築き、維持し、その優位を確立するための努力であったのか、歴史家の評価は今なお分かれている。[50] ここでは、暴力的な道徳的十字軍が国際関係とアメリカ社会に与えた影響について、冷戦ストーリーから学ぶべき教訓を重点的に考察しよう。

冷戦が事実上始まったのは一九四七年三月一二日、アメリカ大統領ハリー・S・トルーマンが議会への特別教書演説で対外政策の一般原則、いわゆるトルーマン・ドクトリンを発表したときのことだった。これはまさに「一八二三年にモンロー・ドクトリン〔欧米両大陸の相互不干渉を主張するアメリカ外交政策の原則〕が発せられて以来、最も重大なアメリカ外交政策の転換を画した」[51]と評されている。大統領は議会に、ギリシアとトルコの独立がソ連に脅かされていると訴えた。第二次世界大戦の教訓を念頭に、トルーマンは両国を親西側陣営にとどまらせるために数百万ドル相当の軍事援助を行なおうと主張した〔全体主義体制の脅威からギリシアとトルコを守るために、イギリスに代わって両国に総額四億ドルの経済・軍事援助をする必要を説いた〕。いわく、「武装した少数派や外圧による征服の意図に抗して戦っている自由な諸国民を援助することがアメリカの政策でなければならない」、「もし、われわれがリーダーシップをとることをためらうなら、世界の平和が危険にさらされる――のみならず、わが国の安寧も危険にさらされるに違いない」と。大統領はこの時点では、共産主義者と戦うべくアメリカ軍を海外に派遣することを主張しなかった。だが、この三年後、彼は国際連合の旗印のもとで朝鮮半島における軍事作戦にアメリカ軍を投入した。とはいえトルーマンは明らかに、自分はウッドロウ・ウィルソンとフランクリン・D・ローズヴェルトが世界大戦への参戦を国民に呼びかける際に用いた拡張された自衛概念（あるいは「集団安全保障」概念）を踏襲しているに過ぎないと思っていた。前任者たちと同様に、トルーマンも世界は光の勢力と闇の勢力、「自由な諸国民」と「全体主義体制」に分断されていると表現した。かつてFDRの経済顧問をつとめた財政家のバーナード・バルーク〔一八七〇～一九六五。両大戦中、戦時経済の立案・実行に当たった〕はこの演説を、「イデオロギー戦争ないし宗教戦争の……宣戦布告に等しい」と評した[52]。

ある意味で、共産主義者を全体主義者になぞらえる戦術には説得力があった。第二次世界大戦で敗北した敵と同様、戦後のソ連政権とその衛星諸国は抑圧的な官僚主義体制を敷き、政治的自由を圧迫し、夥《おびただ》しい数の反政府活動家を殺害ないし投獄し、知識人を弾圧し、労働者と農民を使い捨ての国家の奴隷として扱っていた。スターリン統治下のソ連を「全体主義」と称しても的はずれではなかった。[53] だが、別の意味で、この類比には誤解を招く恐れが多分にあった。戦前のソ連はドイツや日本のごとき高度に進んだ工業国であったためしがなく、中国と同じく絶望的に遅れた貧しい国でしかなかった。いまだ純然たる意志の力によって部分的に近代化したにとどまり、強権的で独裁的な統治手法と平等主義という社会理念を駆使して国民を教育し、働かせていた。ドイツと戦っているあいだに二〇〇〇万を超える国民を失い、インフラのほとんどを破壊されたソ連には、西側諸国を脅かす欲望も能力もなかったのだ。[54] ソ連は世界の支配を目論んでいるとトルーマンは確信していたものの、ソ連の主たる領土的野心は、赤軍〔ソ連の正規軍。正しくは労農赤軍。一九四六年にソヴィエト軍と改称〕が占領した東ヨーロッパ地域の支配を維持することだった（これについては終戦間際の会議でチャーチルとローズヴェルトがおおむね了承していた）。もちろん、長い目で見れば、ソ連首脳部はおのれのイデオロギーが世界を席巻することを夢見ていた。だが、それはまだずっと先の構想だった。予見できる将来においては、スターリンの予定表は彼が終生執念深く追求した「一国社会主義論」〔世界革命を経なくても一国で社会主義の建設が可能だとする考え方〕の実現、つまりソヴィエト社会主義共和国連邦における社会主義建設計画によって占められていた。

　この共産主義国家が他国に対して寛容でないことは疑うべくもなかった。一九四八年には、二年前の選挙によって樹立されたチェコスロヴァキアの〔共産党と非共産政党の連立〕政権をソ連の手先が倒壊させた。一九五〇年には、スターリンは北朝鮮首相の金日成〔一九一二〜九四。在職一九四八〜七二。一九七二〜没年は国家主席〕が韓国を侵略するのを容認した。だが、ソ連の世界征服計画をめぐる大げさな言説は、明白な事実を見逃していた。すなわち、第二次世界大戦のおかげで目覚ましく繁栄したアメリカが、グローバルな支配権を確立する途上にあったという事実を。西半球はいうまでもなく、すでに西ヨーロッパや太平洋や日本でも覇権を握ったアメリカは、いまや石油の豊富な中東や、東アジアやアフリカで大英帝国の後釜に座ろうとしていた。その後まもなく、アメリカはオランダ撤退後のインドネシアで指導的な西側勢力となり、フランスからパトロンの地位を引き継ぐべくインドシナに進出する。それゆえ、東地中海地域の支配権を維持するために行なってきたギリシアとトルコへの支援を続ける余力がもはやなくなったとイギリス政府が伝えてきたとき、トルーマン大統領は並々ならぬ関心をもってそれを聴いた。いまや、世界のリーダーシップという松明《たいまつ》は、英語圏の一つの帝国からもう一つの帝国に手渡されようとしていた。そして、ハリー・S・トルーマンはその松明を落とすような男ではなかった。

　ソ連がギリシアとトルコに脅威を及ぼしているという情報は、はなはだしく誇張されていた。実のところスターリンは、大戦中の反ナチス行動によって国民の人気を博し、イギリスを後ろ盾とする国王と保守的な国王支持者に反乱していたギリシアの左派勢力の支援要請を断っていたのだ。(55) ソ連が相対的に小さな権益を求めていたトルコに関しては、あるアメリカ政府高官が語ったところでは「七面鳥《ターキー》〔turkey/Turkey＝トルコ〕」は脂《グリース》〔grease/Greece＝ギリシア〕をたっぷり塗ってオーブンに放りこんだ。

かたい鳥肉を料理するにはそれが一番確実な方法だからだ」[56]。スターリンはさらに西ヨーロッパ諸国の共産党に対して、急進的な政策を慎み、民主制度の枠組みの中で行動するよう指令していた。アメリカの「封じ込め」政策〔冷戦期におけるアメリカ外交の基本原理。アメリカはソ連の周辺地域に経済的・軍事的援助を与え、ソ連の勢力膨張を長期にわたって封じ込め、内部崩壊を生じさせるべきだとする政策〕の父ジョージ・ケナン〔一九〇四～二〇〇五〕によれば、「当時のロシアについて初歩的な知識しかない者にとってすら、ソ連指導部にみずから外国に攻撃をしかけて大義を推し進めようとの意図がなかったことは明白だった」[57]。けれども、公に語られない脅威が現実に存在していた。それは、ギリシアやトルコなどの国々が、アメリカが支配する新世界秩序の一部になろうとせずに、戦後の世界で独自の路線を追求する可能性だった（しばらくのちに、こうした立場を追求する国々は「非同盟国」と自称するようになった〔非同盟とは、対立関係にある大国やブロックのいずれとも同盟を結ばず、積極的中立主義・平和共存・反植民地主義の原則を掲げる立場〕）。かかる状況下で、第一次セミノール戦争の際に表面化したのと同じ恐れが――つまり、アメリカの確固たる支配下にない地域はいずれ敵対勢力の食い物にされるという恐れが――ソ連の勢力圏に対する実質的な先制攻撃を正当化する口実として用いられた。

いうまでもなく、朝鮮半島では金日成率いる共産主義勢力がソ連の承認のもとに本物の軍事攻撃を開始した。これに対するトルーマンの回答が、（ソ連がボイコットした国連安全保障理事会で対北朝鮮非難決議を得たうえで開始した）朝鮮戦争だった。またしても、戦争を正当化する表立った根拠は、世界支配を目論む「邪悪な敵」を打ち破らねばならないというものだった。だが、この理論的根拠はしだいに破綻をきたし、酷《むご》たらしい戦争が膠着状態のまま続くにおよんで説得力を失った。

アメリカ国民の大多数はトルーマンの次期大統領ドワイト・D・アイゼンハワーに対して、戦争を終結させて兵士を帰国させるよう要求した[58]。こうしたなりゆきは、アメリカ国民の多くが冷戦を推進していたマニ教的善悪二元論を事実上破棄したことを暗に示していた〔マニ教は、善は光明、悪は暗黒という二元的自然観を教理の根本とし、世の中の事象を善と悪の二つに分類することで世界を認識する善悪二元論の立場をとる〕。ギリシアの場合と同様に、アメリカが介入して支援した勢力は公正な民主主義者や自由主義者ではなく好戦的な独裁者で、その唯一の好ましい資質は反共主義を奉じていることだった。韓国の内乱は、アメリカが介入する以前にすでに一〇万もの犠牲者を出していた。右派の巨頭で大韓民国初代大統領の李承晩〔一八七五～一九六五。在職一九四八～六〇〕は、新聞を検閲し、労働組合を潰し、政敵を投獄ないし処刑して、事実上の軍事独裁制を敷き、侵攻される前から北朝鮮を繰り返し襲撃していた。彼に劣らず無慈悲な北朝鮮勢も急襲と略奪をもって応酬し、ついにスターリンの承認を得て、李政権を打倒すべく三八度線を越えたのだ[59]。

この侵攻が李政権との対立を力ずくで解決しようとした北朝鮮の悪しき試みだったことは、間違いないだろう。とはいえ、アメリカにとって朝鮮は戦略的にたいして重要ではなかったので、トルーマンと国務長官ディーン・アチソンは金日成の挑戦に応じねばならない別の理由を表明した。すなわち、ヨシフ・スターリンはこれをもってアメリカの戦う意志を総合的にみきわめようとしているのだ、と。ある歴史家はこう述べている。「韓国侵攻が始まると、彼らの心の中でスターリンがヒトラーに、共産主義者がナチスに、朝鮮がチェコスロヴァキアになり代わった。ぜひとも侵略を阻止しなければ、攻撃の火の手はあたかも制御不能の癌《がん》細胞のように広がり、いっそう激しくなるだろう(60)」

そのとおりだ――が、アメリカをこうした強硬路線に転じさせたのは、おそらく前年に起こった事件だろう。この出来事はアメリカの指導層に大きな衝撃を与え、彼らに従う無数の人々を脅かした。それは外国の侵攻でも襲撃でもなく、数億もの人民に支持され（ソ連がしぶしぶ歓迎した）大衆の反乱、つまり毛沢東〔一八九三～一九七六。国家主席。在職一九四九～五九。五九年以後は党主席に専念〕とその同志たちが指導した中国の革命だった。六〇年以上も経つと、世界で最も貧しく最も人口の多い国が、しかもかつてはアメリカの同盟国だった国が「共産主義化」したことが西側陣営にどれほどの衝撃を与えたか、いとも容易に忘れられてしまう。冷戦のイデオロギーはソ連の陰謀や破壊工作、奇襲に対する深甚な恐怖を表わしていたが、中国革命はアメリカの指導層にとってそれとは別種の悪夢を意味していた。つまり、旧来の植民地帝国が消滅し、脱植民地熱がアジアやアフリカや中東で沸騰するなかで、人々はアメリカのグローバルなリーダーシップを受け入れる代わりに、何らかの独立した近代化への道を選ぶのではないか、と彼らは恐れたのだ。この問題は、アメリカが旧来の帝国主義勢力に取って代わり、地元の保守的なエリート層と結託していたレバノン、イラク、イラン、ベトナムやインドネシアのような地域ではとりわけ気がかりだった。それにもかかわらず、冷戦が進展するあいだに、みずから進んで別の道を選ぶ国はないというのが一種の信仰箇条となった。わが陣営に属さぬ者はいずれもアメリカに敵対するよう強いられている、と想定することによって、第三世界の反対勢力を独自の選択をした人々としてではなく、アメリカの人道的介入を必要とする犠牲者として扱えたのだ。

相対的にいえば、スターリンの体制は邪悪なものだった。その証拠は枚挙にいとまがない。だが、敵対勢力を悪魔もどきの敵（「神の存在を否定する共産主義」）と決めつけたことが、またしても影の分身の出現を覆い隠した。それはすなわち、自国民の大部分をほとんどの場合寛大に扱う一方で、国内の特定のマイノリティー集団や外国の反乱者の多くを全体主義的熱意をもって虐待するアメリカだった。外国の破壊工作を公然と非難しながら、アメリカはイラク、イラン、グアテマラ、チリ、南ベトナム、グレナダ、パナマ、ニカラグア、エル・サルバドルの独立した政府を転覆させ、ブラジル、コンゴ、ドミニカ共和国、インドネシアその他多くの国々で政権の転覆を幇助した[61]。共産主義国家の独裁制を声高に非難する一方で、アメリカの指導者たちは第三世界の数多の国で親欧米派の残忍な独裁体制を支援した。こうした行動は時に偽善的とみなされるが、実際にはアメリカなりの信念を馬鹿正直に表明したものだった。つまり、アメリカが反民主的な統治エリートを後援したことは、仮に敵がまったき悪であるなら、敵を負かすためにはその悪しき統治形態と結びついた諸々の手段も含めて「あらゆる必要な手段」をとらねばならないという信念を反映していたのだ[62]。

激しい道徳的十字軍は多くの場合、敵の手法を敵に対して使用するのを拒む人々を腰抜け呼ばわりしたり、非国民と難ずるがごとき道徳的頑迷さ《タフネス》というカルト的心情を生みだすものだ。こうした傾向は、わかりきっているとはいえ当惑せずにいられない疑問を提起する。「邪悪な敵」を打ち負かすために、私たちはどの程度まで彼の影の分身にならねばならないのか、という疑問を。ジョン・ル＝カレ〔一九三一生〕が著わした秀逸な冷戦小説の数々は、かくのごとき道徳的にきわめて不安定な状態で生きざるを得ない人間の心情を鋭く探究している。[63] しかしながら、典型的な政治的反応はかかるジレンマを解消すると称しながら、実際にはジレンマをいっそう悪化させる。それはすなわち、国内の敵（「第五列」〔敵方に内応する者〕）を狩りだし、国民を浄化して団結させ、道義的に正しい「われら」と邪悪な「彼ら」を明確に峻別するために国内の十字軍を発動するということだ。ここで、外部の敵に対する十字軍と内部の敵に対する十字軍の関係をもう少し詳細に検討してみよう。

国民浄化キャンペーン――マッカーシズムの再考

アメリカ共和国の最初期の時代から、悪魔もどきの敵との戦争には強力な国民浄化キャンペーンがつきものだった。[64] 第一次世界大戦は、愛国心を高揚させる熱狂的な大衆運動を生みだした。人々はドイツ系アメリカ人やそのほかの移民グループを恫喝し、国家に不忠とおぼしき者を見つけだしては暴露し、伝統的な「アメリカニズム」の規範のもとにふたたび国民を統合しようとした。[65] 第二次世界大戦は日系アメリカ人の懲罰的な強制収容という事態を招来する一方で、国民のあいだに民主的な理念への熱狂的支持を掻きたてる大衆向けキャンペーンを生みだした。[66] けれども、「マッカーシズム」〔一九五〇年代初期、共和党上院議員マッカーシーが反共を名目として行なった政敵攻撃とその手法を指す〕として記憶されている冷戦期のキャンペーンは、今日でもその解釈をめぐって論争が続いている。批判的な見方をする評論家の多くは――歴史家のデイヴィッド・コート〔一九三六生〕が「おおいなる恐怖」と称したように――これを主として集団ヒステリーと政治的日和見主義の産物とみなし、これを賛美する者たちはソ連のスパイ活動という純然たる脅威に対する反応だったと解釈している。(67) いずれの見解にも首肯できる点が多々ある。けれども、マッカーシズムを理解するには、「邪悪な敵」に対するグローバルな十字軍と構造的に結びついた国民浄化キャンペーンという観点から考察するのが最も効果的だろう。

広義のマッカーシズムはウィスコンシン州選出の上院議員ジョゼフ・マッカーシー〔一九〇九～五七〕の登場とともに始まったのでも、彼の失脚とともに終わったのでもない。(68) 不忠なアメリカ人狩りは冷戦の開始とともに、すなわち一九四七年にトルーマン大統領が連邦職員に対する忠誠審査令を制定したときに始まった。この年に、下院非米活動委員会（ＨＵＡＣ）〔一九三八年に国内の反体制破壊活動、いわゆる非米活動を調査し、立法に資する目的で特別委員会として設置され、一九四五年に常任委員会となり、七五年に廃止〕がハリウッドへの共産主義の浸透を鳴物入りで調査しはじめた。これを受けて、アメリカ映画協会はアカ容疑者と「シンパ」のブラックリストを作成した。一九四九年から五〇年に赤狩りキャンペーンのペースが加速された。当時の新聞や雑誌は、ソ連の原爆実験と中国における毛沢東の勝利を筆頭とする外国の共産主義者の成功譚と、国内での破壊行為を大々的に報じていた。たしかに、アメリカ国内でスパイ行為が行なわれていた。一九五〇年には、ソ連のスパイという容疑をかけられた元国務省高官アルジャー・ヒス〔一九〇四～九六〕が偽証罪で有罪判決を受け、ジュリアス〔一九一八～五三〕とエセル〔一九一五～五三〕のローゼンバーグ夫妻が原爆製造に関する機密情報をソ連に流したかどで逮捕、起訴された〔ともに死刑に処せられた〕。このほかにもソ連のスパイが活動していた。しだいに恐怖心を募らせた大衆は、国外での形勢逆転は国内の不忠行為や腐敗と関連していると――たとえ関連していない場合でも――思いこむようになった。

一九五〇年代版の「赤の恐怖」ストーリーはよく知られている〔「赤の恐怖」とは本来、一九一九～二〇年に国際共産主義の浸透におびえたアメリカ政府が過激派外国人を国外追放し、六〇〇〇余名の共産党員嫌疑者の逮捕状なしの逮捕、労働運動弾圧を行なったことを指す〕。ハリウッドを標的にした下院非米活動委員会の大活劇、上院国内治安小委員会による中国を共産主義者に「奪われた」責を負うべき裏切り者の追及、マッカーシーが共産主義者と名指しした国務省職員二〇五人の有名な「リスト」〔彼は国務省内に多数からなる共産主義スパイ網が形成され、そのメンバーが外交政策に携わっていると爆弾発言したが、この「リスト」の真偽、さらには存在そのものも疑問視されている〕、FBI長官J・エドガー・フーバー〔一八九五～一九七二。在職一九二四～没年〕が指名した不忠容疑者とFBIとの激しい闘争、全米各地の協同組合が急進主義者とみなした数千人もの職員を解雇したことなど、その事例には事欠かない。とはいえ、この国内十字軍はマッカーシーの野心やフーバーの誇大妄想の産物というにとどまらなかった。これは重要な意味で、狭義の国家安全保障よりも、精神的な安全保障により深くかかわっていたのだ。このキャンペーンは始まった当初から、国から不忠者や「異質な」分子を排除するという観念を、一種の告白の儀式と結びつけていた。その儀式において、かつてのアカや共産主義シンパは従来の信条を撤回し、ほかの不忠者を告発する〔「共犯者の名を挙げる」《ネーミング・ネームズ》〕(69)ことによって、おのれの潔白を証明した。劇作家のアーサー・ミラー〔一九一五～二〇〇五〕はマッカーシズムの異端審問的側面を、ピューリタンの魔女裁判を題材にした寓話的な戯曲『るつぼ（The Crucible）』で追究した。だが、何百万ものアメリカの一般庶民はこれとは別種の儀式、彼らの精神を共産主義との戦争に従軍できるまで高めることを意図した儀式に参加していた。

宗教界でこの十字軍を主導したのは福音伝道師のビリー・グラハム〔グレアム。一九一八生。マスメディアを用いてリバイバル（信仰復興）運動を展開した〕だった。彼はおおっぴらにマッカーシーを賞賛し（数年後に撤回した）、冷戦はキリスト教と「無神論の共産主義」の最終戦争であると一貫して主張した。いわく、「われわれが戦っている相手は、超自然的な悪の勢力に操られた邪悪な裏切り者である」、「共産主義が死ぬか、キリスト教が死ぬかのいずれかだ。なぜなら、これはキリストと反《アンチ》キリストの戦いにほかならないからだ」(70)と。何百万もの国民が参加した信仰復興論者の「十字軍」の陣頭で、グラハムはアメリカ人に悪魔との戦いに勝つ覚悟を決めさせるには国民浄化運動が必要であると主張した。山から下りてきて金の子牛を拝んでいるイスラエルの民を発見したモーセよろしく、この福音伝道師は地上で最も裕福かつ物質主義的な社会の市民に対して、彼らが生き残れるか否かは権力や快楽への崇拝を捨ててイエス・キリストに回帰することにかかっていると説いたのだ。このレトリックと、第二次世界大戦に付随してアメリカ国内で生じた精神復興運動を比べてみるのは興味深い。この運動は宗教分野ではプロテスタント神学者・倫理学者のラインホルト・ニーバー〔一八九二～一九七一。第二次大戦後はアメリカ国務省の政策立案委員会の顧問として内外政策の方向づけに影響を与えた〕やユダヤ教の改革派の指導者スティーヴン・ワイズ師〔一八七四～一九四九〕などが主導し、大衆文化分野では（フランク・シナトラ〔一九一五～九八〕がタイトルソングを歌った）『僕が暮らす家（The

House I Live In)』などの映画が表現したもので、自由・社会的公正・宗教的寛容という古来尊重されてきた原理を信奉するよう国民に訴えていた[71]。だが、冷戦初期の時代のアメリカ人はそれとはほど遠い精神状態にあった。彼らは自信を失い不安に苛《さいな》まれていたので、国内の状況と世界におけるアメリカの役割が変わったことに起因する道徳的に不安定な心理につけこむアピールに、ことのほか無防備だった。

これら戦前から戦後への変化はまことに驚くべきものだった。軍事支出のおかげで大恐慌は終息し、戦後の経済ブームは以前には想像もできなかったスケールの富を生みだした。強いられた快楽主義という原理に基づく消費社会は、質素や自制という旧来の価値を蝕んだ。アメリカの経済と連動してアメリカの政治と文化もしだいにグローバル化したことと、世界各地でアメリカの同盟関係や対外援助協定や海外基地の建設が着実に進展したことは、瞠目《どうもく》すべき新たな事実だった。アメリカの富と力が大幅に増加したことに対する国民の反応は、驚くべきことに恐怖だった。おそらく、一九二九年の株価大暴落やパール・ハーバーの奇襲など過去のトラウマの記憶が、現在の幸運も一瞬のうちに消えうせかねない、と国民を恐れさせたのだろう。こうした不安は由々しき道徳的要素も内包していた。アメリカ人はこれらの恩恵を受けるに値する、、のか？　私たちは両親や祖父母から厳に戒められていたにもかかわらず、金銭や快楽や権力を追い求める偶像崇拝もどきに陥りつつあるのではないか？　もしかすると、アメリカは富や技術や生産力の面で圧倒的優位にありながら、ソ連との闘争に負けるかもしれない。なぜなら、共産主義者は大義に献身しているのに、私たちは自分のことばかり考えているからだ。これこそまさに、ビリー・グラハムが説教で繰り返し強調していた要点だった。アカの「反キリスト」は無私無欲でおのれの大義に献身している。はたして、彼らに劣らず大義に献身することなくして、彼らに屈せずにいられるだろうか？

狭義のマッカーシズムは、一九五〇年代半ばにくだんのウィスコンシン州選出上院議員が米国陸軍内部に共産主義者が潜入していると主張したときに終わりを告げた。彼が軍部まで攻撃するにいたったことが、ついにアイゼンハワー大統領を離反させた。一九五四年、マッカーシーと陸軍とのあいだで三六日にわたって公聴会が行なわれた。この模様はテレビで放映され、数百万の人々が見守った。マッカーシーと彼の首席弁護士の虚偽と中傷に基づく軍隊批判は人々の反感を招き、国民の多くは彼を見限った。マッカーシーは同年一二月に上院からそのメンバーにふさわしからぬ人物として譴責《けんせき》処分を受け、三年後にアルコールの過剰摂取に起因する病気で没した〔ロービア『マッカーシズム』（宮地健次郎訳、岩波文庫）参照〕。連邦最高裁判所は最終的に、この時期に法が乱用された最悪の事例の多くを違憲とする判決を下した。一九八二年にはビリー・グラハムさえもがソ連嫌いを返上してから長い年月が経っていたので、ついにモスクワを訪れ、さらに八四年にはソ連各地で一連の説教を行なった。けれども、国内浄化キャンペーンは終わったというより、一時的に休止しただけだった。ある面では休止してすらいなかった。たとえば、FBIは一九五六年から七〇年代初期にいたるまでCOINTELPRO、つまり国内での対敵情報活動計画の名のもとに、広範に及ぶ反政府グループに対して挑発やサボタージュ、分裂工作などの秘密作戦を実行していた[72]。実際に鎮静化したのはこの種の計画に対する国民の支持で、それはベトナム戦争の終結とともに消えうせた。とはいえ、大衆に基盤を置く国内の十字軍が復活する可能性は今でも強く残っている。なぜなら、悪魔もどきの外部の敵に十字軍をしかけるためには、ある時点で国民浄化キャンペーンの精神と手法を復活させねばならないからだ。

冷戦はソ連帝国の崩壊をもって一九八九年に終わった。それとほぼ時を同じくして、一九九一年の湾岸戦争と戦後の対イラク経済制裁を皮切りに、イスラーム世界におけるアメリカの戦争が始まった。多くの面でこれらの出来事に起因するテロとの戦争は一九九〇年代半ばに始まり、二〇〇一年にアル・カーイダがニューヨークとワシントンの標的に衝撃的な攻撃をするにおよんで、急激にエスカレートした。九・一一のテロ攻撃を受けて、アメリカ政府はただちに国内外のイスラーム過激派狩りに乗りだしたが、何より力を注いだのはアフガニスタンのターリバーン政権との戦争のごとき国外での軍事行動だった。その間に、さまざまな政治的立場をとる二大政党の指導者たちは、アメリカに居住するムスリムを精神的にも肉体的にも虐待しないよう、イスラームそのものを攻撃しないようにと、国民に忠告していた。暴力的な宗教としてイスラームを弾劾する声や、イスラームと戦うべくアメリカの宗教復興を呼びかける声は、概して少数の極右の論客やキリスト教原理主義グループから発せられただけだった。だが、アル・カーイダやその類いの組織に属する好戦的メンバーはすぐさま悪魔もどきの敵と烙印を押され、殺害ないし逮捕すべき対象とされた。そして、アメリカの文化的な生活の水面下では、反ムスリム感情がくすぶっていた。[73] 米国愛国者法〔「テロリズムの阻止と回避のために必要な適切な手段を提供することによりアメリカを統合し強化する二〇〇一年の法」〕は、テロ容疑者を追跡するために連邦政府が国民を取り締まる権限を大幅に増大させた。この法律は、ひとたびテロとの戦争がエスカレートしたときに、ムスリムなどの市民的自由をさらに制限するお膳立てを整えたのだ。

私が恐れているのは、テロとの戦争がエスカレートした場合に、国内の敵を摘発して処罰するとともに、「悪」との全面的な闘争に備えて国民を浄化するためのキャンペーンが新たに発動されることだ。オバマ大統領は捕虜の拷問をやめ、グアンタナモ収容所を閉鎖すると言明したが、アフガニスタン、パキスタン、イエメンなど世界各地におけるアメリカ軍の戦術は、今なお希望を挫《くじ》くような疑念を生みだしている。[74] テロリストと反テロリストの闘争はどの程度まで、たがいに「あらゆる必要な手段で」報復し合う暴力団同士の抗争のようになったのか？ 現行の闘争手法はどの程度まで、アメリカと敵のあいだの道徳的な差異を消し去ってしまうのか？ アメリカの権威に反抗する者たちが——彼らの闘争手法が粗野で非人道的であるにもかかわらず——私たちを侵入者とみなし、自分たちの土地から出ていってほしいと願っている非常に多くの人々をある意味で代表しているとしたら、アメリカ人の不安はいや増すだろう。そして、戦争のコストが——すなわち、アメリカが自国の軍隊のみならず、夥《おびただ》しい数の外国の兵士や民間人に課している苦しみが——それに見合うだけの利益をもたらしているように見えない場合、不安はさらに増すことだろう。

国民浄化キャンペーンは、私たちと敵のあいだに道徳的な文脈で「明確な一線」を引かねばならないという——つまり、私たちの徳と彼らの悪徳を確認し、アメリカの大義の正当性にしつこくつきまとう疑念を抑えたいという——切実な欲求に合致する。このキャンペーンはまた、「大義」そのもののために留保や制限を設けずにおのれを犠牲にせよと国民を鼓舞することによって、コストの問題を度外視させることを狙っている。「邪悪な敵」に対する十字軍がかくもしばしば国内の十字軍を生じさせる理由を、私たちは理解できる。私たちが今考えなければならないのは、これら二つの十字軍に代わる実際的で倫理的な手段をいかに発展させるかということだ。

第四章　「愛せよ、しからずんば去れ」——愛国者と反対者

アメリカのメジャーリーグの試合では、七回表終了時に観客が一斉に立ち上がって『私を野球に連れてって』を歌うのが昔から恒例になっている。今日ではまるで暗黙の命令に従うかのように、観客は愛国歌『ゴッド・ブレス・アメリカ』〔事実上のアメリカ合衆国第二国歌〕も歌っている。ベースボールの試合は国歌斉唱をもって始まるが、それはバスケットボール、アメリカンフットボール、ホッケー、サッカー、ボクシング、陸上競技の試合や、公認された自動車レースでも同様である。国歌の演奏中は何人《なんぴと》も脱帽してアメリカ国旗に向かって起立し、左手で帽子をもち、右手を胸に置くことが、連邦法によって定められている（国旗が掲げられていない場合は、本来なら国旗が掲揚されている場所に向かい、同様の姿勢をとることが義務づけられている）。一方、アメリカンフットボールのプロリーグの優勝決定戦であるスーパーボウルのハーフタイムショーや大きなスポーツ・イベントでは、軍用機が上空を飛ぶというような愛国的／軍事的な儀式が行なわれる。そして、毎朝アメリ

カの事実上すべての学校で、子どもたちとティーンエイジャーが立ちどまって国旗に敬礼しているのだ。

こうした情景を目の当たりにすると、外国人はアメリカ人の愛国的心情が並外れて強いことに驚かされる。どこの国民も自国に強い愛着をもっているが、戦争を支持することを愛国的義務のように思わせる熱烈な擬似宗教的ナショナリズムを経験している人々は、どちらかといえば稀《まれ》だろう。かような愛国的熱情を説明する理論は枚挙にいとまがない。ある理論は、アメリカへの植民を神聖な使命《ミッション》と確信していたニューイングランドのピューリタニズムの伝統を強調している。別の理論は、アメリカの国民性を自由や民主主義や物質的進歩を信奉する精神と同一視している。(1)けれども、これらの理論はあまりに抽象的かつ総論的であり、教条的なイデオロギーや信条をあまりに重視し、しかも物事を静的に分析しているので、愛国的な連帯感や心情のパワーを説明することができない。私たちが何より知りたいのはこういうことだ。なぜ、アメリカ人の愛国心はとりわけ軍国主義的な形で表明されるのか？　どのようにして、国を愛することが戦争をする理由となったのか？　延々と続く戦争への国民の支持を維持するうえで、愛国心は現在どのような役割を演じているのか？

私は本書の第一章で、アメリカ人が戦争を選ぶ理由についての二つの通説、すなわち「無邪気な、い、か、も仮説」と「開拓地の戦士仮説」に異議を唱えた。本章ではそれと同様に、アメリカ人は無分別な愛国者（にして思慮のない間抜け）なので「指導者」から命じられたというだけの理由で戦う、という観念も論駁したい。いずこの社会も同じだが、アメリカにも権威主義的な人々が存在する──権威筋が発したというだけの理由で、命令に唯々諾々と従うのが正しいと思いこんでいる人々だ。ところが、ことが戦争という問題になると、アメリカ人は通常なら、「さっと気をつけの姿勢をとって」命ぜられるままに愛する者を殺したり殺されるために送りだしたりはしない。これまでよくないことだと教えられてきた類いの行動をとってもかまわない、いや、そうしなければならないと人々を説得するためには、社会心理学者が「道徳的束縛からの解放」と称するプロセスをまず始動させる必要がある。権威ある者が戦闘命令を発するという事実はこのプロセスを促進するかもしれないが、大多数のアメリカ人に戦争の正当性と必要性を納得させるためには、公的な権威以上のものが必要である。(2) 実をいえば、「道徳的束縛からの解放」という言葉はいくぶん誤解を招きやすい。なぜなら、このプロセスは暴力を忌避する人間本来の性向を宥《なだ》めることだけでなく、暴力を伴う大義に道徳的観点からコミットするよう人々を導くことにもかかわっているからだ。そう、アメリカ人のほとんどは殺す理由を必要としているのだ。

本書はこれまでに自衛の必要性、「邪悪な敵」の存在、人道的介入ないし道徳的十字軍を行なう義務など、戦争を正当化するために用いられる論拠やイメージの主だったものを考察してきた。これらの主張はみな、ある意味で愛国的である。いずれも国家を民主的諸制度、自由や公正という普遍的な原理、あるいは文明化された道徳的価値と同一視し、かかる理念への献身を祖国の兵士として戦うことによって表明するよう、国民に要求する。一部のアナリストはこれを健全な形の愛国心とみなし、「正しかろうが誤っていようがわが祖国」という類いの不健全かつ紋切り型のナショナリズムと対置する。彼らによれば、よき愛国心はそれによってアメリカ自身も判定される普遍的諸原理への献身を必然的に伴うが、悪しき愛国心は単にそれが政府であるという理由や、自国がほかの国々より優れているという思いこみや、ナショナリスティックな集団思考〔所属する集団の支配的な価値観や倫理に順応する思考態度〕のゆえに、政府に従うことを正当化する。(3)

だが、かかる善悪の区別はえてして戦争の準備段階で破綻する。戦争を支持するプロパガンダは総じて、普遍的な諸原理だけでなく偏狭なナショナリズムにも訴えかける――そして、「原理に基づく」愛国心も、紋切り型の愛国心に劣らず誤用されやすいものなのだ。第二次世界大戦はよい戦争だったという見方が広く受け入れられているという事実は、連合国の大義を支持するよう国民を動員すべく称揚された（「四つの自由」などの）普遍的原理に正義のオーラを振りまいている。しかし、これと同種の愛国心が、第一次世界大戦やベトナム戦争、イラクにおける二度の戦争にアメリカ人が参加することを促し、正当化するために用いられていたのだ。愛国心を健全なタイプと不健全なタイプに峻別するのは困難もしくは不可能なので、いかなる種類の愛国的ナショナリズムも本来なら道徳的な人々を不道徳な戦争の支持へと導く罠である、と少なからぬ人々が論じてきた。私たちの忠誠心は自分がたまたま生まれた地球の一隅より全人類に向けられるべきだ――かかる反愛国主義的で「世界主義的」な見解は、「温和な愛国心」(4)は超国家主義的な罠を回避できるという、これとは正反対の見解と同様、一考する価値がある。だが、それを考察する前に、これまであまり重視されてこなかった愛国心の一つの側面、すなわち愛国心が体現するとともに生みだそうと意図している共同体意識にとくに注意を払いながら、アメリカの愛国心の近代史を概観すればいっそう理解が深まるだろう。

愛国心とアメリカの共同体主義

ここでは、一つの理念ないし諸々の原理を体現したものとしてのネーションではなく、私たちが愛着と忠誠という特別な絆を感じている一つの場所、一つの人間集団としてのネーションについて語ろう。この種の愛国心はきわめて広範に浸透している。

これこそわが国、わが祖国なのだと
みずからの胸に語りかけたことがないほど、
魂の死んだ男がはたしてこの世に生きているであろうか(5)!

ウォルター・スコット卿〔一七七一〜一八三二〕の詩の名高い一節は、ベストセラーになったエドワード・エヴェレット・ヘイル〔一八二二〜一九〇九。アメリカの小説家でユニテリアン派の牧師〕の短編小説『祖国なき男(The Man Without a Country)』〔一八六三年出版。一九二五年に映画化〕で重要な役割を演じている。この小説は南北戦争中に書かれたものだが、今日でもアメリカの多くの学校で教えられている。これを鍵とすれば、アメリカ人の愛国的思考様式の本質的な特徴のいくつかを解明することができるだろう。

ヘイルの物語のアンチヒーロー、米国陸軍中尉のフィリップ・ノーランは、アーロン・バー〔一七五六～一八三六。副大統領。在職一八〇一～〇五。南西部に独立国をつくろうとして失敗、反逆罪で逮捕されたが一八〇七年に無罪となる〕の謀反に加担したかどで軍法会議にかけられる。軍事法廷の判事から祖国への忠誠を確言するよう求められると、彼は「アメリカなど呪われろ！アメリカのことは二度と聞きたくない」と言い放つ。驚愕した判事は彼の望みをかなえてやった。ノーランを死ぬまで米国海軍の艦上に隔離し、何人《なんびと》も彼にアメリカの話をしてはならず、彼の故郷の情報をいっさい知らせてはならない、と判決を下したのだ。

この公正とはいえ残酷な刑罰は、文字どおり厳格に執行された。ついにノーランは（米軍将校が英軍将校から借りた本をたまたま手にして、その内容を知らずにスコットの詩を朗誦したのちに）心から悔い改め、やがて海上の戦闘で英雄的な働きをして名誉を挽回する。ノーランはおのれの経験から得た教訓を、海軍士官候補生として彼と同じ船に配属されていた若き日のこの小説の語り手に語り、祖国は故郷や家族と同等の存在であると諭した。

「若者よ、家族が、故郷が、祖国がないというのがどういうことか、教えてやろう。もし、自分を家族、故郷、祖国から断ち切ってしまうような言動をとりたいという誘惑に駆られることがあったら、神の慈悲によってすぐさま天国に召されるよう祈るがよい。お前の家族に忠実であれ。家族のために何をしているときであれ、自己を有することなど忘れるのだ」

ノーランは「自己」への関心より家族を思う気持ちのほうが大切だと懇々と諭したが、話はやがて、そのために戦う義務も含めた祖国に対する絶対的忠誠の義務へと発展した。

「祖国のためというのは、つまりあの旗のためということだ」と、彼はぜいぜい喘ぎながら、船に掲げられた国旗を指差した。「命ぜられたとおりに国に奉仕すること以外は夢想すらしてはならぬ——たとえ、その奉仕が地獄の苦しみを伴うものであろうとも。何が起ころうと、何がお前をいい気にさせ、あるいは傷つけようとも、ほかの旗は一顧だにするな。ひと晩たりとも、祖国の旗に恵みを垂れたまうよう神に祈らずに過ごしてはならぬぞ」

最後に、ノーランは家族というテーマに立ち戻った。彼はいまや、祖国を政府や国民とは別個の神秘的な存在——究極の忠誠を捧げるべき「母」とみなしていた。

「覚えておけ、若者よ。お前がかかわるこれらすべての男たちの背後に、士官たちや政府、さらには国民の背後に祖国そのもの、お前の祖国が存在していることを。そして、お前は自分の母親のものであるのと同様、祖国のものであることを。あそこの悪魔ども［米国海軍に捕らえられたポルトガルの奴隷商人］が祖国を蹂躙しようとしたら、母親を守るように母国を守れ(6)」

ヘイルがこの小説を『アトランティック・マンスリー』誌で発表した一八六三年一二月には、南北戦争が熾烈の度を増していた。ゲティスバーグやヴィックスバーグの戦いの結果、戦況は北軍に有利に推移しつつあったものの、ニューヨーク市では徴兵制に反対する激烈な暴動が生じ、戦死者と病死者は驚異的な数にのぼっていた(7)。勝つためにはさらに多くの戦闘をこなさねばならなかったが、人々は戦争によって疲弊し、リンカーン大統領への不満を募らせていた(8)。『祖国なき男』はまさに――ヘイルがしかと意識していたように――北部の人々が戦争努力を続けるためにこの手の鼓舞を必要としていたときに謳《うた》われた愛国心の賛歌だった。当時、北部の戦争努力は反奴隷制感情に大きく依拠していたが、ヘイルの小説で奴隷制度に言及しているのは、ノーランの乗艦の艦長がポルトガルのスクーナー船〔二本以上のマストをもつ縦帆装置の西洋式帆船〕に乗せられていた奴隷たちを解放したという小さなエピソードだけである。南北戦争そのものはようやく小説の終わり近くになって、語り手の友人から届いた手紙の中で登場する。この友人は〔乗艦を次々と替えさせられ、いまや高齢になった〕ノーランが死ぬ直前に彼と語り合い、その様子を語り手に書き送ったのだ。この時、友人はノーランに祖国のニュースを教えようと決断した。「私は彼の祖国の偉大さと繁栄を物語る出来事を思いつくかぎり話してやった。けれども、この極悪非道の反乱を話す決心はついにつかなかった!」

語り手の友人が南北戦争について沈黙を守った理由はほかにもあった。国が一つの家族であるなら、南部の離反をどう解釈したらよいのだろう。南部連合を実家から独立して自分たちの住まいを設ける親戚のように描くこともできただろう。だが、手紙に記された友人の言葉は、南部の離反を家族に対する正面攻撃と――なんと「母」を意図的に冒瀆するものと――描出していた。皮肉なことに、ヘイルがアメリカを自然に育まれた有機的な組織体と描きだしたのは、そのメンバーがたがいに殺し合っていたまさにその時だったのだ。しかも、その最大の理由は、この国が緊密に統合された共同体であるか否かについて合意が得られないことにあった。大多数の南部人から見れば、連邦は人工物――主権を有する諸州が結んだ契約の産物だった(9)。北部側の見方は、リンカーンの第一次大統領就任演説がこのうえなく明確に表現している。彼は「愛情の絆」、共通の歴史、数々の犠牲、そして南部と北部を結びつける「神秘なる思い出の絃《いと》」〔『リンカーン演説集』(高木八尺・斎藤光訳、岩波文庫)参照〕を強調して、この演説を締めくくった。「連邦は憲法よりはるかに古い」と彼は主張したが、その含意はこの国は単なる法的構造体ではなく、社会的・文化的事実であるということだったのだ。

アメリカ史上最も深刻な国家のアイデンティティーの危機は、一連の根本的な疑問に対して、北部と南部でまったく異なる解答を生じさせた――それは、個人のアイデンティティーの危機を非常に痛切なものにする（とともに、政治的に激しやすいものにする）のと同類の疑問だった(10)。私たちは集団として何者なのか、誰が身内で誰がよそ者なのか、誰を信頼できるのか？　結局合意も妥協も得られず、これらに答えるために暴力が用いられたのだ。

かくして、共同体同士が相争う戦火の中から、共同体意識に基づく愛国心が誕生した。南北戦争は文化的に一体化した国家《ナショナル》という共同体――一つの擬似家族――の存在を、おのれの想像上の兄弟姉妹が危険にさらされたときにはいつでも彼らのために戦う義務と結びつけた。有機的な共同体としてのアメリカ国家という観念は、それがベネディクト・アンダーソンの称する「想像の共同体」――現実の共同体的諸関係と深い社会的分裂を超克しようという夢に基づく理想像――であるにもかかわらず、以来今日まで生きつづけている。アンダーソンによれば、「〔国民が一つの共同体として想像されるのは〕国民の中にたとえ現実には不平等と搾取があるにせよ、国民は常に、水平的な深い同志愛として心に思い描かれるからである。そして結局のところ、この同胞愛のゆえに、過去二世紀にわたり、数千、数百万の人々が、かくも限られた想像力の産物のために、殺し合い、あるいはむしろみずから進んで死んでいったのである」[11]。一八六一年から六五年のあいだに、六〇万人以上のアメリカ人が国民という想像上の家族のために命を落とした。「家族としての国」という観念は時に参戦や開戦を正当化する口実として用いられるが、これはしばしば――とりわけほかの理由が説得力を失った場合には――戦争を継続する強力な理由を提供する。サッダーム・フセインに対する告発が誤りであったことが実証されたのちには、アメリカ軍がイラクに駐留するしかるべき理由がなくなったが、彼らを家族とみなしていたのであれば、「軍を支持せよ」というスローガンは感情的に納得いくものだったのだ。

南北戦争以後、ナショナル・アイデンティティーの危機が生じるたびに、共同体意識に基づく愛国心が新たな性格を帯びて甦《よみがえ》った。それが決定的な形で再現したのは、第一次世界大戦の時期だった。当時、世界史上有数の規模できわめて多様な移民集団が流入したことによって生じた社会不安を和らげるために、「一〇〇パーセント・アメリカニズム」という新たな概念が発達していた。一八八〇年から一九二〇年にかけて、主としてヨーロッパから約二〇〇〇万の人々がアメリカに移住した。第一次世界大戦前夜、国民の一五パーセント近くは外国生まれで、大都市住人の三分の一は一世か二世だったと推定されている。[12] 最大のエスニック集団はドイツ系（およそ五〇〇万人）で、その次はアイルランド系だった。だが、新たに押し寄せたイタリア、ポーランド、ロシアや東ヨーロッパからの移民の巨大な波がアメリカの都市部を変容させ、多元的な文化をいっそう変質させ、仕事と生活空間をめぐる競争を生じさせた。その結果、社会に不安と失望が広まったため、戦後に連邦議会はポーランド人、ユダヤ人、イタリア人その他の「好ましくない」集団のさらなる移住を大幅に制限した。

世界大戦に参入する前の一〇年間、アメリカは「先住民」と移民、多様な移民集団を代表するギャング同士、人種差別主義者とアフリカ系アメリカ人、労働者と雇用者のあいだで暴力的な社会闘争が頻発して悪名をはせていた。[13] 参戦に踏み切る以前ですら、ウッドロウ・ウィルソンは多様で喧嘩好きな国民を鼓舞もしくは脅して落ち着かせ、なじみ深い（中産階級に属するＷＡＳＰの）文化規範を受け入れさせるために、愛国心の復活計画に着手していた。いよいよ参戦するや、愛国心キャンペーンは集団ヒステリーの域に達した。「外国生まれのアメリカ人」に対するウィルソンの口汚い非難、全国に波及したドイツ系アメリカ人への憎悪と抑圧、おもにイタリア系、東欧系、ロシア系移民を標的とした「赤の脅威」キャンペーンは、差異を不忠と結びつけ、戦争努力の背後で国民を単一の想像のエスニック集団に統合することを意図していた。「一〇〇パーセント・アメリカニズム」は単に奨励されただけでなく、強制されていたのだ。

アメリカ流の自由と民主主義の概念を信奉すること――および、アナーキズムや共産主義のごとき「外国産の」思想を排除すること――は確実に、国民の多くがアメリカニズムという言葉で意味するものの一部をなしていた。だが、かかる定義はアメリカ的信条に固執すること以上の意味を含んでいた。すなわち、劇作家のイズレイル・ザングウィル〔一八六四～一九二六〕が「メルティング・ポット〔坩堝《るつぼ》〕」という言葉で表現したものと多少なりとも一致する、文化的一体性ないし超民族性を表わしていたのだ。

アメリカは神の坩堝、ヨーロッパのあらゆる人種が融合し、つくりなおされる偉大なメルティング・ポットである……。ドイツ人とフランス人、アイルランド人とイギリス人、ユダヤ人とロシア人が――あなたたち皆と一緒に坩堝に入る！　神がアメリカ人をつくっているのだ。(14)

なるほど、だが、この新しく「つくりなおされた」人種はどのような性格をもっていたのだろうか？　彼ないし彼女は母国の言語ではなく英語を話していたに違いない――だが、言語以外ではどんな習慣や文化的規範が、アメリカ人の本質的かつ必須の属性とされたのだろうか？　これはいまだに漠然としたままで、見る者の立ち位置によってさまざまに解釈される。もちろん、文化的な同化はある程度まで厳然として進行していた。移民の子どもたちはじきに彼らの親に、ベースボールや付添いなしのデート、選挙運動について教えるようになった。とはいえ、文化的な変質は絶え間なくアメリカニズムの従来の定義に挑戦を突きつけた。ある種の変化は「逆方向の同化」、つまり、先住民が移民の民族的嗜好や習慣に順応することを伴っていた。アメリカ人はすでにハンブルクやフランクフルトを連想せずにハンバーガーやフランクフルトソーセージを食べていたし、多文化的な演芸がアメリカ人の音楽、ダンス、ユーモアの好みを変えていた。物議を醸した数々の変化は、産業の発達に伴う社会の激変にかかわっていた。一九一二年の大統領選挙で、なんと一〇〇万人近くの国民がアメリカ社会党の大統領候補（で未来の反戦運動家）のユージン・V・デブスと、ドイツ系アメリカ人の副大統領候補エミル・ザイデル〔一八六四～一九四七〕に投票したのだ。

　一九二〇年代には、移民の受入れ数を削減する法的措置がとられた。「アングロ‐サクソン」的理想がはびこり、クー・クラックス・クラン〔南北戦争後の一八六五年に創設されたテロリストの秘密組織で「白人による支配の復活」を標榜した〕が全国的に勢力を盛り返したが、エスニック的統合という観念は依然として共同体的愛国心の基盤だった。

ところが、長引く不況が経済を揺るがすと、階級間の対立という新たな分裂の火種が生まれ、統合された共同体たるアメリカという理念に挑戦を突きつけた。おのれの階級の利益を守るために労働者は組合を結成し、全国各地の職場でストライキやサボタージュを行なった。これに対抗するために雇用者側も経営者団体を設立し、労働者をロックアウトしたり、「非組合員《スキャブ》」を雇用したり、私兵を雇って組合員を排除した。これと同時に政治組織も多様化し、きわめて「非アメリカ的」と広くみなされるような組織も誕生した。一九三四年だけでも、A・J・ムステ〔一八八五～一九六七〕率いるアメリカ労働者党がオハイオ州トレドのオート・ライト社の工場を操業停止に追いこみ、ミネソタ州ミネアポリスではトロツキスト〔レーニンらのロシア一国革命論を排し、諸外国の革命をも期待した永久革命論（世界革命論）を骨子とするトロツキズムの信奉者。トロツキーの失脚後は極左主義者の代名詞とされた〕の指導のもとにトラック運転手組合がストライキを決行した（これによって、全米トラック運転手組合《チームスターズ・ユニオン》は全国的な勢力になった）。また、共産党の強硬派に率いられた西海岸の港湾労働者のストライキは八三日間にわたって波止場を封鎖し、この出来事に鼓舞された労働運動はサンフランシスコのゼネストを招来した[15]〔戦車まで出動させた警官隊と軍隊の襲撃により、ストライキ中の港湾労働者二名が死亡し、多数が負傷したことを契機に、サンフランシスコ全市の労働者が決起してゼネストに突入した〕。この翌年、フランクリン・D・ローズヴェルト政権はかかる急進的風潮を牽制して抑えこもうと対策に乗りだした。その施策の中で特筆すべきは、労働組合の諸権利を認めたワグナー法〔全国労働関係法の通称で、労働者の団結権・団体交渉権・争議権を確立した〕を成立させたことで、この法のもとでCIOこと産業別労働組合会議（the Congress of Industrial Organizations）が結成された[16]。

それにもかかわらず、ローズヴェルトが新たな戦争に向けて準備を始めたときにも、階級闘争の炎はいっこうに衰えていなかった。国民を参戦支持に誘導するためには、アメリカ人がみずからを単一の文化集団のみならず、調和した社会経済共同体の一員と認識できるように、愛国心を新たに定義しなおすことが必要だった。FDRが〔一九四二年に情報総合局と検閲局を統合して〕設立した戦時情報局は、幸福で生産的な労働者と農民の国というアメリカのイメージを活用した。同局がつくる愛国的なポスターには、組立ラインや鉱山や農場で働く労働者、集会で発言する労働者、袖をまくり上げた女性労働者（「リベット打ちのロージー」〔第二次世界大戦中、航空機や武器製造の軍需産業で働いた女性のこと。実在した優秀なリベット工にちなむとされる〕）が描かれ——銀行家やビジネスマンなど、ネクタイを着用する類いの人種は事実上一人も登場しなかった。ハリウッドは戦争映画の製作に邁進し、典型的な米軍戦闘部隊を人種のメルティング・ポットとして、さらに頑健な労働者と農夫が少数の教育を受けた中流階級出身者と溶け合った階級のない合金《アマルガム》として描

「あの影から子どもたちを守れ」、1942年。戦時国債の購入を呼びかけるポスター。子どもたちを覆う鉤十字の影は、第二次世界大戦の動機が正しいことを表象している。ローレンス・ビオール・スミスがアメリカ財務省のために制作（University of North Texas Digital Library, Poster Collection）。

出した（国民お気に入りのヒーローは、部下の兵士のためにわが身を犠牲にする将校だった）[17]。広告産業は進んで軍に奉仕し、「第五の自由」たる自由企業とアメリカ人労働者が享受している恩恵を称える広告やポスターを制作した[18]。階級闘争はアメリカ共産党によってすら非愛国的と断罪された。同党はストライキやボイコットの禁止を性急に支持し、戦時中を通じてほとんどの労働組合がこれに追随した[19]。ローズヴェルトが述べたとおり、「ドクター・ニューディール」は「ドクター・戦争に勝て《ウィン・ザ・ウォー》」に取って代わられたのだ。

共同体意識に基づく愛国心はいまやアメリカ社会を、社会的にも人種的にも緊密に統合された統一体と想像するようになった。冷戦の到来は愛国心と社会的保守主義の融合をたしかなものにした。一九五〇年代には、深刻な社会的・経済的分裂を少しでも口にすれば共産主義かぶれとみなされ、『波止場（On the Waterfront）』〔一九五四年〕の類いの映画がギャングに牛耳られた労働組合というイメージを流布させた。一九五〇年代末になると、極貧の者を除く誰もが「中流階級」と称されるようになり、アメリカのカースト制度の最も恥ずべき産物である人種差別が非アメリカ的と意識されはじめた。だが、社会的統合という神話はまたしても挑戦を受けることになった。一九六〇年代初頭に黒人主導の公民権運動が非暴力直接行動に発展し、南部人の一部は暴力をもってこれに応じた。この光景は全米の視聴者をテレビに釘付けにした。一九六四年から六八年にかけて、ロサンゼルスからワシントンDCにいたる都市の黒人コミュニティーで大規模な暴動が発生し、北部では社会のコンセンサスが得られているという虚構も打ち砕かれた。これと時を同じくして、ベトナム戦争に対する激しい抗議運動が街に広がり、ストライキやデモなどの直接行動によって全米各地の大学が封鎖された。若者の文化的反乱は、久しく受容されてきた性的・社会的・政治的な行動規範に異議を申し立てた。[20] 異議を唱えたグループのほとんどは一九七〇年代末までに燃え尽きるか、解体してしまったとはいえ、いわゆる「ベトナム症候群」――アメリカの国外での軍事行動に肩入れしようとしない姿勢――は、一九八〇年代になってもアメリカの政治を左右する一要素でありつづけた。

一九九一年の湾岸戦争は、ベトナムから撤退して以来アメリカが初めて遂行した本格的な軍事行動だった。ジョージ・H・W・ブッシュ大統領はこの戦争を何よりもまず、前述した状況を一変させる機会と見てとった。サッダーム・フセインの軍隊をクウェートから追いだすために軍事力を行使すると決断したとき、ブッシュはこの海外派兵を、ベトナム症候群を克服し、アメリカの政策立案者がふたたび戦争を実行可能な選択肢にできるような新しい愛国心を築くための手段と構想していた。アナリストのデイヴィッド・ベイリーが洞察力豊かに述べているように、ブッシュは祖国をベトナムの「罪」から回復させようと乗りだした。ブッシュの見解によれば、その罪には明確な目標なくして戦争を始めたこと、充分な兵力を投入しなかったこと、国内の深刻な政治的分裂が拡大するのを許したこと、復員軍人を軽視したことなどが含まれていた。猛烈な空襲と地上攻撃をもって一ヵ月余りで湾岸戦争に勝利するや、彼はすぐさま「われわれはベトナム症候群を完全に払拭した」と宣言した。その後まもなく「いまやわが国の愛国心には高貴で荘厳な雰囲気がある」と付言し、さらにその翌日には「ベトナムの亡霊はアラビア半島の砂漠に永遠に埋められた」と述べたのである。[21]

ブッシュは明らかに、アメリカ主導の「新世界秩序」を守るために必要とあらば軍事力の行使を容認するような、共同体意識に基づく愛国心を復活させようと目論んでいた。だが、クウェートでの迅速かつ比較的損失の少ない勝利がもたらした国家のプライドと一体感の高まりは、それほど長くは続かなかった。ベトナム戦争時代の分裂を真に葬り去るような、国家の統合の新たな基盤をいかに構想し、いかに提示するかという問題はいまだ未解決のままだった。

その処方は一九九三年、ベトナム戦争時のタカ派で、その後国家安全保障会議の要職についていたこともあるハーバード大学の政治学者サミュエル・P・ハンチントン〔一九二七～二〇〇八〕によって間接的に表明された。彼は従来のイデオロギー的・経済的・政治的闘争のパターンが新しい形のグローバルな闘争、すなわち、宗教的・文化的差異が中心的な役割を演じる暴力的な「文明の衝突」に取って代わられると論じたのだ。[22] ハンチントンは時に「文明」を文化の同義語として用いているが、彼の著作はおのおのの文明に独自のアイデンティティーを付与する宗教的・道徳的価値を強調している。[23] アメリカを筆頭とする西洋諸国はいまや、旧来のような人種的・政治的・経済的共同体主義に加えて、共通の精神的・倫理的諸価値への国民のコミットメントによって統合された西欧文明を構成するとみなされる。ハンチントンによれば、文明間の対立が激化するにつれて、彼が定義するところのアメリカ文化が多様な敵（「西洋 vs その他大勢」）からの攻撃にさらされる度合いが増すことを、アメリカ人は認識しなければならない。みずからの価値を他者に押しつけることはできないが、アメリカ国民は必要とあらば武力でおのれの文明を守る覚悟を決めねばならないのだ。

　精神的共同体に基づく愛国心という理想は冷戦中に煽《あお》られた。この時期には、ビリー・グラハムのような説教師たちが「神の存在を否定する共産主義」はアメリカの道徳上の敵であると断言し、「忠誠の誓い」〔米国民の自国に対する忠誠心の宣誓。小学校の始業時などに国旗に向かって斉唱する〕に「神のもとに（under God）」という文言が付け加えられた。だが、ベトナム戦争時代の文化的反乱は、グラハムらが代表していた保守的なプロテスタント系キリスト教が国民の結束の基盤たりえないことを明らかにした。それどころか、マーティン・ルーサー・キング・ジュニア〔一九二九～六八〕、ラルフ・アバーナシー〔一九二六～九〇〕、ウィリアム・スローン・コフィン〔一九二四～二〇〇六〕、カトリック教会司祭のダニエル〔一九二一生〕とフィリップ〔一九二三～二〇〇二〕のベリガン兄弟などの聖職者が組織した宗教心に鼓舞された抗議行動は、公民権運動と反戦運動の中核を担っていた。ベトナム戦争後に宗教と愛国心の結びつきへの関心を甦《よみがえ》らせたのは、アメリカの力と威信に対する戦闘的イスラーム主義者の攻撃がしだいに激化したことだった。まず一九七九年から八一年まで、イランのイスラーム革命を奉ずる若者たちがテヘランのアメリカ大使館を占拠して大使館員らを人質にとった。イスラーム過激派の武力攻撃はベイルートの米軍海兵隊兵舎（八三年）、ニューヨークの世界貿易センタービル（九三年）、サウディアラビア東部のホバル・タワー〔米国空軍に提供されていた高層住宅〕（九六年）、タンザニアとケニアのアメリカ大使館（九八年）の爆破、イエメンのアデン港に停泊していた米駆逐艦コールへの自爆攻撃（二〇〇〇年）と続き、いうまでもなく二〇〇一年にはハイジャックした航空機で世界貿易センタービルとペンタゴンに突入した。

多くの人々の目には、暴力的な反米イスラーム主義の興隆はハンチントンが予言した文明の衝突が生じていることを裏づけているように映った。そして、アメリカ国民はその精神的・道徳的価値をイスラーム主義者の攻撃から守るべく団結せねばならないと思われた。問題は、この新しい形の共同体的愛国心をいかに定義すべきかということだった。アメリカの宗教的多様性と、国民一人ひとりが固有の伝統や組織に強くコミットしていることを考えると、どうして宗教や道徳が国民を統合する新しいイデオロギーの基盤たりえようか？　一つの答えは、原理主義的な「道徳的多数派」が奉ずるアメリカの宗教観から離れて、イスラーム過激派から明確に攻撃されている諸々の価値に基づく、もっと大まかな価値観を築くことだろう。それはすなわち——女性の権利、宗教的多元主義、芸術表現の自由など——特定の「進歩的な」市民的価値をアメリカ文明の中核的な倫理的・精神的原理とする価値の枠組みをつくり、アメリカの啓発された価値とイスラーム主義者の遅れた価値の対照を強調することを意味する。ハンチントンの言葉によれば、これはアメリカを「西欧的価値」の化身にするということだ。そうすればアメリカはふたたび、「自由世界」のリーダーという自己像を描けるだろう——この場合の「自由」は、アメリカが徳や道義的責任という「啓発」以前の観念から解放されたことを意味しているのだ。

こうした思想傾向を評価するに際しては、共同体意識に基づく愛国心が心理学者のいう「反動形成」に似ていることを認識するのが有用だろう。反動形成とは、抑圧した欲求に対する反動としてそれと正反対の態度や行動を示すことによって、みずから容認しがたい感情や状況に対処する行動様式である（たとえば、誰かに対する否定的な感情を、その人物への好意をこれ見よがしに示し、それが心底からの感情であると自分に言い聞かせることによって、否定し、偽装するというもので、その結果はからずも否定的な感情をもちつづけることになる）。リンカーンら北部の愛国者が説いた家族のごとき国民の団結は、深刻な分裂に対する反動（と否定）だった。これとまったく同様に、ウィルソンの「アメリカニズム」を推進させたのは前代未聞の人種的多様性に対する反動であり、フランクリン・D・ローズヴェルトが構想した階級間の調和はいっこうに衰えない階級闘争に対する反動だった。こういう事情で、新しいタイプの共同体的愛国心の唱道者たちは概して、狭量なセクト主義を排し、諸々の原理を広義に解釈し、（アメリカの政治的・社会的諸原理に献身するという類いの）別のタイプの愛国心にも訴えることによって、その主張の幅を広げて重大な差異を隠そうと努めている。

私見では、道徳的／精神的愛国心は主として、アメリカ社会に存在する深甚な道徳的・宗教的差異（これを「文化戦争」と呼ぶ人々もいる）[24]に対する一種の反動形成である。とはいえ、これには二つの効果があることに注目してほしい。第一に、国民のあいだの根強い文化的差異を覆い隠すか、曖昧にする（女性の権利には中絶する権利も含まれるのか？　宗教的多元主義は学校で礼拝をしないことを意味するのか？）　第二に――こちらのほうが重要だが――少数の過激派だけではなく何百万人もの保守的なムスリムが女性や芸術や宗教に対して西洋世界の大多数の人々の気に障るような態度を固持していることから、この種の愛国心はアル・カーイダやターリバーンのみならず、イスラームそのものに対する戦争の理論的根拠をも生みだしてしまう。つまり、これは文明の衝突を反映しているというより、生みだしているのだ。私たちは女性を尊重しているのに、彼らは尊重しない。私たちは宗教と政治を分離して宗教的多元主義を実践しているのに、彼らはそうではない。私たちは芸術の自由を認めているのに、彼らは認めていない。私たちは人間の生命を尊重しているのに、彼らは違う。ユダヤ教とキリスト教は平和の宗教だが、イスラームは暴力の宗教である。私たちは防衛し、彼らは攻撃する、云々と。

　精神的価値に基づく共同体的愛国心がいかに容易におのれの価値の優位とムスリムの価値の（恐ろしいほどの）劣位を想定しがちであるか、誰でも理解できるだろう。だが、それが対立の真の争点であるなら、アメリカの対テロ戦争は聖戦となり、ウサーマ・ビン・ラーディンのもう一つの妄想《ファンタジー》――十字軍がふたたび堂々と行軍すること――が現実のものとなるだろう。あるいは、これをいささか違う形で表現するなら、アメリカが「邪悪な敵」とグローバルな道徳的十字軍のパラダイムに戻るということだ。もっとも、そこには一つ危険な違いがある。それは、リベラルな民主主義の価値や、アングロ－サクソンの民族性や、ニューディール・タイプの資本主義を推進する代わりに、国家を「あらゆる見解を受け入れる《ビッグ・テント》」宗教共同体と位置づけるということだ。こうした見方は、アメリカ国民の生活をことのほか脅かす意味合いがある。なぜなら、共同体意識に基づく愛国心はどれほど曖昧に表現されようと、国民の多くが拒否するような共同体のイメージを必然的に内包しているからだ。だからこそ、愛国的イデオロギーは強力に宣伝しなければならず、これを受け入れない者に対しては社会的・法的制裁をつうじて強制しなければならないのだ。宗教的／道徳的愛国心をアメリカの新たな十字軍のよりどころにしようとするなら、異端の徒を摘発して処罰する動きが国内で始まる公算が非常に大きい。その時には、一部のアメリカ人が懸念している反自由主義的な「米国愛国者法」の諸条項は、新たな異端審問のささやかな前兆だったと思えるだろう。

アメリカで共同体意識に基づく愛国心がたどってきた歴史は、興味深く重要な疑問を提起する。愛国的なアピールは国民を政治的に統合するうえで、とりわけ和戦いずれかの決定がかかわっているときに、どれほど効果的なのか？　次々と編みだされる想像の共同体はどの程度まで、アメリカのナショナル・アイデンティティーを再生させるのか？　ウィルソン政権の「一〇〇パーセント・アメリカニズム」キャンペーンや、ローズヴェルトの調和したアメリカ社会構想を考えると、国民の統合を推進するのにかなり効果的であるように思えるが、それはこうした理念が社会の変化の潮流と一致している場合に限られる。たとえば、もし、移民たちが前代未聞の経済成長の時期にアメリカに到着し、正規の職に就き、子どもたちに教育を受けさせ、一ないし二世代のうちにアメリカ社会に統合されるなら、「アメリカニズム」は実現する見こみのない願望のレベルから、新しい文化的現実のレベルに到達するだろう。もし、さらに大きな産業ブームが大多数の労働者を豊かにさせ、繁栄する中流階級を誕生させ、貧富の格差を縮小したら、ニューディール政策が掲げた階級間の調和構想は――たとえ実現しなくても――少なくとも有望な可能性のように思えるだろう。

だが、近年の共同体的愛国者らが説く共通の道徳的・精神的コミットメントに基づく国民の統合については、どうだろうか？　私が思うに、こうした見方はアメリカ社会の現在の潮流に即していないので、国民のコンセンサスを生みだすというより社会の対立を激化させるだろう。それどころか、宗教や文化や政治の分野における伝統主義者と近代主義者の激化する一方の分極化は、予見できる将来においてわが国の重大な社会問題となるだろう。かかる分極化は、従来の想像の共同体が分裂したことを反映している。それというのも、巨大な移民の波がもたらした文化的多様性が単一の文化集団たるアメリカという旧来の自己像に挑戦するとともに、根の深い構造的な経済危機に煽《あお》られた経済的不平等が真の社会的統合の基盤を提供できずにいるからだ。アメリカの二大政党の政府がいずれも国外での戦争への国民の支持を集めるのに苦労してきた理由の一つは、共同体的愛国心が危機に瀕していることに求められる――こうした状況のもとでは、現実に存在する社会的対立によって、愛国的アピールは国民を統合より分裂に向かわせる。後段で検討するように、かかる危機的状況の最初の兆候はおよそ四〇年前、夥《おびただ》しい数のアメリカ人が愛国的なアピールを拒否し、ベトナム戦争の支持を拒んだときに現われた。

反戦論者と体制からの離脱者——ベトナム以前の反戦運動

国家の統合という問題は、アメリカ人が戦争を選ぶ理由の分析にきわめて重大な意味をもつ疑問に直結する。なぜ、国民の一部は戦争を選ばないのか？　戦争に反対するとどうなるのか？　反戦運動は政治的統一体としての国家と戦争努力にどのような影響を及ぼすのか？　かような疑問はいくぶん的はずれに思えるかもしれない。なぜなら、そのほとんどが勝利をおさめたアメリカの戦争は、私たちの歴史観において中心的な役割を果たしているからだ。書店のアメリカ史のコーナーで戦争関連の書物を数えてみたら、それは一目瞭然だ！　軍事力の発動が国民のあいだにすっかり定着しているので、アメリカにおける反戦運動の規模や意義はほとんど記録されていない。そして、不戦（no-war）の歴史は——つまり、軍事行動が予想されていたにもかかわらず実行されなかった事例は——これまでまったくといってよいほど書かれていないのだ。

不戦（no-war）はありとあらゆる理由で起こるが、その一つは確実に、国民のかなりの部分が軍事行動に猛反対するであろうことを政策立案者が承知している場合である。こうした見通しが深刻なときには、大規模な反対運動によって戦争努力が妨げられたり、国内が甚だしい無秩序状態に陥るという厄介な事態が生じかねない。戦争を選ぶということは通常、それに異を唱える者を説得ないし政治的に無力化することができる、それでも「おとなしく」ならない場合に彼らを脅迫・投獄・強制収容しても大規模な反乱は起こらない、という主戦論者の判断がかかわっている。たいていの場合、こうした判断は正しかったことが実証される。アメリカの戦争に対する組織的な反対運動のほとんどは政治的に敗北するか、非合法化されてきた。こうした事情で、（とりわけ「勝者の歴史」を著わす人々のあいだでは）反戦運動をぞんざいに扱う傾向がある。けれども、私たちは反戦運動が政治的に弱体であるおもな理由を探究するとともに、ベトナム反戦運動が驚異的な力を発揮した理由を究明しなければならない。それが明らかになれば、近年のイラクとアフガニスタンでの戦争に対するアメリカ国民の支持率の低さと、アメリカにおける新たな反戦運動の可能性を評価する基盤が得られるだろう。

ベトナム戦争以前のアメリカの反戦グループの活動は、二つのタイプに大別できる。そのいずれも、今日もなお廃れていない。第一のタイプは一八一二年戦争、米墨戦争、米西戦争時の反戦運動に特徴的なもので、「ホイッグ党」タイプと称することができるだろう。ホイッグ党タイプの反戦派は過大な戦費と、戦争によって連邦政府当局の権力が増す傾向を批判した。一八一二年戦争の場合には、彼らは商業や貿易に及ぼす破滅的な影響も懸念していた。とはいえ、このタイプの反戦派の主要メンバーはこれら三つの戦争のいずれについても、罪のない外国人と脆弱なアメリカ兵の犠牲においてわずかな特殊権益を得ることを意図した粗野で不必要な強奪行為と断じていた。ホイッグ党タイプの反戦運動の支持者には中流から上流の農民やビジネスマン、それに知識人が多かった。このタイプの組織では例外なく、平和主義はなんら重要な役割を担っていなかった。彼らを何より強く突き動かしていたのは、提唱ないし遂行されている戦争は党派的で不

必要で不正なものである、という確信だった。(25)

この種の反戦運動で最も規模が大きく真剣だったのは、フェデラリスト〔連邦党。建国初期に合衆国憲法の採択と強力な連邦国家制度の確立を主張した政党。本来エリート志向で、その考え方はホイッグ党、さらに共和党に引き継がれてゆく〕による一八一二年戦争反対キャンペーンだった。ニューイングランドを基盤とするフェデラリストたちはこの戦争を、第四代大統領ジェームズ・マディソン〔一七五一〜一八三六。在職一八〇九〜一七。リパブリカン党〕が独断で始めた「ミスター・マディソンの戦争」と称し、〔カナダの征服を目論む「タカ派」の〕卑劣な動機に駆られた不必要な戦争とみなしていた。彼らは英米の戦争がナポレオン〔一七六九〜一八二一〕に漁夫の利を得させ、そのヨーロッパ征服計画を益することを危惧していた。この戦争は当初こそ南部と西部でかなり支持を集めたものの、ある歴史家によれば「ベトナム戦争を含めてさえ、アメリカが遂行した戦争の中で最も不評な戦争」だった。(26) カナダ征服の目論見が頓挫し、英軍《レッドコート》部隊がワシントンを占拠して焼き討ちすると、戦争を熱狂的に支持する声は衰えた。一八一四年から一五年にかけての冬にコネチカット州ハートフォードで会合したフェデラリスト党の反戦メンバーは〔この戦争で通商上大きな打撃を被ったため〕、ニューイングランドの連邦分離という強硬策まであからさまに討議し、憲法で定められた連邦議会の宣戦布告権を制限する修正案を決議した。だが、彼ら反戦の闘士たちも一般国民と同様に、アメリカとイギリスがすでにかなり公正な講和条約を結んでいたことを知らされていなかった。一八一五年一月のニューオーリンズの戦いでアンドリュー・ジャクソンが大勝して一躍国家の英雄となり、その後まもなくハートフォード会議の報告書が公になると、フェデラリストたちは利己的で非愛国的な行動をとったと非難された。フェデラリスト党は急激に凋落し、一八二〇年に消滅した。

その一世代後、ヘンリー・クレイ〔一七七七〜一八五二〕、ジョン・クインシー・アダムズ、若き日のエイブラハム・リンカーンらホイッグ党の指導的メンバーは、米墨戦争に猛然と反対した。彼らから見れば、この戦争はメキシコの犠牲のもとに広大な領土を得んと企む南部の奴隷所有者の陰謀だった。議会はポーク大統領の戦争宣言に対して当初は賛否が拮抗したが、この戦争の人気が総じて高いことを察知したホイッグ党の多数派は、最終的に支持にまわった。歴史家のダニエル・ウォーカー・ハウ〔一九三七生〕によれば、彼らは「一八一二年戦争に反対したあげく消滅したフェデラリスト党の先例を肝に銘じていたので、彼らの轍《てつ》を踏むまいと決意したのだ」[27]。それでも、「良心的ホイッグ党員」〔奴隷制に反対したニューイングランドのホイッグ党の分離派〕のグループが派閥を形成し、これがのちに共和党の結成にひと役買うことになった。ヘンリー・デイヴィッド・ソロー〔一八一七〜六二〕は戦費を賄《まかな》う税金を払うことを拒否して投獄され、この経験からインスピレーションを得て名高いエッセイ『市民的不服従(Civil Disobedience)』を著わした。この経験はまた、伝説となった対話も生みだした。獄中のソローを訪れたラルフ・ウォルドー・エマーソン〔一八〇三〜八二〕が「ヘンリー、君はいったい牢獄で何をしたいんだ」と聞くと、ソローは「ウォルドー、君はいったい牢獄の外で何をしているんだ」と聞き返したとされている。この場合も、平和主義は論点ではなかった。良心的ホイッグ党員の多くはのちに、南部の連邦脱退を防ぎ奴隷制を終わらせるために、戦争を唱道するようになったのだ。

これと同類の社会的基盤と道徳的論調が、米西戦争への反対運動を彩っていた。最初の（キューバの）段階では実業界は分裂した。（そのほとんどが「昔からの財産家《オールド・マネー》」からなる）一部の商人団体がマッキンリー大統領の政策とセオドア・ローズヴェルトの威嚇的な帝国主義を非難する一方で、別の団体はアメリカの力を海外に押し広げることに賛成した。[28] 民主党指導部の多くも米西戦争に反対したが、メイン号沈没事件と介入への支持を煽《あお》る新聞のキャンペーンによって沈黙した。反戦論陣営には鉄鋼王のアンドリュー・カーネギー〔一八三五〜一九一九〕、マーク・トウェイン、前大統領のグロヴァー・クリーヴランド〔一八三七〜一九〇八。在職（第二二代）一八八五〜八九、（第二四代）一八九三〜九七〕、心理学者のウィリアム・ジェームズ、社会哲学者のジョン・デューイ〔一八五九〜一九五二〕、ウォール街の有力者エドワード・アトキンソン〔一八二七〜一九〇五〕、社会改革家のジェーン・アダムズ〔一八六〇〜一九三五〕、労働組合指導者のサミュエル・ゴンパー

「ある有力候補」、1848年。この反戦漫画は、米墨戦争時に米国陸軍部隊を指揮し、1848年の大統領選にホイッグ党から出馬したザカリー・テイラー将軍〔1784〜1850。第12代大統領。在職1849〜没年〕が、この戦争で築かれた頭蓋骨の山に座っている姿を描いている（University of North Texas Digital Library, Poster Collection）。

ズ〔一八五〇～一九二四〕らが含まれていた。彼らはアメリカ反帝国主義連盟を結成し、自由な共和国という性格を失わないよう、アメリカは世界帝国になってはならないという理念を掲げた。キューバで勝利をおさめたのちにアメリカ政府がキューバ指導部に真の独立を与えず、さらにフィリピンの反乱勢力との三年に及ぶ熾烈な戦争に突入すると、同連盟はアメリカ政府の偽善と野蛮な軍事行動を声高に非難し、少数とはいえ数を増しつつある米軍兵士の犠牲者を悼んだ。

その甲斐もなかった。アメリカ反帝国主義連盟の社会的志向も圧倒的に中流層と上流層で、連盟の指導者と知識人たちの高尚な道徳的論調はアメリカ社会に広範な共感を呼ばなかった。実のところ、マッキンリーのフィリピン併合に反対した上院議員たち（そのほとんどが南部の民主党員）の意見の中で最も説得力があったものの一つは、併合すればあまりに多くの「有色人種」をアンクル・サムの保護下に置くことになる、というものだったのだ。[29] フィリピンの対ゲリラ闘争は激化するばかりで、やがて新聞は大きく取り上げなくなった。アメリカ国民の多くはこの問題に関心を失うか、マッキンリーおよび彼の後継大統領で公然たる人種差別主義者のセオドア・ローズヴェルトの見解を受け入れた。すなわち、アメリカはフィリピンの「野蛮人」を文明化するキリスト教徒としての義務を負っている、という見解を。

しかしながら、多数の国民を巻きこみ、戦争計画もしくは進行中の戦争を阻止するより大きな可能性をもった、別の形態の反戦運動も展開されていた。これはいわば「民主主義者／社会主義者」タイプの抗議行動とも称すべきもので、ホイッグ党タイプの反戦組織とは対照的に、その大衆的基盤を貧しい農民や労働者や移民たち、それに一部の知識人グループに置いていた。このタイプの反戦運動の起源は南北戦争に求められる。南北戦争は両陣営の当初の予想に反して長期化し、戦死者が膨大な数にのぼったため、両陣営は兵員を補充する必要に迫られて徴兵制の採用に踏み切った。南部も北部も資金のある者は代価を払って代理人を出すことを認めていたので（のちに南部はこの条項を破棄した）、戦闘は主として貧者が担うことになった。彼らの多くは奴隷制を廃止することになんら関心をもっておらず、ましてや、前代未聞の血なまぐさい戦場で殺されたり、傷を負わされることにまったく関心をもっていなかった。[30]

これも一つの理由となって、北部では真剣な反戦行動が広まった。[31] 都市の下層民や移民のコミュニティーのあいだばかりか、中西部でも「民主党平和派《ピース・デモクラーツ》」〔南部連合との和平会談を提唱した北部の民主党員〕の人気が高まったことから、リンカーンも一時は再選の望みを失った。一八六三年、アイルランド系移民グループがニューヨーク市の近隣地区に放火し、何十人ものアフリカ系アメリカ人をリンチし、商店を略奪した。これらはすべて、階級間に偏りのある大統領の徴兵政策に対する怒りの抗議行動であり、黒人の北部への移住が進むことに対する恐怖心の現われだった。[32] 中西部の抗議行動はこれほど暴力的ではなかったが、民主党系の新聞はリンカーンの「独裁制」を非難し、「ニグロ」の脅威を痛罵し、兵役拒否を擁護した。連邦政府当局は反戦直接行動を計画していたいくつかの活動家組織を解散させ、軍事法廷は「カパーヘッド〔マムシの意〕」こと民主党平和派に属するオハイオ州選出下院議員クレメント・L・ヴァランディガム〔一八二〇～七一〕に騒乱罪の判決を下して投獄した（リンカーンは彼を釈放したが南部連合国に追放した）。だが、一八六四年の大統領選に民主党が勝利する見こみは、同党が大統領候補に指名したかつての北軍総司令官ジョージ・マクレラン（一八二六～八五。在任一八六一～六二）が党の平和綱領を拒否し、彼の基盤の少なくとも一部から離反したときに――おそらく致命的に――危うくなった。かような状況であってさえ、リンカーンは再選を確実にするために「兵士の票」に頼らねばならなかった（兵士の八〇パーセント近くが彼に投票した）。

一八一二年戦争以来初めて、反戦勢力は不忠と告発され、社会的追放と法的制裁を受けた。南部が反乱を起こし、連邦の存続が危機に瀕していたことから、反戦論者への対応が厳しかった理由は容易に理解できるだろう。彼らに対してリンカーンがどちらかといえば自制的にふるまったことを、評価する向きさえあるかもしれない。けれども、共同体意識に基づく愛国心の発達は新たな疑問を――その後アメリカが外国と戦っているときにも投げかけられるようになった疑問を提起した。戦時中の反戦行動は愛国心の欠如を暗に意味するので、反戦論者はコミュニティーから排除されるのか？　彼らは実質的に敵に味方しているのか、だからこそ社会的圧力と法的弾圧の餌食になるのか？　反戦の声を上げるのが少数の批判者にとどまっていれば無視することもできるが、反戦抗議運動が戦争努力に対して潜在的な脅威たりうるだけの数の人々（と、戦略的に重要な地域に住んでいる人々）に影響を与えるようになると、この問題はことのほか深刻になった。

第一次世界大戦はこうした状況を如実に物語っている。ウィルソン政権は一九一七年から一八年にかけて愛国的熱情をみごとに煽《あお》りたて、それによって反戦論の重大な意味を覆い隠した。学者たちはいまだに第一次世界大戦参戦への抗議行動の規模について論争しているが、歴史家のハワード・ジン〔一九二二〜二〇一〇〕はいみじくもこう指摘している。すなわち、「政府は国民的合意をつくりだすのに多大の努力を払わなければならなかった。戦争を求める自発的な動きが皆無であったことは、若者を対象とする徴兵制、全国的に展開された念入りな宣伝活動、同調を拒む者に対する厳罰など、強引な手段がいろいろととられたことによっても想像はつくのである」[33]と。

一九一六年にはアメリカの参戦に反対する者が明らかに多数派だった。翌年になってもその数は多く、反対の声も大きかった。そのため、ウィルソン政権は彼らを罰する一連の厳しい法律を制定し、一〇〇〇人以上を投獄した。この戦争はもっぱらウォール街と兵器産業を利するためのものと信ずる人々や、ドイツ人の悪魔化を認めない人々のあいだで、抵抗運動はとりわけ強硬だった。その中には（当時はかなり大きな集団だった）社会主義を信奉する労働者、アイルランド系など反英的なエスニック集団、平和教会のメンバー、農村の人民主義者、孤立主義者、知識人などが含まれていた。

こうした抵抗を排除するために（これは何より重要な徴兵制推進の努力ばかりか、戦時国債の販売など戦争を支える諸々の活動を危険にさらしかねなかった）、政府は極端な説得と強制の手段をとった。政府の広報委員会は七万五〇〇〇人の「フォーミニッツ・マン」を全国の五〇〇〇もの都市や町に派遣し、映画館や職場、町のホールやスポーツ・イベント会場で戦争を支持する〔四分間の〕演説を行なわせた。ウィルソン政権はアメリカ護国連盟APLの後押しをして「不忠」容疑者を摘発させ（APLの算定によればその数は何百万人にも達した）、大きなドイツ系アメリカ人のコミュニティーを脅して沈黙させた。それでもなお、三三万人以上の兵役拒否者を登録せざるを得なかったのだ。[34]こうした状況であっても、このキャンペーンは総じて望ましい効果をあげた。（アメリカ労働総同盟AFLの会長サミュエル・ゴンパーズを含む）多くの労働運動指導者が戦争を支持し、社会主義指導者のユージン・V・デブスが諜報活動防止法違反で投獄されたときにも大規模な騒乱は生じなかった。この戦争がもっと長引いたらより暴力的な反戦運動が生まれたか否かは、知りようがない。実際には、ほとんどの兵士が故郷を出てから一年以内に「彼の地」から復員した。とはいえ、西部戦線の屠殺場で一〇万人以上のアメリカ兵が殺され、およそ二〇万人が負傷していたのだ。

第一次世界大戦が終わると、反戦感情はアメリカ史上最高のレベルに達した。戦死傷者が恐るべき数にのぼったこと、勝者が主要な国際問題を解決できなかったこと、軍事力の不備と戦争による不当利益という忌まわしい事実が露呈したことが、左右両陣営に軍事介入への苦い幻滅を生じさせた。反戦映画の『西部戦線異状なし（All Quiet on the Western Front）』が大ヒットし、一九三〇年のアカデミー賞を二部門（作品賞と監督賞）で獲得した。[35]しかしながら、一九三〇年代にドイツと日本が軍備拡張に乗りだすと、フランクリン・D・ローズヴェルト政権はしだいに英仏との同盟を深め、国民の反戦コンセンサスはほころびはじめた。アメリカの第二次世界大戦参戦への反対運動を組織したのは、英雄的飛行家のチャールズ・A・リンドバーグ〔一九〇二〜七四〕が率いるアメリカ優先委員会AFC〔孤立主義を奉ずる政治団体〕で、同委員会は最盛期には数十万のメンバーを擁していたようだ。ＡＦＣはＦＤＲの介入政策に抵抗するために結成された左右合同の組織だったが、ほどなくホイッグ党タイプの上流階級中心の組織に変貌しはじめた。ローズヴェルトはリンドバーグをナチスの手先とみなし、歯に衣を着せぬ言葉でそう語った。リンドバーグはみずから容疑をはらそうとはせず、アイオワ州デモインで行なった演説で、国を戦争に導いているとしてローズヴェルトとイギリスとユダヤ人を攻撃した。ＡＦＣはかなりの支持者を集めていたが、日本軍のパール・ハーバー攻撃がこうした議論を無意味にしてしまった。(36)

第二次世界大戦はかつてないほど国民を団結させた。反戦活動をしたのは、少数の平和主義者および極左と極右の二、三のグループだけだった。実質的に国民すべての合意が得られたということは、若者を強制的に兵役に服させる徴兵制が後世のベトナム戦争のごとき不人気な戦争から国民を離反させる主要な原因であるという通念を考えると、とりわけ注目に値する。第二次世界大戦には一六〇〇万人以上のアメリカ人が従軍し、そのうちのおよそ一〇〇〇万人は徴集兵だったが、徴兵への抵抗は事実上皆無だった。比較的少数の良心的兵役拒否者が登録されただけで、徴兵忌避者の比率は第一次世界大戦時よりかなり低かった。(37)この事実は、戦争の正当性に対する強固な信念が国民に浸透している場合には、強制的な軍務を拒否するという人間本来の性向が克服されることを示唆している。

実際、ほかの理由で戦争が不人気な場合でも、その根拠が正しいとみなされたときには組織的な反戦運動は限定的になるようだ。およそ二〇〇万人の朝鮮人、四〇万人の中国人、三万六五〇

○人のアメリカ兵の命を奪った朝鮮戦争を考えてみよう。このきわめて破壊的な戦争は膠着状態に陥って休戦となったが、こうした事態はアメリカにとっては一八一二年戦争このかた初めての経験だった。この戦争を遂行するには徴兵制が必要だったにもかかわらず、北朝鮮の侵略者を韓国から駆逐すべく介入するというトルーマン大統領の決断は、ほとんど全国民の支持を得た。だが、アメリカ軍と韓国軍を主力とする国連軍が三八度線を越えて北朝鮮に侵攻すると、中国人民義勇軍が盟友の支援に乗りだした。いずれの陣営も勝利を得られぬまま、酷《むご》たらしい戦争は三年間続いた。戦争の人気ははなはだ低下し、「一九五一年一一月のギャラップ世論調査では、欲求不満を抱いた国民の五一％が『軍事目標』への原爆投下を容認する覚悟を固めていた」(38)。ダグラス・マッカーサー将軍〔一八八〇～一九六四〕も原爆の使用を目論んでいたが、〔核攻撃を主張したばかりか大統領の命令を無視する行動を重ねたことに憤慨した〕トルーマンによって国連軍最高司令官を解任された。この措置はアメリカ国内で批判の嵐を巻き起こしたものの、一九五二年の大統領戦で勝利をおさめたのは、当事者すべてに公正な条件でこの戦争を終わらせると公約したドワイト・D・アイゼンハワーだった（民主党の大統領候補アドレー・スティーヴンソン〔一九〇〇～六五〕も同様の公約を表明した）。この政治的騒乱の時期をつうじて、徴兵忌避は実質的に皆無で、組織的な反戦活動も議会の共和党議員らがトルーマンの戦争指揮を批判したことを除けば無きに等しかった。どうやら、第二次世界大戦中にアメリカ政府が蓄積した道徳的資本は、まだ使い果たされていなかったようだ。

「ムーブメント」とその帰結

次の戦争では、この道徳的預金が激減していることが判明した。周知のとおり、ベトナム戦争はアメリカ史上かつてないほど規模が大きく、熱情的で、影響力の大きな反戦運動を引き起こした。世論調査の結果は、この戦争に対する国民の支持が一九六六年から七一年まで低下する一方だったことを示している。政治的・道徳的理由に基づく組織的な反戦活動は小規模の抗議行動や討論集会《ティーチ・イン》、徴兵カードを焼くという象徴的な行為から始まり、しばしば騒乱を引き起こした大規模なデモや（数千人の兵役拒否者がカナダに逃亡した事例を含む）相当数の兵役拒否、大学生のストライキや広範に及ぶ市民的不服従の活動などにエスカレートした。そしてついには、「ウェザー・アンダーグラウンド」と自称する過激派グループが政府や企業のオフィスビルを爆破するにいたったのだ。

反戦運動の高まりの中で、数十万人規模の人々がワシントンDC目指してデモ行進し、ニューヨークやサンフランシスコその他の都市でもデモが繰り広げられた。各地の大学は反戦活動の拠点となった。一九六七年には、マーティン・ルーサー・キング牧師がニューヨークのリバーサイド教会で行なった説教で、公民権運動も反戦の大義を支持すると宣言した〔『M・L・キング説教・講演集』（梶原寿監訳、新教出版社）参照〕。その翌年、シカゴで行なわれた民主党大会に反戦活動家が多数集結し、シカゴ市警と衝突して流血の事態にいたった――この騒動によって民主党大会は分裂し、同年の大統領選でリチャード・ニクソン〔一九一三〜九四。第三七代大統領。在職一九六九〜七四〕がヒューバート・ハンフリー〔一九一一〜七八〕に勝利する遠因となった。一九七〇年には、ベトナム戦争反対集会が開催されていたオハイオ州のケント州立大学で、警備のため派遣されていた州兵が参加者に発砲し、四人の大学生が死亡し、九人が重軽傷を負った。ミシシッピ州のジャクソン州立カレッジでも、同様の状況下で二人の学生が州警察に射殺され、抗議ストによってアメリカ全土で四五〇の大学が閉鎖された。一九七一年のメーデーには、数十万規模のデモがワシントンDCを一時麻痺させ、大量の逮捕者が刑務所を満たした（そのほとんどはのちに不当逮捕だったとして釈放された）。同年、『ニューヨーク・タイムズ』紙と『ワシントン・ポスト』紙が、学者にして活動家のダニエル・エルズバーグ〔一九三一生〕が漏洩した「国防総省秘密報告書《ペンタゴン・ペーパーズ》」を発表し、アメリカのベトナム介入の実態を暴露して社会に衝撃を与えた。戦争に抗議する帰還兵がホワイトハウスのフェンス越しにベトナムで獲得した勲章を投げ入れる一方で、反戦活動は交戦地帯にまで広がった。戦地では「貧しい労働者階級の徴集兵の比率が増しつつあった軍隊が、今にも分裂しそうな状況にあった」[39]。

　国内での反戦集会やデモのほとんどは、警察によって攪乱《かくらん》されないかぎり、平和的に実行された。ローマ・カトリック司祭のダニエルとフィリップのベリガン兄弟が実践した類いの市民的不服従の活動は、あくまで非暴力的だった〔ダニエル・ベリガン『ケイトンズヴィル事件の九人』（有吉佐和子ほか訳、新潮社）参照〕。とはいえ、反戦抗議行動は一種の暴力的な「雰囲気」を醸しだし、政府を脅かすとともに国を分裂させた。多くのアメリカ人は、社会がますます騒然として不安定になると懸念した。その理由の一端は、反戦運動の攻撃的で反抗的なスタイルにあった。ジャーナリストのトム・エンゲルハート〔一九四四生〕が述べているように、若き反抗者たちはアメリカの「戦勝文化」に挑戦していた。彼らは第二次世界大戦中に用いられた「勝利を意味するV」サインを、それとは正反対の平和——あるいは状況によっては敗北——を意味するVサインに変えてしまった。エンゲルハートによれば、「当時、大統領は予備役兵を召集することや、動員という言葉を口にすることを恐れていた。若い過激派《ラジカル》はMOBE〔ベトナム戦争を終わらせる全国動員委員会〕と呼ばれた包括的組織の傘下に入り、国内戦線を結成し、予備役兵に挑戦した」(40)。ある評論家は、過激な形で表出した反戦運動が国民に否定的な感情を抱かせ、それが追い風となってリチャード・ニクソンが大統領に選出されたためにベトナム戦争が長引いた、と主張している(41)。だが、こうした見方は、この戦争についての議論を沸騰させつづけるうえで反抗者たちが果たした役割を無視している。彼らの行動の結果、外国での戦争を終わらせることが国内の平安を取り戻す最短の道であると、多くの国民が思うようになったのだ。

もちろん、反戦運動がベトナム戦争を終わらせたわけではなく、戦地での出来事がその最たる原因だった。だが、ベトナム反戦運動はアメリカの政治に何か新しいものが突然芽生えたことを表わしていた。それは、旧来の二つのモデルの諸要素を結びつけて、そのいずれよりも強力なものに統合した反政府行動だった。ホイッグ党タイプの反戦運動と同様に、ベトナム反戦運動は教育のある中流階級のアメリカ人に強くアピールした。大学は運動を組織する主要な基地となり、運動から影響を受けた知識人たちは大量の学術論文や芸術作品、ジャーナリズムや映画など反戦を支持するさまざまな作品を生みだした。けれども、民主主義者／社会主義者タイプの反戦運動と同様に、ベトナム反戦運動は労働者や都市のマイノリティーなど特権に恵まれていない社会的弱者のあいだでも相当な支持を獲得した。とりわけ、若者よりも反戦思想を擁護する傾向にある高齢者は反戦運動を熱心に擁護した。[42]世論調査の結果は、反戦を表明したのは富裕層と若者だけという通念を疑問の余地なく否定している。それどころか、ベトナム戦争を最も強力に支持したのは中流階級に属する白人だった。それに対して、労働者の姿勢は国民全体のそれを反映していたのだ。[43]

それでもやはりベトナム反戦活動家には、シンパのそれとも明確に異なる集団としてのアイデンティティーを彼らに付与する何かがあった。従来の反戦運動グループとは異なり、彼らは大文字のMで始まる「Movement（ムーブメント）」を組織した。それは、彼ら独特の（政治的ないし経済的のみならず）文化的連帯感によって結ばれた共同体だった。彼らが用いたメタファーの一つを借用するなら、ベトナム反戦活動家は政治的な運動組織であるとともに一つの「部族《トライブ》」だった。諸々の人種集団や民族集団、宗教共同体の思わくによって政治が久しく左右されてきた国において、彼らはいわば独自の尊厳と権力を求めるもう一つの抑圧されたマイノリティー集団だったのだ。

緩やかに連携し、しばしばたがいに論争し合った「ムーブメント」の指導者たちは、頭文字を用いた略語で呼ばれるさまざまな政治組織と「傾向」を形成していた。多くの年配者も「ムーブメント」の意思決定にかかわっていたが、その主要なアイデンティティーは世代の影響が非常に強かった。大多数の若い活動家は党派的なイデオロギーよりも、平和・友情・人種と男女の平等・経済的公正・反官僚主義・性の自由・自分らしくあること等のより幅広い価値に対するコミットメントによって動機づけられていた。[44] こうした姿勢は、とくに伝統的な保守的信念との対比において、左翼的とみなされた。これらはいかにも、愛国的義務や家族に対する義務、自制というがごとき旧来の観念への異議申立てを表明していた。だが、「ムーブメント」の「ヒッピー」的側面は――つまり、そのメンバーの多くが個人の自発性・タブーの打破・自己啓発・神秘的直観による快楽や知恵の追求に傾倒していたことは――アメリカの労働者が一丸となって社会主義の大義を勝ち取ることを望んでいた正統派の左翼陣営にとっては厄介の種だった。「ヒッピー」的なグループに活を入れようとする無謀な試みも、いろいろとなされた。たとえば、戦闘的な左翼一派は、若者はそもそも「革命の先遣隊であ

「娘たちはノーと言う若者にイエスと言う」、1968年。徴兵拒否を呼びかけるベトナム反戦ポスター。左端の女性は歌手のジョーン・バエズ〔1941生〕で、ほかの二人は彼女の姉妹である。

る」と主張した。ところが、ほとんどの労働者はベトナム戦争に反対しながらも、社会経済体制を変革しようという呼びかけには抵抗した。そして、「ムーブメント」は何よりもまず、急進的なアイデンティティー・グループでありつづけたのだ。

こうした新しい社会形態が現出したのは、アメリカの社会が次々と予期せぬ発展を遂げ、それとともに相互に結びついたさまざまな対立が生じたからにほかならない。二〇年も続いた経済ブームは社会の情景を変え、労働者階級や下層中産階級出身の若者も含めた大学生を激増させていた。[45] 人々の期待が高まり、テレビによるコミュニケーションが発達すると、独特の若者文化が出現した。さらに、人種平等・女性の解放・経済的公正・ゲイの権利などを求める活気に満ちた、時に過激な多種多様な運動が生まれてきた。人種差別の廃絶を求める闘争は南部から北部に広まった（そして、戦時の米軍内部で厄介な対立を生みだす原因となった）。一九六四年に「平和の候補者」として大統領に選出されたリンドン・ジョンソンが一〇万規模の兵員をベトナムに派遣すると、道徳心から発する憤慨のうねりがさまざまな信仰を奉ずる聖職者たちを戦争賛成と反対の二陣営に分裂させ、異種の大衆運動が共通の大義のもとに結びついた。朝鮮戦争の時代には運命として甘受されていた徴兵制は、新世代の多くの若者には回避することが可能な人権蹂躙とみなされた。要するに、道徳面でも物質面でも急激に高まった若者の期待が、戦争の正当性を証明するという重荷を政府に引き渡していたのだ。いわく「この暴力が正当化されることを証明しろ、さもなければわれわれは出征しない」と（ジョンソンがいくら「ドミノ理論」を唱えても、それは満足できる回答ではなかった）。

前述したように、共同体意識に基づく愛国心は往々にして、戦時に反戦を唱える人々を共同体から排除すると脅すものだ。明らかに、これはベトナム戦争時の主戦論勢力が追求した戦略の一つだった。なかでもリチャード・ニクソンとヘンリー・キッシンジャー〔一九二三生〕は、反戦活動家は敵を支援し、戦争を長引かせていると非難した（イラク戦争の時には、当時の副大統領ディック・チェイニーが同じレトリックの戦術を用いた）。さらに強硬に、「ムーブメント」を反アメリカ的、神を否定するもの、世界規模の共産主義者の陰謀に加担するものと批判する人々まで現われた。これに対抗して、一部の活動家はアメリカ国旗を焼くという類いのドラマチックで象徴的な反愛国的行動をとった。大多数の活動家は、自分たちはアメリカ独立革命や南北戦争の理想を喚起したり、平和のシンボルを記した旗を掲げる等の行動をつうじて、愛国心を定義しなおしていると確信していた。しかしながら、反戦活動家はどのような行動をとろうと、自分たちは一つのコミュニティー――ロックバンドのジェファーソン・エアプレインが高らかに歌った「アメリカ義勇軍（Volunteers of America）」――であると主張し、合流するよう人々に呼びかけた。かかる自己像を描いたことは、文化的伝統主義者を遠ざけてしまったとはいえ、村八分にされたり抑圧されるのではないかという、それまで常につきまとっていた恐怖心を和らげてくれた。それどころか、警察の暴力や保守派による中傷の標的になることは名誉の徴《しるし》とされたのだ。

これと同時に、「ムーブメント」の文化的アイデンティティーはより幅広い社会とさまざまな形で結びついた。些細なものと思えるかもしれない（が、そうではない）例を挙げてみよう。「アメリカ部族のラブ・ロック・ミュージカル」なるサブタイトルを冠したミュージカル『ヘアー』は、一九六八年にブロードウェイで初演されてから七二年までロングヒットランとなり、平和・愛・自己表現・ロック・人種平等・反戦の福音を国中に広めた。革命を志す政治的急進主義者が痛手を負い、再起を誓いつつ撤退するなかで、「カウンターカルチャー」はアメリカの多岐にわたる社会組織と多様な年齢構成の集団のあいだで、文化的嗜好や性風俗、家族関係や社会観、宗教実践などに影響を及ぼした。他方、これを政治的な運動の衰退を促す秘策《レシピ》と称することもできるだろう。というのは、カウンターカルチャーの炎が燃え尽きたときに、あるいは、そのスタイルが消費産業に取りこまれたときに、「ムーブメント」は終焉を迎えるからだ。一世代のちにイラク戦争に反対した人々が、合流できるような既存の運動も、よりどころにできるような文化的環境も存在しないと思い知らされたことは、紛れもない真実である。その一方で、カウンターカルチャーを「逆方向の同化」の一つのケースと見ることもできるだろう。きわめて多数のアメリカ人が――とくに若者は――多少なりともカウンターカルチャーに参加した。これは単に髪の長さやファッションの問題ではなく、政治的・道徳的価値観にも影響を与えていた。その後の数十年間で、ベトナム戦争時代に始まった大衆の思考様式の変化は革命的というほどではなかったにせよ、些細なものどころではなかったことが明らかになったのだ。

徴兵制を例にとってみよう。ニクソン政権はベトナム戦争が終わる以前ですら、国民の多くが戦争を不正とみなすなら、もはや徴兵拒否を非愛国的とか不忠と切り捨てられないことを認識していた。この問題に対処するために、政府は現在まで続く志願兵のみからなる軍隊モデルを構築した。今日では、徴兵制の復活を提案しているのは議会の反戦派メンバーである。徴兵制が復活すれば、イラクやアフガニスタンのような国々でのアメリカの軍事行動は再考を余儀なくされる、と彼らは確信しているのだ。[46] また、アメリカ国民が戦争と平和の問題について自分自身で考える傾向が強くなったことから、アメリカ政府当局はベトナム戦争時のような戦争報道がなされないよう、その後の軍事介入では細心の注意を払ってきた。湾岸戦争のあいだ、最初のブッシュ政権はアメリカ史上最も厳しい報道規制を敷いた。ブッシュ二世は（湾岸戦争時の規制に対するメディア側の不平に対処するためもあって）イラク戦争中はジャーナリストを米軍地上部隊に「埋めこんだ」。この「埋めこみ」によって、戦争は明ら

「団結すれば我々は勝つ」、1943年。アレクサンダー・リーバーマン〔1912〜99〕の写真を用いた戦時人事委員会のポスター。

かに侵攻する米軍側の観点から報道されることになった。しかし、インターネットで配信される新たなメディアの出現や、中東の衛星テレビ局アルジャジーラのような非アメリカ系のニュース・ソースの存在が、アンクル・サムが遂行中の戦争に関する報道の幅をある程度広げてくれた。

アメリカ国民はだいたいにおいて、いまだにどっちつかずの気分でいる。アフガニスタンでの戦争に不満をもちながらも、それに反対するためにみずから進んで動こうとはしない。多くのアメリカ人は今のところ、「消極的な不満」とも称すべき感情を抱いている。国民が声高に異を唱えない理由について、いくつかの説が提示されてきた。一部のアナリストたちは、専門化され技術的に洗練された軍隊の編制というベトナム以後の軍事面での進歩を強調している。このおかげで、兵員を補充するために徴兵制に頼る必要がなくなったうえに、軍に入らなければ失業ないし不完全雇用の憂き目にあっていたであろうきわめて多くの人々が職を得られたからだ、というのだ。別のアナリストたちは、一九九〇年代以降のアメリカ文化の中で育まれた「ニュー・アメリカン・ミリタリズム」が軍事的冒険に無批判な姿勢を生みだしたと述べている。しかも、戦争関連産業がアメリカ経済で中心的な地位を占めていることが、果てしなく続く軍事介入を実行可能であるばかりか、経済的に不可欠のものと思わせているというのだ。これらは皮相な解釈である。なぜなら、ニュー・ミリタリズムをそれ自身の説明に用いて、本質的な問題を棚上げしているからだ。アメリカが遂行中の戦争や軍事介入に対する怒りが充分なレベルに達すれば、アメリカ人はきっと二十一世紀の状況に即した新しい反戦運動を生みだすだろう。今日、こうした怒りが激化するのを抑制ないし妨害しているのは、いったい何なのだろうか？
三つの要因がことのほか重要だと思われる。
恐怖――この要因は、現在のアメリカ人の戦争と平和に対する考え方を理解するうえで決定的に重要だろう。私たちの多くは九・一一タイプのテロ攻撃の再来を恐れている。脅かされているときには、国民はえてして他国より優れた軍事力と強力な政府という表面的な安全保障を求めるものだ。自分たちは現状に挑戦するだけの力をもっていない、とアメリカ人の多くは思っている。
反対者の取りこみ――リベラルという評判を有し、選挙運動中に反戦勢力から強力に支持された人物を新しい大統領に選んだことは、明らかに潜在的な反戦論者を宥《なだ》める効果があった。「現職の反対者」を信頼している場合には、国民は本格的な反対運動には加わらないものだ。
不景気――経済的に不安定な状況下では、たいていの人間は生き延びるのに精いっぱいで、政治的なリスクを冒そうとは思わない。「ムーブメント」が生まれたのは空前の経済ブームが続いた直後だった。アメリカ経済はいまだ不安定な状態にあり、とくに若い人々は長引く不況のもとで生き残れるかと案じている。
けれども、これらの要因を列挙すること自体が、それらを排除しうる条件を示唆している。三つの要因を逆の順に並べてみよう。経済が回復すれば社会の雰囲気が一変するであろうことは、誰にでも想像できる。国民の期待が高まり、政府に対して――たとえば市民生活上のニーズを満たせるように国防支出を大幅に抑えてほしいと――要求する勇気がもてるようになるだろう。反対者の取りこみに関しては、二つの可能性が考えられる。すなわち、オバマ大統領がイスラーム過激派のテロへの新たな対処法を発見できるか、できないかである。もし発見できれば、自主的な反戦運動を起こす必要はなくなる。発見できない場合は戦争がエスカレートして、オバマははからずも、戦闘的な反戦運動を生みだす主要な条件の一つ、つまり「大いなる裏切り」に対する道徳的激怒を引き起こすことになる。リンドン・ジョンソンがリベラルな支持者たちを裏切らなかったら、ベトナム反戦「ムーブメント」はまず生じなかったに違いない。それとは対照的に、ジョージ・W・ブッシュがイラクの大量破壊兵器について国民を誤り導いていたことが露見したにもかかわらず、彼の支持者はそもそも彼を平和工作者とはみなしていなかったので、彼が戦争をしかけたことに対して憤らなかったのだ。

最後に、現在社会に蔓延しているテロ攻撃への恐怖心を何が和らげてくれるのか、あるいは、国家の安全保障を達成する手段として戦争が効果的でないことを何が証明してくれるのか、考えてみてほしい。幸福なシナリオは、アメリカ人が（ヨーロッパその他の地域に住む人々の多くと同様に）テロの脅威と共存することを学ぶ一方で、テロの原因を除く非暴力的な方法を追求する、というものだ。次章で述べるように、かような方針転換は、イスラーム過激派をはじめ世界各地でアメリカの権威に反対している者たちとの紛争を解決する新しい創造的なアプローチを発展させるために、現在の軍事優先主義的パラダイムを放棄することを必然的に意味する。不幸な——極端に不幸な——シナリオは、アメリカがふたたびテロ攻撃を受け、国民を悲嘆と激怒の淵に追いやるが、それと同時に、預言者イザヤの言葉を言い換えるなら、兵器と報復戦争には真の安全保障が存在しないことが明らかになる、というものだ。私たちは二度とテロ攻撃の恐怖に見舞われないようにと望み、祈ることはできる。だが、真の安全保障に向かって進むためには、紛争を新たな角度から考える術を学ぶ以外に道はないのだ。

第五章　戦争は最後の手段か？　和平プロセスと国家の名誉

フランク・ミラーが正午の列車で戻る。
男なら勇気を奮い立たさねば。
冷酷な人殺しに立ち向かうのだ。
腰抜けにはならない。
憶病者となって自分の墓に眠りたくはない。(1)〔島田由美子訳〕

雄々しい戦争と女々しい交渉

ゲーリー・クーパー〔一九〇一〜六一〕が保安官ウィル・ケインを演ずる『真昼の決闘（High Noon）』〔一九五二年製作〕を初めて観たのは、一九五三年のことだった。フレッド・ジンネマン〔一九〇七〜九七〕が監督したこの偉大なネオ・ウエスタンは緻密に構成された白黒映画で、随所で流れるテーマソング

「行かないで、愛しい人よ（Do Not Forsake Me, O My Darling）」と、容赦なく時を刻む時計の長針の動きがきわめて印象的である。クーパー演ずる葛藤を抱えた保安官は、一般的なアメリカン・ヒーローとは趣を異にしていた。中年になり暴力にうんざりしたウィル・ケインは、すでに引退を決めていた。それでいながら、彼が以前逮捕した病的な殺し屋、かつての町の大物フランク・ミラーと対決することを決意する。〔その日の午前中に結婚式を挙げたばかりの〕クエーカー教徒の花嫁（グレース・ケリー〔一九二八～八二〕）は思いなおすよう彼に懇願し、腰抜けで利己的な町の人々は悪と対決する彼に加勢しようとしない。孤立無援の保安官の真の戦いは、決闘そのものは埃《ほこり》っぽい路上で古典的なスタイルで行なわれたとはいえ、おのが心との闘いだった。だが、このことが彼を典型的なヒーロー以上に英雄的な存在にしている——勇敢なガンマンにとどまらない道徳的な闘士にしているのだ。「愛と義務に引き裂かれながらも」彼は新妻の愛と家庭生活という女々しい誘惑に打ち克ち、名誉ある（雄々しく英雄的な）選択をする。

　アメリカ映画が次々と深刻な「メッセージ」を発していた時代に、『真昼の決闘』のメッセージはもどかしいほど抽象的で不明瞭だった。一部の批評家はこの映画を、一九五〇年代初期のマッカーシー一派による魔女狩りに怯えるばかりの社会をリベラル側が非難したものと解釈した。脚本を書いたカール・フォアマン〔一九一四～八四。映画脚本家・製作者・監督。赤狩りを逃れてイギリスに亡命〕はかつて共産党員だったため〔一九四二年に離党〕、その後まもなくブラックリストに載せられた。熱烈な愛国者だった俳優のジョン・ウエイン〔一九〇七～七九〕は、この映画を非アメリカ的と決めつけた。しかしながら、別の批評家たちは現実離れしたリベラルな法律家が残忍なフランク・ミラーに恩赦を与えたことに注目して、法と秩序の厳守を唱える保守的傾向を少なからず見出した。今になって思えば、どちらの解釈も正しかったように思えるが、当時はその理由が充分に理解されていなかった。この映画は、通常のリベラル／保守の境界線を越えて共有され、冷戦の時代に両陣営を結束させる一助となった諸々の価値を反映していたのだ。

『真昼の決闘』が公開されたとき、私は一四歳で、冷戦が始まって五年が過ぎたばかりだった。この映画が製作されたのは冷戦が熱くなった時期、つまり酷《むご》たらしい朝鮮戦争が膠着状態で続いているさなかだった。公開されてまもなく、新任の大統領アイゼンハワーは朝鮮に赴いてこの大虐殺に終止符を打つという選挙公約を守って、休戦を実現した〔一九五三年七月〕。実のところ、悲惨な戦争に「勝負をつけずに」交渉で決着をつけたことと、この映画が示したま

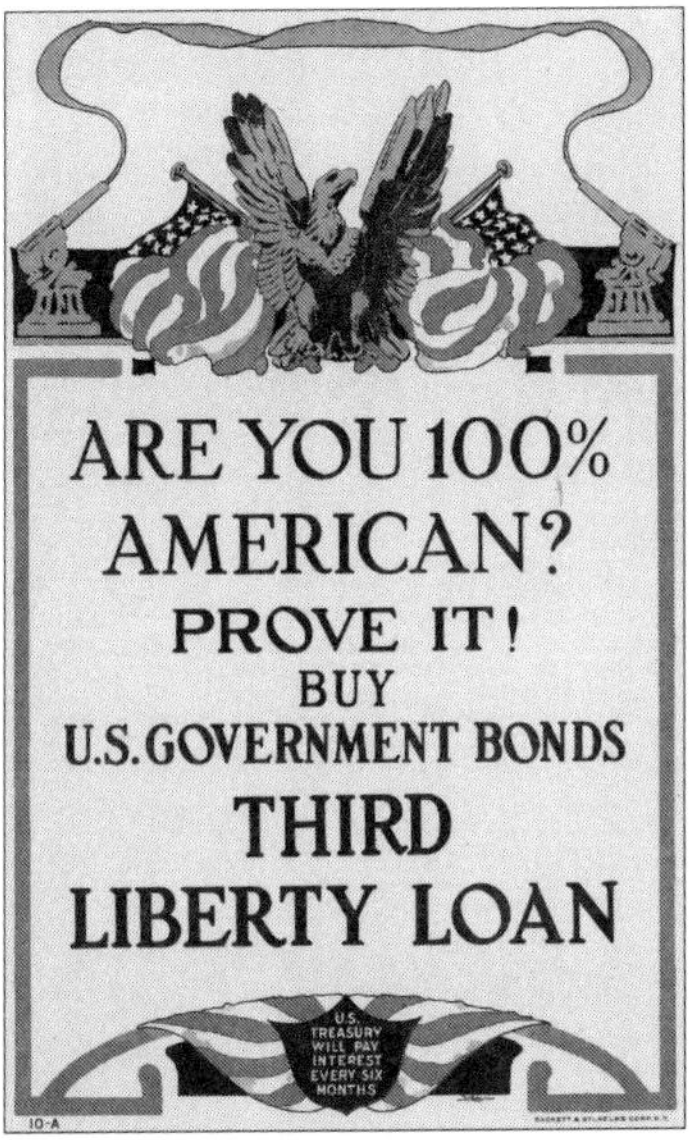

「あなたは一〇〇パーセントアメリカ人か？それを証明せよ！」、1918年。戦時国債の購入を国民に要請する第一次世界大戦時のポスター。想像上の文化的一体感を生みだすためにウィルソン政権が推進した一〇〇パーセント・アメリカニズムの観念を利用している（University of North Texas Digital Library, Poster Collection）。

ったく別の選択肢のあいだには、臆病な消極性と名誉ある暴力という顕著な対比が認められた。保安官ケインは、非武装中立地帯を設けて両陣営はその後方に撤退するという合意を求めて、ミラーと交渉したりはしなかった。彼はアメリカが果たせなかったことを実行した。そう、おのれの仕事をやり遂げたのだ。

核の時代の錯綜した危険のゆえに国民が不本意ながら受け入れざるを得なかった諸々の妥協と、『真昼の決闘』が肯定する勇気と名誉という素朴な倫理のあいだに、何らかの関係があったのだろうか？　暴力に食傷しながらもふたたび戦うことを余儀なくされたウィル・ケインは、第二次世界大戦後のアメリカの化身だったのか？　アメリカの大衆の意識は、二者択一の理想と不透明な現実の乖離を反映していた。一九五一年、朝鮮での戦争を中国本土の爆撃に拡大せんと欲したダグラス・マッカーサー将軍は、トルーマン大統領によってアメリカ極東軍／国連軍最高司令官を解任された。ニューヨーカーは帰国した将軍を、第二次世界大戦終結このかた最大規模の紙ふぶきの舞うパレードで歓呼して迎えた。議会は不当な扱いを受けたヒーローとして彼を遇した。だが、その同じ国民が共和党の大統領候補には彼を選ばず、もっと「頼りになる」とともに妥協もできる人物、すなわち戦争に勝つとではなく、戦争を終わらせると約束したアイゼンハワーを選んだのだ。

もちろん、当時の私にはそんな事情は知る由もなかった。それでも、ロングアイランド島のシダーハーストにあったセントラル・シアターの擦り切れた椅子に座り、はらはらしながらクープ

〔クーパーの愛称〕を見つめていたことはまざまざと覚えている。いつもは強くて寡黙なクープの信念が揺らぎ、しだいに不安と懸念を強めながらも、本当に恐ろしい悪漢とその悪辣無比の手下どもに立ち向かう覚悟を決めるのだ。「愛か義務か」――なんと苛酷な選択だろう！　愛を象徴していたのは、これが本格的な映画デビューとなったグレース・ケリーで、純白の衣装をまとい、あくまで平和主義者の倫理を訴える（なんとナイーヴなことか）。義務とはすなわち、邪悪なミラーと対決せざるを得ない保安官の職務だ。ミラーが町にやって来るまでの八五分間はリアルタイムという革新的な手法で描かれ、町のここかしこにある時計が時の進行を刻々と示す。自分がこんな立場に置かれたらどうするだろう、と私は（映画館にいたティーンエイジャーの少年は皆そうだったろうが）自問した。ヴァージンのケリーを振り切って、地元のごろつきと「喧嘩」をするだろうか、乙女と一緒にごろつきから逃げるだろうか？　映画の中で、この保安官はやむにやまれぬ選択をする。というのは、フランク・ミラーはウィル・ケインがどこに行こうと追い詰める気であることを、脚本がはっきり示しているからだ。ミラーの欲望は病的な攻撃者の例に洩れず、相手が弱腰な態度を示すといや増すばかりなのだ。当時の私は、妥協と闘争以外に何か別の選択肢があるはずだと思った。こうした思いを父に語ると、彼はいかにもトルーマンを支持する民主党員らしく、きわめて厳めしくこう答えた。「戦わねばならない時というものがあるんだ」と。

　保安官ケイン vs フランク・ミラーという外面的な闘争は内面的な闘争を反映し、後者は前者を反映していた。内面的な闘争とは、「軟弱な愛を断念し、一人で悪漢に立ち向かう勇敢な私」vs「暴力の応酬を恐れ、学校にいるグレース・ケリー的存在との愛に耽る臆病な私」の葛藤である。この闘争をことのほか痛切なものとさせたのは、これが勇気のつく薬を必要としていた〔『オズの魔法使い』に登場する〕臆病ライオンの問題であるばかりか、利己的で個人的な安楽とみなされ、「義務、名誉、祖国！」の対極に位置づけられた愛にかかわる問題でもあったことだ。本物の男なら第二次世界大戦や朝鮮戦争のヒーローたちがそうしたように、家や家族を離れて一人で敵に立ち向かうものだ。これが名誉の精髄じゃないか。「何よりも名誉を愛さなかったなら、君のこともこれほどまでには愛せまい」〔リチャード・ラヴレース（一六一八〜五八）の詩『戦さに赴くルカスタへ』からの引用〕という言葉は女性には、たとえグレース・ケリーでさえ――いや、とくにグレース・ケリーには――理解できないものだったのだ。

『真昼の決闘』は今日もなお、きわめて多くのアメリカ人が国家の名誉について抱いている感情の詩的な表現でありつづけている。以下の特徴を性別で分けることはもはや受け入れられないが、私たちは弱さ、受動性、ナイーヴさ、臆病や協議を境界線の片側に位置づけ、強さ、活力、知恵、勇気や行動――暴力的な行動――を反対側に位置づけている。これはある意味で、開拓時代への先祖がえりのように思われる。当時、男たちは自分を侮辱したり、その保護下にある人々を脅かす者と決闘することで、おのれの名誉（つまり、男らしく勇敢であるという評判）を守っていた。だが、交渉を弱さと同一視する私たちの傾向には、もっと現代的な理由があるのだ。

そんなことをしたら見くびられかねないという理由で、軍事拠点からの撤退も敵への協議の中し出もすべきでないと政府高官が主張すれば、たしかにカウボーイ流の男らしさ《マチスモ》を強く感じる。こうした見解を「合理的に」擁護する者たちは、いかなる種類の和平への動きも戦いたくないことを示唆するものであり、それゆえ敵の新たな攻撃を招くと主張する。しかしながら、かかる主張はほとんどの場合、まともに吟味したとたんに破綻する。一九九三年にアメリカ軍が準備不足のまま破滅的な攻撃を首都のモガディシュにしかけ、レンジャー部隊と特殊作戦部隊《デルタフォース》の兵士ら一八人が戦死したのちにソマリアから撤退した事例を考えてみよう。これで弱みを見せてしまったために、ウサーマ・ビン・ラーディンが勢いづいて各地の米軍拠点へのさらなる攻撃に踏み切った、と広く言われている。だが、証拠が示すところによれば、アメリカの攻撃的な行動こそがテロリストを——思いとどまらせるのではなく——刺激し、大胆にさせているのだ。

言うまでもないが、ソマリアからの撤退は軍事的見地から決定された。この国の無政府状態と軍閥支配を終わらせるためには、大規模かつ長期間の介入を必要としただろうが、それは誰も擁護しなかった。この撤退はいかなる平和構築プロセスの一部でもなく、アメリカ国内で最も声高に撤退を要求したのは議会の頑固な保守派だった。もちろん、（のちにたいした証拠もなく、ソマリアの抵抗運動を鼓舞していたと主張した）ビン・ラーディンは、アメリカが軍閥の頭領モハメッド・ファッラ・アイディード将軍〔一九三四〜九六〕を捕らえそこなったことを喜んだ。とはいえ、アメリカがソマリアでプレゼンスを増せば、ビン・ラーディンに対して何らかの抑止効果があったことを裏づける証拠はない。それどころか、彼は常にアメリカをより広範な戦争に引きこもうと目論んでいた。この五年後、アル・カーイダがケニアとタンザニアのアメリカ大使館を爆破すると、ビル・クリントンはその報復として、アフガニスタンのアル・カーイダの訓練キャンプ三ヵ所と、〔アル・カーイダの拠点と目された〕スーダンの首都ハルツームの工場を巡航ミサイルで破壊した。テロリストは引き下がるどころか、ロサンゼルス空港の爆破を計画し（この計画は未遂に終わった）、アデン港に停泊していた米国海軍の駆逐艦コールを自爆攻撃した。九・一一委員会〔「同時多発テロに関する独立調査委員会」〕で引用された証言によれば、アメリカがコール攻撃にすぐさま反応せずにいると、ビン・ラーディンは「アメリカがまだ反撃してこないとしきりにこぼしていた……ビン・ラーディンはアメリカの攻撃を望んでおり、もし攻撃してこなかったなら、もっと大きなことを始めるつもりだった(2)」

たしかに、暴力に訴えるより和平を交渉するほうが攻撃を招く場合もあるだろう。一九三八年のミュンヘン会談はその格好の例である。ヒトラーはナチス・ドイツと英仏伊の首脳会談を、来たるべき世界戦争に向けておのれの立場を強化するために利用した。ヒトラーにまんまと騙されたトラウマは、当時とはまったく状況が異なる場合でさえ、いまだに和平交渉の提案に影を落としている。今日のアメリカの力と国際的な役割はミュンヘンにおける英仏のそれとは大きく異なっており、今日のテロリストの力と役割はナチス・ドイツのそれとほとんど共通点がない。ところが、政府高官や外交政策専門家がアメリカの強さを証明しなければ不当な攻撃を招くと主張するとき、彼らはたいていミュンヘン会談の諸条件が当てはまるか否かを考慮していない。のみならず、アル・カーイダがアメリカの報復と自制のいずれを望んでいるのかも考慮していない。ケイン保安官なら言うであろうように、「話し合ったり逃げたりする者もいるが、男は踏みとどまって戦うのだ」。

こうした姿勢は男っぽい名誉という開拓時代の理想を想起させるとともに、交渉が暗に意味するものに対する恐怖心をうかがわせる。いかなる話し合いであれ——「強い立場からの交渉」でさえ——他方の当事者を何らかの形で認識していることを意味する。たとえ、それが、テーブルの向こう側にいる人物には支持者がおり、その人物は彼らを代表して何かを主張しているという認識でしかない場合でも。それはまた、当方の力がいかに強大であろうと無限ではないこと、当方と敵がさまざまな相違点があるにもかかわらず同じ宇宙に住み、たがいに意思疎通のできる言語を話し、人類としての特徴と関心を共有していることも認める、ということだ。おまけに、会談に臨めば、おのれに都合のよい思いこみの根拠が揺らぐ可能性がある。たとえば、対話を進める過程で、当方にもいくぶんかは（いかに小さいとはいえ）紛争の責任があることや、たがいに相手を抹殺すべく戦いつづけることに代わる（たとえ思いつき程度のものであっても）満足すべき代替手段があることに気づくかもしれない。だからこそ、話し合うことによって失うものはほとんどないと思えるにもかかわらず、協議に臨む紛争当事者はしばしばとてつもないリスクを冒しているようにふるまうのだ。交渉において危険なのは、通常はミュンヘン会談の場合のように騙されたり、名誉を失うことではなく、紛争当事者たるおのれのアイデンティティーが——つまり当方と敵のあいだには絶対的な違いがあるという意識が――揺らぐことである。熾烈な紛争が長期におよぶと、人間はえてして相手を自分自身の否定的側面を体現した存在とみなしがちだ。かかる思考様式は往々にして唯我論（自分だけが実在するという観念）と紙一重である。敵と協議することは、私たちからこの（たとえ破滅的でも）素晴らしき孤立性を奪い、その実在と人間的欲求の認知を求める他者と関係を結ぶことを余儀なくさせる恐れを孕《はら》んでいる。

アメリカ人が他国民より政治的唯我論に陥る傾向が強いのか否か、私にはしかとわからない。だが、そうかもしれないと思わせる理由がいくつか存在する。ヨーロッパから北米大陸に移住した人々は長きにわたって、彼らの故国とも「森の原住民」とも隔絶して生きていた。文化史研究者のリチャード・スロトキン〔一九四二生〕が述べているように、「移住者はみな、ヨーロッパの母国にある本当の故郷から、望むと望まざるとにかかわらず追放されたという意識を共有していた」[3]。アメリカ人の他国民に対する見方は、大西洋・太平洋・北極海という三つの大洋によって世界のほかの地域から久しく隔絶されていたことをつうじて形成された[4]。しかし、地理的障壁がしだいに低くなりはじめたときですら、「アメリカ式生活様式」が――豊かな天然資源、経済的機会、人種的・社会的不平等、大衆文化、敵対的な民主主義、宗教的多元主義のユニークな混合物が――アメリカ人を諸外国のほとんどから切り離していた。インターネットなど多様な形態のグローバルな通信技術が出現した今日ですら、アメリカ国民の三分の二以上は自国以外の世界についてほとんど知らないことを認めており、半分以上がもっと知りたいとも思わないと述べてい

るのだ。(5)

こうした認知的地方第一主義は、あたかも単なる悪習や高校教育のカリキュラムの欠陥の結果であるかのように、厳しく批判されてきた。だが、私が思うに、アメリカ人の認知的地方第一主義は、ほかの社会を悩ませている問題や危難の多くから相対的に免れた幸福で孤立した生活をこれまで久しく送ってきたという意識と、人類共通の宿命を免除されたかのような現在の恵まれた状況が危機に瀕しているという、とりわけ九・一一以来顕著になった不安な認識と関連しているのではないだろうか(グローバルな気候変動をめぐる議論もこうした不安を表面化させている)。ジョージ・W・ブッシュ政権において、大統領が演説を締めくくる伝統的な常套語である「アメリカに神のご加護がありますように(God bless America)」が、「これからもアメリカに神のご加護がありますように(May God *continue* to bless America)」に変わった――これは、神の加護が引き上げられる可能性もあることを暗に認めたものだ。自国のユニークさが脅かされているという意識の高まりは、アメリカ国民に二つの選択肢を提示している。一つの選択肢は、グローバルなリーダーシップという重荷を放棄し、多数の国々の中の一つとして世界共同体の一員になって、重要だが支配的でない役割を担うということだ。もう一つの選択肢は、帝国建設の婉曲的な表現である「グローバルなリーダーシップ」――つまり、おのれのイメージどおりに世界をつくりなおすこと――をあくまで追求するということだ。その帰結はいまだ曖昧模糊としている。成長するというのは心が浮き立つとはいえ神経が疲れるものだが、自国をより大きな人類共同体の一員と認めるのも神経が苛立つものだ。国民の多くが自由とアイデンティティーを失うように感じても、それは驚くには当たらない。

ここで、ふたたび保安官ウィル・ケインが登場する。植民地時代からアメリカ文化の主要素の一つとなってきた孤高のヒーローという神話は、今日もなお「グローバルなリーダーシップ」オプションを劇的に表現したものとして息づいている。かの保安官の気質と行動は孤独なガンマンのそれだが、星型のバッジは彼に武力でコミュニティーを守る義務を負わせている。朝鮮戦争当時、国防総省はこの地域紛争に介入した米軍／国連軍を「世界の保安官《シェリフ》」と称する声明を発した。[6]それから二〇年後、ジャーナリストのオリアーナ・ファラーチ〔一九二九〜二〇〇六〕のインタビューを受けた国務長官ヘンリー・キッシンジャーは、みずからを「ただ一人馬に乗って幌《ほろ》馬車の車列を導くカウボーイ、一人で町に乗りこむカウボーイ」[7]になぞらえた。だが、アメリカ人はどうやら、国民全体を孤高のヒーローとみなしているようだ——かつて市民社会のニューモデルを創造すべく神によって選ばれ、今では軍事行動をつうじて世界に指図すべく環境によって選ばれた国民である、と。『USニューズ&ワールド・レポート』誌の保守的な編集長モルト・ツッカーマン〔一九三七生〕は、二〇〇三年のイラク侵攻直後になぜアメリカ国外ではこの戦争への支持がほとんどないのかとCNNから問われたときに、簡潔にこう答えた。いわく、「私はいつも、町の人々が背を向けたにもかかわらず町を守らねばならなかった『真昼の決闘』のゲーリー・クーパーを思い出す。私たちは好むと好まざるとにかかわらず、世界の保安官《シェリフ》である。アメリカはアフガニスタンでそうしたように、イラクで力を行使できる唯一の国なのだ[8]」と。

ツッカーマンはアメリカがかような力を国外で行使できる唯一の国である理由を問題にしなかった。もし、アメリカが自国の軍事技術を諸外国や国際機関と共有したいと思ったら、すでにNATOやいくつかの同盟国とある程度共有しているように、そうできたことは明らかだ。もし、アメリカがすでに数ヵ国が実行しているように、攻撃兵器や大量破壊兵器を廃棄して「防衛的防衛」政策を採用したいと思ったら、そうすることもできたはずだ。そして、もし、アメリカが暴力の行使を規制する地域機関や国際機関の創設を支援しようと決断したら、それもわが国の能力の範囲内にある。それはけっして、世界で最先端の軍事技術のほとんどを開発し、ついで諸外国がそれを入手するのを阻止したあげく、わが国はこうした力を独占しているがゆえにこれをイラクとアフガニスタンに「放つ」義務を負っていると主張せんがための行動ではないだろう。かかる論理の暗黙の前提は、アメリカ人だけが強大な力を行使する主体として信頼に値する、ということだ。二つ目の前提は、この力は野蛮な世界に法と秩序をもたらす責任をアメリカ国民に課している、というものだ。けれども、たとえ私たちが気づいていなくてもアメリカ以外の全世界が認識しているように、これはシェリフの哲学とプログラムではなく、皇帝のそれなのである。

「最後の手段」としての戦争、およびそのほかの民間伝承

アメリカ人のあいだに見られる交渉や協議を弱さと同一視する傾向は、別種の問題も生みだしている。なぜなら、戦争を正当化するためには、暴力の行使という選択が状況からしてやむを得ないものであり、これ以外に効果的で名誉ある行動はありえないことを証明しなければならないからだ。ある百科事典によれば「国家が戦争に訴えることができるのは、その国が懸案の紛争を解決するためのあらゆる妥当な平和的手段、ことに外交交渉をやり尽くした場合だけである」。戦争は最後の手段であらねばならないという概念は、中世以来の「正しい戦争」理論における主要素の一つである。(9) とはいえ、これは戦う理由の中でも最も信用できないものなのだ。

問題の一端は定義にかかわっている。たとえば、実りない和平協議を延々と続けたのちに、これ上交渉しても成功しないと結論を下せるのは、どういう場合なのか？　だが、もっと深刻な問題は政治にかかわっている。交戦を決断した政策立案者は例外なく、戦争以外の選択肢はないと主張する。その理由として挙げるのは、当方は誠実に交渉したのに相手は理性的に対応しなかったというものか、現状での交渉は無益か誤り、もしくは危険であるというものだ。これらの主張の多くが根拠薄弱であることから、主戦論者がアメリカ人の「単なる話し合い」に対する不信感につけこんで、非暴力的な紛争解決手段はありえないと国民を説得しようと目論んでいることがうかがえる。いっそう驚くべきことに、アメリカの政策立案者は時に交渉をつうじて和平協定を

結ぶものの、しばしばその結果を威嚇と暴力の成果として提示しているのだ。

見せかけの交渉――諸外国の政府と同様に、アメリカ政府もたとえ自国の要求が迅速かつ完全に満たされない場合は交戦すると決定済みであっても――平和を求めているという体裁を繕うために――時には交渉に入ることがある。この場合、申し出ないし提案と公表されるものは実は最後通牒であり、交渉と称されるものは見せかけに過ぎない。その典型的な例が、第一章で述べたスライデル使節団である。一八四五年から四六年にかけてメキシコシティーに派遣された使節団が交渉に失敗することは既定路線で、これが米墨戦争の誘因となった[10]。二つ目の例はキューバをめぐるマッキンリー政権とスペイン政府の交渉で、アメリカは国内の政治的圧力を受けてこの交渉を打ち切った[11]。純粋な交渉とこの手の芝居を区別するのは、誠意という要件を満たしているか否かである。誠意とは、どの問題は交渉可能でどの問題は不可能であるかを議論したうえで、交渉可能な問題について合理的な範囲で妥協点を探ることに積極的に取り組む姿勢を意味している。だが、外交取引が秘密裏に行なわれ、それに関する嘘や欺瞞が公表された場合には、政府が誠実に交渉しているか否かを判断するのはことのほか困難である。ジャーナリストのジョージ・モンビオット〔一九六三生〕はこれを簡潔に表現している。

> 私たちを戦争に引きこもうとする者は、まず国民の想像力を閉ざさなければならない。そして、敵の侵略を阻止したり、テロリズムを打破したり、さらには人権を守るためには戦争以

外の手段はないと、国民を納得させねばならない。情報が非常に少なければ、想像力をコントロールするのは容易である。情報収集と外交が秘密裏に行なわれる場合、私たちは戦争に代わる手段がどれほど妥当なのか――手遅れになるまで――めったに気づかないのである。(12)

この原理を最もドラマチックに示した最近の例は、アメリカがイラクに対して遂行した二度の戦争で、そのいずれも純然たる最後の手段ではなかったのだ。

一九九〇年八月はじめにサッダーム・フセインの軍隊がクウェートに侵攻したとき、ジョージ・H・W・ブッシュ大統領が「砂漠の盾《たて》作戦」〔一九九〇年八月二日から九一年一月一六日にかけて行なわれた、アメリカによる戦力増強およびサウディアラビア防衛の作戦名〕の一環として五〇万の兵員をサウディアラビアに派遣したことを思い出してほしい。(13)私は紛争解決の専門家として、この地域の動きを注視していた。やがて、アラブの指導者らが湾岸危機の平和的解決を交渉すべく努力しているという情報が聞こえてきはじめた。戦争準備が加速するなか、私はC-SPANで全国放送された「湾岸での戦争――ほかの選択肢は?」(14)と題するパネル・ディスカッションの議長をつとめた〔序文参照〕。パネリストたちの意見は、アメリカの名誉を失うことなく戦争を回避できるということで一致した。なぜなら、アメリカがなんら実質的な譲歩をしなくても、サッダームの面子を表向き立ててやりさえすれば、交渉によってイラク軍をクウェートから追いだせることを示す証拠が続々と集まっていたからだ。私たちに理解できなかったのは、ブッシュ大統領や当時の国防長官ディック・チェイニー〔在職一九八九~九三〕をはじめ政府高官たちが、イラク軍の破壊にいたらない紛争解決法を回避しようと躍起になっていたことだった。

戦争準備が加速するにつれて、サッダーム・フセインはしだいに捨て鉢になった。彼はまず、いくつかの重大な譲歩と引換えに自軍を撤退させる、とアラブの仲介者をつうじて申し出た。ついで、これらの要求を撤回して、係争中のルマイラ油田におけるイラクの権益を認めるという類いの小さな譲歩だけを求めた。アメリカが要求に応じないでいると、彼はついに無条件でクウェートから撤退すると同意し、兵員と兵器を引き上げるのに三週間の猶予をアメリカに求めた。ヨルダンのフセイン国王〔一九三五生〕、フランス大統領フランソワ・ミッテラン〔一九一六〜九六。在職一九八一〜九五〕、ソ連大統領ミハイル・ゴルバチョフ〔一九三一生。在職一九九〇〜九一〕、ローマ教皇ヨハネ・パウロ二世〔一九二〇生〕ら、世界の錚々《そうそう》たる指導者たちが平和的決着を交渉するようブッシュ政権に迫ったが、アメリカ政府はイラクの申し出をすべて即座に却下した。ある歴史家によれば「イラク側が交渉を求めて筋の通った申し出をしたにもかかわらず、今から考えてみれば、ブッシュ政権は戦争を欲し、交渉による外交的決着を阻止するためにあらゆる手立てを講じていたように思われる」(15)。最後には、アメリカの目的がクウェートの解放にとどまらず、湾岸地域における自国の権威に対する脅威の排除だったことが明らかになった。そのためには、イラクの陸空軍とインフラを破壊し、湾岸地域で最も近代的な国家を地域的にも国際的にも弱体化させることが必須だったのだ(16)。

二回目のイラク戦争では、二人目のブッシュ政権がいっそう言語道断な、不誠実さの実例を提供した。二〇〇三年三月二〇日、アメリカ軍が破壊的なバグダード攻撃を開始したのちに、国防長官ドナルド・ラムズフェルドは記者会見の席上でこう語った。「終わりに、戦争が最後の選択肢であること、これにいささかの疑念があってもならないことを強調したい。アメリカ国民は、祖国が戦争を回避し、イラクを平和的に武装解除するために人間ができるあらゆる手段をとったことを知って、心を慰められるだろう[17]」

「最後の手段」ドクトリンを発動するに際して、ラムズフェルドは二年近くにおよんだ激しい外交闘争に言及した。それは、イラクが化学兵器と生物兵器、そしておそらくは核兵器も保有しており、サッダーム・フセインはテロリストと共謀してアメリカの攻撃を画策しているというアメリカ側の告発によって進められていた。国連の大量破壊兵器査察官はイラクにこうした兵器が存在する証拠を発見できなかった。アメリカ主導のイラク調査グループは、サッダームは一九九一年に兵器開発計画を破棄していたと結論を下した。さらに、イラクがアル・カーイダやそれに類するテロリスト集団と接触していることを裏づける証拠も見つからなかった。それにもかかわらず、ブッシュとチェイニーとラムズフェルドはこれらの告発を支持する信頼できる情報があると主張して、アメリカの安全保障に対する脅威を取り除くために、必要とあらばイラクに武力を行使する権限を連邦議会から取りつけた[18]。国連安全保障理事会が軍事介入の正当性を認めなかったにもかかわらず、アメリカは性急に戦争へと邁進した。

切迫した攻撃を先んじて阻止しようと、サッダーム・フセイン政権の工作員がＣＩＡの元対テロ部門責任者ヴィンセント・カニストラーロに接触してこう伝えた。イラクはアメリカ軍がイラク領土内で大量破壊兵器を捜索するのを認める用意があり、イラクがアル・カーイダとまったく関係がないことや、九・一一テロ攻撃の計画もいっさい知らなかったことをワシントンが納得できるまで証明する所存だ、と。さらに、サッダームは二年以内に国際的な監視下で選挙を実施することも申し出た。「これらの申し出の根底にあったのはどれも同じで――サッダームが今後も権力の座に居座るということだった。これはブッシュ政権の容認するところではなかった。取引を求める真剣な働きかけが何度もなされたが、大統領と副大統領がすべて却下した(19)」とカニストラーロは述べている。

『ニューヨーク・タイムズ』紙のピューリッツァー賞受賞記者ジェームズ・ライゼン〔一九五五頃生〕によれば、さまざまな外交チャンネルや私的チャンネルをつうじてさらなる申し出がなされた。しまいにはイラク全土を開放して兵器を捜索させること、バグダードに拘留されていた一九九三年の世界貿易センタービル爆破事件の容疑者を引き渡すこと、アメリカのテロとの戦いならびに中東和平プロセスに積極的に協力すること、アメリカの石油会社を優遇すること、そのほか要求されれば――「政権交代」を除く――どんな譲歩でもすることが約束されたという。これらの申し出はあるレバノン系アメリカ人の仲介によって、ブッシュ政権の高官リチャード・パール〔一九四一生。国防政策諮問委員会委員長。在任二〇〇一～〇三〕に直接伝えられた。ライゼンはこう述べている。「パール氏はCIA高官らにイラク側と会う許可を求めたが、彼らはこのチャンネルは好ましくないと応じ、すでに別ルートでバグダードと接触しているとほのめかした。パール氏の言葉によれば、『そのメッセージは

「奴らにバグダードで会おうと言ってやれ」というものだった』」[20]

イラク戦争が最後の手段となりえたのは——大量破壊兵器の存在や、テロリストとの接触や、アメリカ攻撃計画を裏づける証拠が見つからない以上——イラクの政権転覆を正当な戦争目的とみなしうる場合だけだった。（だが、それが本当の目的だったなら、ブッシュ政権はなぜサッダーム・フセインに対して、なりふりかまわず上述したような告発をしたのだろうか？）したがって、事実と正反対のことを述べたラムズフェルドの言葉は真っ赤な嘘だった。とはいえ、誰にでもわかるように、おのれの戦争目的は正しいという確信はいとも容易に——敵が交渉の場で当方の目的を受け入れようとしなかったという理由で——戦争が最後の手段であるという主張に変わってしまうのだ。これに多少なりとも似た例が、米西戦争に先行した外交交渉に見出せる。この時、スペイン政府はキューバの反乱勢力の鎮圧作戦を切り上げて、キューバ人にスペイン帝国の枠組みの中で一定の自治権を与えると——ただし、反乱指導者とアメリカ人の多くが要求していた完全な独立は認めないと——申し出ていた。マッキンリー大統領は「キューバを独立させろ、さもなければスペインと戦争だ！」と異口同音に唱えるアメリカ国民、議会の反対勢力、与党の指導者連とのあいだで板挟みになった——しかも中間選挙の年に。マッキンリー自身はアメリカが厳格に支配するのでないかぎり、キューバの独立は好ましくないと思っていた。だが、彼はついにスペイン政府は誠意をもって交渉に当たらなかったと宣言し、対外強硬策を声高に唱える議会にこの問題を委ねたのだ。[21] 戦争が終結するやいなや、彼とその政府はすばやく動いてキューバを実質的にアメリカの植民地とした。[22]

交渉の拒否——と、交渉していると認めること——極端な場合、見せかけの交渉はやがて交渉の拒否に発展する。対イラク戦争前夜の二人のブッシュ大統領の行動は、間違いなくこう表現できるだろう。だが、見せかけの和平協議すら拒否するほうがより一般的だ。その理由として挙げられるのは、破壊の欲望にとりつかれた邪悪な敵はどうせ約束を守らないだろうし、いかなる交渉プロセスも当方に偽情報を与え、情報を集め、われわれを動揺させるために——要するにおのれを利し、こちらを害するために利用するに決まっている、ということだ。かかる状況下では、戦争は最初の手段にして最後の手段である。なぜなら、交渉は紛争を解決するどころか悪化させるだけだからだ。

もちろん、そういうケースもある。一九三八年のミュンヘン協定を破ったヒトラーを、誰が交渉相手として信頼できようか。けれども、これよりずっと一般的なケースを如実に示しているのは、冷戦中のアメリカの外交である。当時は、悪意をもった敵は信頼に値しないという理由で公然と交渉を拒否する時期と、二国間の交渉がおおっぴらにもたれる時期（「雪融け」）が交互に現われ、積極的な秘密外交が行なわれたことも何度かあった。アメリカの政府高官は柔軟にことに対処するために、敵との協議に関して虚実混ざったメッセージを国民に送った。朝鮮やベトナム、のちにはペルシア湾岸でそうしたようにアメリカが軍事介入に踏み切った場合、政府の報道官はヒトラーという前例をもちだして、「邪悪な敵」と交渉しても無益どころか、もっと悪い結果を招来するだけなので、敵を「宥《なだ》める」のではなく軍事力で息の根を止めなければならないと説明した。その一方でアメリカが交渉すると決断したら、同じ報道官がこう説明したものだ。すなわち、責任を負った指導者は核の脅威を取り除くために、あるいは何らかの有利な条件を得るために敵と協議しなければならず、交渉によってアメリカはより強く、より安全になる、と。かくして、共産主義者は「邪悪な敵」であるという理由でアメリカ指導部が二〇年以上にわたって中国本土承認を拒否したのちの一九七一年、ヘンリー・キッシンジャーが秘密裏に北京を訪れて新しい協調的な米中関係の構築を協議した。その翌年、リチャード・ニクソンが衝撃的な中国訪問を実現し、この関係を公にしたのだ。

実際には、アメリカの冷戦政策は三つの不文律に則《のっと》っていた。**ルール1・有利な結果が得られると判断した場合は、グローバルな敵と交渉せよ。ルール2・代理または自国の軍隊を使ってグローバルな敵の代理と熱い戦争を戦え。**だが、グローバルな敵の軍隊と直接戦ってはならない。**ルール3・熱い戦争の緒戦段階では敵の代理と交渉するな。**だが、そうせざるを得ないと判断した場合は、戦争を終わらせる交渉をせよ。冷戦ルールをこのように抽象的に表現すると、奇異な印象を与えるかもしれない。だが、国際政治学者で平和研究家のマイケル・コックス〔一九四七生〕は一九九〇年にいみじくもこう述べていた。「冷戦ははっきり勝負がつく闘争というより、双方が合意したルールに則って慎重に進めるコントロールされたゲームだった」[23]。トルーマンが政権を去り、スターリンが没したのちは、たしかにそのとおりだった。アイゼンハワーとフルシチョフ以後の米ソ首脳は、しだいに双方向性を増す会談を重ね、それはついに一九六二年のキューバ・ミサイル危機を解決した交渉で頂点に達した。

ルール1はニクソン訪中のほかに、ロナルド・レーガンが二期目に行なった劇的な方向転換によっても例証される。彼はなんと、ソ連を「悪の帝国」と非難し、新たな軍拡競争をちらつかせるという姿勢から、鳴物入りで紛れもない交渉を始めたのだ。コックスが述べているように、「［レーガンが］再選されてから米ソ首脳会談が四回開かれ、中距離核戦力全廃条約が［ソ連のゴルバチョフ書記長とのあいだで］調印され、二国間関係が拡大し、主要な地域紛争が解決された。レーガンはソ連を『悪の帝国』呼ばわりすることまでやめた」[24]。かかる戦略はレーガンからすればなんら不合理なものではなかったが、彼のそれまでの対ソ交渉への姿勢とは明らかに矛盾していた。このように「道徳主義」と「現実主義」のあいだで揺れ動く矛盾した姿勢は、敵がアフガニスタンのターリバーンであるようなケースでは今なお続いている。冷戦の時代から今日にいたるまで、国民に暗に示されるメッセージは「いつ交渉し、いつ戦うかは政府が決める。政府は正しいことをすると信頼せよ」というものなのだ。

ところが、「悪の帝国」の代理に対処するとなると、そのスローガンは道徳主義だった。**ルール2**が示唆するように交渉は問題外だった――少なくとも、共産主義者の敵を概してヒトラー・タイプの侵略者と見ていた熱い戦争の開始時点では。たとえば、アメリカ政府当局は金日成の韓国侵攻と北ベトナムの米駆逐艦攻撃をどちらも権勢欲から出た行動とみなし、朝鮮とベトナムへの介入を防衛行動と位置づけた。これらの物語は、韓国と南ベトナムにおけるアメリカのクライアントがともに残酷な独裁者で、自国や近隣諸国の敵対グループに暴力行為を繰り返していたという事実を覆い隠した。それはまた、武器をとる前になされた交渉の申し出にアメリカ政府が適切に対処できなかったという事実から、国民の注意を逸らした。一九五〇年、国連は急激に悪化する朝鮮半島情勢についてソ連と協議するようアメリカに働きかけたが、トルーマン政権の関心を引くことはできなかった[25]。一九六四年には、いくつかの国際団体がベトナム紛争の平和的解決策を模索したが、彼らの提案はジョンソン政権によって拒絶された[26]。

しかしながら、いずれのケースでも——これがルール3なのだが——アメリカがすみやかに勝利できないことが明らかになるやいなや、交渉への逡巡は消え去り、和平交渉が始まった。交渉は断続的に数年間続いた。奇妙なことに、あるいは今ではそう思えるのだが、一九七三年度のノーベル平和賞はヘンリー・キッシンジャーとレ・ドゥク・ト〔一九一一〜九〇〕に与えられた。二人はそれぞれ、パリ和平協定交渉のアメリカ側と北ベトナム側の責任者で、協定が結ばれるまでの三年間にわたって和平の条件を協議し、それと同時に数百万の人間の殺害を正当化していたのだ（キッシンジャーは賞を受けたが、レ・ドゥク・トは〔ベトナムの平和はまだ達成されていないとして〕辞退した）。

これが示唆する交渉のモデルは、今なおアメリカの少なからぬ外交政策専門家のあいだで正統的なモデルとされている。それは戦争と政治に関するフォン・クラウゼヴィッツの有名な格言とは正反対で、交渉とは他の手段をもってする戦争の継続であるというものだ。冷戦の開始とともに、アメリカは史上初めて平時においても軍備を増強するようになった。アメリカのグローバルな軍事的優位を確立し維持するという衝動が解き放たれたとき、その外交政策を貫く支配的概念は「力は効き目がある」だった。アメリカは暴力を行使し、あるいは暴力を行使すると脅すことによって、ソ連を「封じ込め」、核戦争を未然に防ぎ、その影響力を広め、地球規模で国益を守ることができた。（国民が総じて暴力を嫌悪し、暴力の行使に道徳的な正当性を強く求めることも含めた）暴力反対の圧力をものともせずにかかる外交方針を重視するということは、非暴力的な紛争解決手段の効果を否定するか、過小評価することを意味していた。それゆえ、さらに奇妙な事態が出来した。すなわち、平和的な交渉が成功して暴力が回避されるか紛争が解決されたときに、政府高官はしばしばこうした結果を軍事的な勝利として提示したのだ。

　これが最も劇的な形で現われたのは、伝統的な知恵がジョン・F・ケネディ大統領の断固たる意志の勝利と称えるキューバ・ミサイル危機だろう。当時の国務長官ディーン・ラスク〔一九〇九～九四〕の「われわれはにらみ合い、相手が先に瞬《まばた》きした」という言葉はあまりにも有名だ。ラスクによれば、ソ連がキューバに中距離弾道ミサイルを設置したのを発見すると、ケネディは核戦争も視野に入れた軍事対決を示唆してソ連首相ニキータ・フルシチョフを「脅しつけた」という。JFKはフルシチョフにミサイルの撤去を要求するとともに、戦略空軍を最高度の核警戒態勢下に置き、キューバ海域で「隔離〔臨検封鎖〕」を実施すると宣言した。つまり、キューバに物資を輸送しようとする船舶は、ソ連船も含めてすべてアメリカが停止させ、船内を捜索するということだ。その間に、ケネディは駐米ソ連大使アナトーリ・ドブルイニン〔一九一九〜二〇一〇〕に、彼の軍事顧問らがミサイル基地の空襲と全面的なキューバ侵攻を勧めていると打ち明け、自分はこの圧力に抗しきれないかもしれないとほのめかした。このストーリーの広く受け入れられたバージョンによれば、ケネディが核戦争も辞さずという姿勢で武力を行使すると脅したために、フルシチョフはアメリカ政府当局の二、三の些細な譲歩と引き換えにミサイルを撤去せざるを得なくなったとされている。その譲歩とは、アメリカが将来もキューバを侵略しないと公の形で保証し、トルコとイタリア南部に設置したアメリカのミサイルの撤去に秘密裏に合意することだった。

本質的に同じ事実に基づく別のバージョンは、まったく異なるストーリーを語っている。[27] そもそもソ連がキューバにミサイルを設置したのは、アメリカがジュピター中距離弾道ミサイルを事実上のソ連国境であるトルコに設置し、亡命キューバ人のカストロ体制攻撃を支援していたからだった。さらにソ連は、アメリカは亡命キューバ人のピッグズ湾侵攻作戦の失敗〔一九六一年四月に在米亡命キューバ人部隊がアメリカの支援のもとでキューバ革命政権を転覆すべくキューバに侵攻したが、キューバ軍によって短時日で撃退された〕を埋め合わせるべくキューバ侵攻を目論んでいる、とみなしていた（この年にアメリカ統合参謀本部が提案した暗号名を「ノースウッズ作戦」という秘密計画は、〔街頭で無辜《むこ》の市民を射殺するなど〕アメリカ国民にテロ攻撃をしかけ、それをフィデル・カストロ〔一九二六生〕のせいにして、キューバ侵攻への国民の支持を集めるという筋書きだった）。[28] ミサイル危機中に米ソがたがいに牽制し合いながらとった軍事行動は危険な膠着状態を生じさせ、フルシチョフ首相のみならずケネディ大統領をも危地に陥らせた。破滅的な結末を避けるためにアメリカ政府当局がした譲歩は、けっして些細なものではなかった――それは、アメリカの侵攻と亡命キューバ人の攻撃という脅威からカストロを永遠に解放し、ジュピター・ミサイルの脅威からソ連を解放したのだ。そのうえ、軍事的威嚇から外交への方針転換は二つの超大国のさらなる交渉の舞台を整え、一九六三年の部分的核実験禁止条約に結実した。破滅的な結末を回避したことは、JFKを前任者のアイゼンハワーやトルーマンよりタフな冷戦戦士としてアピールするという民主党の目的にかなうものだった。それゆえ、司法長官ロバート・ケネディ〔一九二五～六八〕の主張を容れて、JFKがトルコとイタリアからのミサイル撤去に合意したことは秘密にされた。アメリカ国民に送られたメッセージはまたしても「力は効き目がある」で――「力に効き目がなかったので、交渉で決着をつけざるを得なかった」ではなかったのだ。

実のところ、戦争と交渉を両立させることは――つまり、戦闘と和平協議を同時に進めることは――事実上「最後の手段」ドクトリンの放棄を意味する。なぜなら、もし紛争解決の舞台を整えるために戦わねばならないのであれば、暴力に代わる平和的手段がないことを証明せよと主戦論者に求めても無意味だからだ。戦争と交渉の両立が困難であることは、二〇一〇年のアフガニスタンの状況が如実に示している。この年のはじめ、バラク・オバマ大統領は勢力を盛りかえしたターリバーンと戦い、アフガニスタン駐留軍司令官スタンリー・マクリスタル〔一九五四生〕が立案した対ゲリラ戦略を実行すべく、三万人の米軍部隊の「増派」を命じた。と同時に、オバマは二〇一一年夏に増援部隊の部分的な撤退を開始すると言明したのだ。アメリカ政府高官の一部はこの増派がターリバーンを交渉に引き入れる誘因となると述べ、おそらくサウディアラビアかパキスタンを仲介役として、ターリバーン指導部との協議がすぐにでも始まるだろうと主張した。別の高官たちは、有意義な交渉を始める前に、ターリバーンを負かすか、少なくとも追い詰めなければならないと主張した。さらに別の高官たちは、和平協議は中位の指導者らを離反させる誘因たりうるかもしれないが、ターリバーン中枢の指導部にアル・カーイダとの同盟関係を破棄し、アフガニスタン全土の支配という野心を捨てるよう説得しても、成功は望めないと主張した。

現在のアメリカのアフガニスタン政策は、リチャード・ニクソンのベトナム政策やロナルド・レーガンのソ連政策と同じくらい、曖昧で秘密に包まれている。アメリカ政府は相手に和平を強いるために戦っているというが、アメリカが何を要求しているのか、何を譲歩する用意があるのか、いずれも国民は知らされていない――これは秘密にされているというだけではなく、どうやら政府の最高レベルでまだ方針が決定されていないようだ。かような政策はその本質において実験的である――つまり、「まず戦って、次に何が起こるか見ようじゃないか」というわけだ。それゆえ、二〇一一年にアフガニスタン駐留部隊の一部を撤退させるというオバマ大統領の約束を、早期の戦争終結への固い決意を示すものと解釈しても、リベラルな民主党支持者への無意味な甘言と解釈しても、それはアメリカ国民の自由である。だが、バラク・オバマはニクソンやレーガンとはまったく異質の政治家である、と評されている。だが、オバマのモラリストにしてリアリスト的政策のメッセージは、ニクソンやレーガンのそれと同じで、「これらの決定を下すのはあなたたちではなく私たちだ。敵は救いがたいほど邪悪なのか、それとも信頼に値するのか、交渉はアメリカの国益にかなうのか、和平を協議すべきか戦うべきか、すべて私たちが判断する。あなたの政府は正しいことをすると信じなさい」というものだ。

しかしながら幸運なことに、これは交渉について考察したり、紛争解決を実行する唯一の方法ではない。ここでよいニュースを報告しよう――本来の「最後の手段」ドクトリンを甦《よみがえ》らせる可能性を秘め、戦争と平和に関する意思決定にアメリカ国民がより積極的に参加することを促すようなニュースを。それでは、こうした新たな発展を紹介しよう。

交渉を超えて――紛争解決とその含意

冷戦の終結とソ連の崩壊に伴って、荒々しい人種的・民族的・宗教的紛争の波が東ヨーロッパと旧ソ連構成共和国に押し寄せ、多大な困難を生みだすとともに世界の平和を危うくするのではないか、という不安が世界中に広まった。こうした恐るべき見とおしは、一九九〇年代に旧ユーゴスラヴィアで現実のものとなった。とくにボスニアでは、敵対する民族・宗教共同体間の争いによって、約六万人の兵士と四万人の民間人が犠牲になった。悲惨な内戦がようやく終結したのは、NATOが介入し、(アメリカが積極的に参加した)国際共同体が紛争当事者に和平を強制したからにほかならない。住民のほとんどがムスリムで、ソ連後のロシア体制からの独立ないし自治を求めたロシアのチェチェン地方でも、武力闘争の嵐が吹き荒れた。けれども、暴力的な闘争が起こると予想されていたそのほかの国々では、危惧されていた大量虐殺という事態は生じなかった。以前は平和共存していたのに不和になった共同体同士が、暴力を回避しつつかろうじて「冷たい平和」を保ったケースも、和解に向かって長い道のりを歩みだしたケースもあった。多くの国々が予想されていた災厄を免れ、暴力行為が生じてしまったいくつかの国々も、平和的な手段による統制のもとに置かれるようになった。

こうした驚くべき成功にはさまざまな理由があった。従属国の支配を維持せんと目論む超大国は例外なく、自国が撤退すれば混乱と流血沙汰が生じると予測するものだ。そうした事態も時に生じているものの、より一般的には、かつて超大国に支配されていた人々は（おおいなる安堵のため息をつきつつ）彼らのあいだの意見の相違を自分たちで解決する方法を見出している。[29] しかしながら、ソ連体制を脱したのちの東ヨーロッパと中央アジアでは、かかる成功には別の要因も働いていた。一九六〇年代以来、しだいにその数を増す学者と専門家たちのグループが、社会的紛争に関する新しい理論の枠組みを構築し、紛争当事者双方が意見の相違を平和的に解決するのに役立つ一連の実際的手法を開発してきた。彼らはこの新しい学問分野を紛争解決（conflict resolution）、紛争管理（conflict management）、紛争移行（conflict transformation）と名づけたが、その基本的原理はいずれも同じである。冷戦が終わる頃には、彼らはすでに北アイルランド、スペイン、キプロス、中東、マレーシア、インドネシア、フィジー、南アフリカ、スーダン、アフリカの角〔アフリカ大陸東端のソマリア全域とエチオピアの一部などを占める半島〕、リベリア、モザンビークなど世界各地で、多種多様な和平プロセスの立案やファシリテーションにかかわっていた〔ファシリテーションとは、「容易にする・促進する・助成する」を意味するfacilitateに由来し、対立しがちで合意形成や相互理解が困難な会議などの効果的・効率的運営を促すために、当事者に交渉を進めるよう奨励したり、斡旋・調停・仲裁といった極力最小限の役割を果たす仲介的・媒介的努力を指す言葉で、その役割を担う人がファシリテーター〕。ソ連の崩壊後、これらの紛争解決専門家はバルト諸国、モルドヴァ、マケドニア、ハンガリー、アルメニアとアゼルバイジャンの係争地域〔ナゴルノ・カラバフ自治州〕、グルジア、ウクライナ、タジキスタン等々で、深刻な内部抗争の防止や処理の支援に重要な役割を果たした。各国政府から独立して行動する紛争解決専門家たちは現在もなお、大きな社会的紛争が進行中の世界の事実上すべての地域で積極的に活動している。それにもかかわらず、彼らが蓄積した知見の数々は、公的組織の外交政策や戦争と平和についての考え方にようやく浸透しはじめたところなのだ[30]。

理論においても実践においても、紛争解決プロセスはきわめて重要な点で伝統的な外交と異なっていた。第一に、そしてある意味でこれが最も重要なのだが、紛争解決の重点は分析に置かれ、いかなる勢力にも軸足を置いていなかった。紛争解決者が最初に着手したのは、敵対ないし抗争している当事者双方が紛争の原因ないし「原動力」――とりわけ構造的な原因と条件――を理解するのを手助けして、不和や暴力を引き起こしている諸条件をいかに変えればよいかと彼らが考えはじめるのを促すことだった。とはいえ、紛争解決者が紛争の原因についての自身の見解を当事者に示したわけではない。そんなことをしたら、必然的に部外者である「専門家」の先入観をつうじて反映してしまうことになる。紛争解決者の役割は慎重かつ専門的なファシリテーションをつうじて、部内者自身の見解を引きだすことだ。第二に、紛争解決者は深刻な紛争にからめとられた人々がさまざまな解決法を創造的に考えることを――つまり、紛争がしばしば引き起こす視野狭《きょう》窄《さく》ゆえに思いがいたらなかったアイディアを育むことを――支援した。第三に、どの選択肢が双方にとって受入れ可能で政治的に実行可能か、合意された解決策を実行するのに欠かせない共同体の支持をどうやって得るかについて、紛争当時者が議論するのをファシリテートした。最後に、分断された共同体を和解させるために長期にわたって協力し合えるように、当事者たちが個人的な人間関係を築くのを支援した。

ある局面では、これらの仕事は伝統的な外交に似ていた。たとえば、提案された合意の条件について、外交官もコストと利益を評価する。だが、紛争解決者は概して、外交官や法律家の交渉に付きものの威嚇や約束や取引等の戦略を回避した。彼らの見解によれば、伝統的な外交の主たる問題点は、一方の集団ないし国家の力に基づく交渉が紛争の真の原因を発見するプロセスを省略し、新たな解決法を探究する道を断ってしまうことにあった。力の差は現実に存在するので、和平プロセスがある程度進んだ段階では、たとえば諸々の提案の実行可能性を評価する段になれば、力の差を考慮しなければならない。こうしたプロセスが成功した場合に、いわゆる「トラックI外交」〔国際的な紛争の分析・防止・解決・管理を目的として、非政府組織や専門家が政府の枠組みの外部で行なう非公式な性格の活動と努力を意味する用語〕から、より公式な「トラックII外交」〔国家や国連など公的機関が行なう外交や平和建設活動〕へと進むのだ。(31) だが、力が強いほうの当事者が押しつけた紛争の決着は――彼らが紛争の根本的な原因をつきとめて、それを排除するとともに破綻した関係を修復しないかぎり――ほぼ確実に失敗する。これと同じ理由で、たとえ力で決着をつけたところで、激しく敵対する当事者同士を和解させ、「積極的な平和」に向かわせるために欠かせない社会や文化の再構築が、それによって促されることはめったにない。

この新しい平和構築モデルの重要な含意の一つは、紛争解決者が一般的に政府その他の利害関係者とは独立して行動するということだ。もし、アメリカ政府がある紛争の直接的な当事者であったり、間接的にどちらかの当事者に肩入れしている場合、同政府が公平な立場で分析的な問題解決プロセスをファシリテートしたり、自国の政策や行動の大きな変更を迫るような解決法を構想することはできないだろう。おそらく、このルールの最もよく知られた例外は、第三九代大統領ジミー・カーター〔一九二四生。在職一九七七〜八一〕の卓越したファシリテーションによって、一九七八年にエジプトのアンワール・サダト大統領〔一九一八〜八一〕とイスラエルのメナヘム・ベギン首相〔一九一三〜九二〕のあいだでキャンプ・デービッド合意が交わされたことだろう〔アメリカ大統領の山荘で中東和平問題をめぐる三首脳会談が行なわれ、「エジプトとイスラエルの平和条約締結のための枠組み」、「中東における平和の枠組み」の二つの合意文書が発表された。この合意に基づき、翌一九七九年にエジプト・イスラエル平和条約が締結された〕。だが、このケースにおいてさえ、アメリカがイスラエルとの関係を優先したために、パレスチナ人が協議に参加することはかなわなかった。そして、エジプトとイスラエルの「冷たい平和」も——たいした業績であったとはいえ——両国に対するアメリカの継続的な財政的・政治的支援に依存していたのだ。[32]

より典型的な紛争解決プロセスの例として、元上院議員のジョージ・J・ミッチェル〔一九三三生。武装解除国際査察団団長一九九五〜九六。北アイルランド和平交渉議長一九九六〜九八〕が北アイルランドのプロテスタント系住民とカトリック系住民の対立を巧みに処理したケースが挙げられる。ミッチェルは北アイルランド和平プロセスのアメリカ特使〔在任一九九五～二〇〇〇〕に任命されたが、あくまで政府から独立した一人のファシリテーターとして行動すると主張した。この独立性が、延々と続いた暴力的な紛争の調停の成功におおいに与っていたのだ。[33] 独立した立場の紛争解決者たちが一九八〇年代半ばからずっと、カトリック系とプロテスタント系の指導者向けのワークショップを行なっていたことが功を奏した。実務に習熟した紛争解決者たちが北アイルランドの紛争当事者とかかわりはじめた頃には、両陣営の準軍事組織がすでに激しい暴力の応酬を繰り返しており、一九六〇年代後半から続く「トラブル」によって三〇〇〇人以上が命を落としていたが、そのほとんどが一般市民だった。プロテスタントの保護者を自任するイギリスは治安を維持するために軍隊を派遣したが、英軍部隊はプロテスタント贔屓《びいき》と非難され、暴力の標的になった。アイルランド共和国は、「六つの州」〔アルスター地方の六州を指す。アイルランドの統一を支持する者は「北アイルランド」との呼称を嫌い、「六州」と呼ぶ場合が多い〕のカトリック少数派をさらなる差別と暴力から守るために、共和国政府のリーダーシップのもとでのアイルランド統一を要求した。だが、プロテスタント勢力はアイルランド共和国政府がテロリスト集団をかくまい、武装させていると非難した。イギリス政府とアイルランド政府による紛争解決の試みは、繰り返し失敗に終わっていた。人々は二〇年来の闘争に疲れ果てていたものの、この「手に負えない」紛争には出口がないように思われた。

　暴力による住民の疲弊と紛争解決者の努力が一つの原因となって、こうした状況すべてが一九八〇年代後半から変わりはじめた。[34] カトリックとプロテスタント双方の指導者たちは、中立の立場を保つ熟練したファシリテーターが支援するさまざまなワークショップに精力的に参加した。

そのおかげで、彼らは問題の本質を考えなおし、たがいにもっとよく知り合えるようになった。それぞれ保護者ないし救済者と信じていたアイルランドとイギリスが、自国の政治的な関心や国益のゆえに紛争を煽《あお》っていることに彼らは気づいた。これら一連の対話の中から事実上の独立、つまりイギリスからもアイルランドからも支配されない独立国としての北アイルランドという構想が芽生えはじめた。この国は、両陣営が権力を共有し、両陣営の基本的ニーズを保証する政府によって統治される。もし、プロテスタント系住民がイギリス軍に依存することをやめようと思い、カトリック系住民が全アイルランド統一の要求を断念するなら、両者は新生欧州連合（EU）によって承認および支援される一つの国の中で共生する道を見出せるだろう。一九九五年にジョージ・ミッチェルがアメリカ特使として北アイルランドに着任したとき、その前途はきわめて厳しいものだった。彼はたびたび意気阻喪しながらも、イギリスとアイルランドも含めた関係者すべてがこの新しい構想に合意する、カトリックとプロテスタント双方に武装解除を説得する、権力を分担する仕組みの構築に両陣営が合意するという目標に向かって、三年間刻苦勉励した。その結果が一九九八年に締結された聖金曜日協定〔ベルファスト協定。この合意のあと、アイルランド共和国は国民投票により北アイルランド六州の領有権を放棄することになった〕に結実した。北アイルランドの人々が解決すべき難問はまだ残っているので、この協定を完全な成功ということはできない――が、これは明らかに平和への大きな一歩だった。

　こうした成功（しばしば不完全だが、それでもやはり成功である）の物語は、今ではシエラレオネやモザンビーク、カンボジアや東ティモールなど、かつて戦争で切り裂かれた国々の現代史の一部となりつつある。特筆すべき成功譚は南アフリカのそれで、同国には世界最大の紛争解決専門家コミュニティーの一つが存在する。南アフリカの紛争解決者は、大規模な流血沙汰を引き起こすことなくアパルトヘイト制度を終わらせた国家的・地域的プロセスのファシリテーションに貢献した。最近では——この新しい分野の副産物で、ヨーロッパの紛争解決者がとくに関心を寄せている——さまざまな紛争防止技術が、世界各地で暴力的な紛争の勃発を防ぐために実践されている。紛争解決後の和解あるいは「平和構築」は、アメリカ内外の数多の政府機関や非政府組織のレパートリーの一部となってきた。それらの機関には、アメリカ国際開発庁USAID〔アメリカの非軍事の海外援助を行なう政府組織で、国務省の監督下にある〕内の紛争解決・緩和局(Office of Conflict Management and Mitigation)や、国務省内の再建・安定化企画調整局(Office of the Coordinator for Reconstruction and Stabilization)も含まれる。紛争解決専門家と政策立案者の連携を図って政府の出資で設けられたアメリカ平和研究所USIP(United States Institute of Peace)は、資金と人員の両面でかなり強化されてきた。[35]

しかしながら、アメリカのような大国が一方の当事者である紛争を解決するのに、紛争解決の概念と方法を使えるか否かという問題はいまだ答えが出ていない。もし、(私が固く信じているように)使えるのであれば、伝統的な外交によってアメリカと敵の和平を達成できなかったことは、戦争を最後の手段とする要件を満たさない。最後の手段として戦争が正当化されるのは、紛争解決の努力が試みられ、それもまた失敗した場合に限られるのだ。

この点を強調させてほしい。戦争が不可避であると証明するためには、もはや「われわれは交渉しようと努めたが、相手は協力しようとしなかった」というだけでは充分ではない。また、「われわれを殺そうとしている者たちとは交渉できない」という主張も受け入れられない。紛争解決プロセスは往々にして、当事者同士が撃ち合っているさ中や、一方が他方を狂信的なテロリストとか帝国主義者とみなしているときに進められる。これらのプロセスは自発的に実行され、それらに共通するルールは「協議に前提条件をつけない」ということだ。ファシリテーターの支援のもとで議論を進めた結果、当事者たちが平和に近づくことができればいっそう喜ばしいが、そうならなくても失われたものは何もない。いずれにしても戦争を正当化しようと思うなら、政府はこのプロセスに一貫して参加すると確約しなければならない。たとえ、紛争解決プロセスに参加すれば敵を「認める」ことになると批判されようと、参加することによって当方の考え方が変わるというリスクを負うことになろうとも。参加者を圧力や世間の目から保護するために、紛争解決のためのワークショップや対話は通常極秘のうちに行なわれる。これらが大きな成功をおさめるのはたいてい、個々の参加者が国家やグループの最高指導者ではなく、懸案の問題をより自由な立場で考えることができ、新たに得た洞察を指導部に伝えられる組織の有力メンバーである場合だ。通例、ワークショップや会談は数ヵ月かそれ以上にわたって定期的に開催され、参加者は会期と会期のあいだは自分が属する共同体に戻るという形をとる。

その結果、紛争当事者が現下の状況を見なおして改善策を探りはじめるのを促すような、強力な相互作用が生まれる。想像してほしい――たとえば、オバマ大統領がアフガニスタンでの戦争を続ける資金をふたたび議会に求めたときに、議員や非政府組織のメンバーや一般国民がこう言うところを。ちょっと待て！　あなたはアフガニスタン政府やターリバーンならびに旧北部同盟の指導者や主たる部族集団の代表など、戦争で分断されたあの国の当事者たちがアメリカ軍に頼らずに彼らのあいだの意見の相違を解決するのを助けるために、信頼できる独立した紛争解決専門家の協力を真摯に求めたのか？　アフガニスタン領土の広範な地域を占領し、国民に平和の条件を押しつけようとするアメリカ軍の存在が有害ではなく有用であると、どうしてあなたは思うのか？　もし、アメリカ軍がいなくなればターリバーンがカーブルまで軍を進めるとあなたが答えるなら、同じ質問を繰り返さなければならない。あなたはアメリカ政府とターリバーンの対立を解決する一助として、適切なファシリテーターの協力を真摯に求めたのか、と。この問いに対する答えがノーであるなら、戦争は最後の手段ではない。それゆえ、私たちはこの戦争を支持することはできないのだ。

さあ、紛争解決を利用しようではないか。秘密裏に行なわれる——望むらくはファシリテーターに支援された——トラックⅡ外交の議論によって当事者すべての優先事項とニーズが明らかにされるまでは、トラックⅠ外交による交渉の段階に進んではならない。軍事作戦が最大の効果を上げる前にすぐさまターリバーンとのワークショップや対話を行なっても、失うものは何もない。というのは、紛争解決プロセスの目的は当事者の力関係に基づく合意を交渉することではなく、紛争の根深い原因を見つけ、それを変える方途を探ることだからだ。たとえば、ターリバーンとアル・カーイダの同盟は、大統領が暗に主張しているようにアメリカ国民の最も差し迫った関心事なのだろうか？　そうであるなら、ターリバーンはそれにつけいるために――仮にその気があるとして――何をしようとするだろうか？　ターリバーンとの対話が行なわれず、この疑問が直接問われることがなかったら、アメリカは水面下でほかのことに関心を抱いているのではないかという疑念を生じさせるだろう。中央アジアにおける地政学的な影響力や経済的資源、国家の威信やグローバルな権威、さらにはオバマ大統領の政治家としての将来にも関心があるのではないだろうか、と。理解してほしいのだが、私はけっして、こうした関心が働いていると主張しているのではない。私が主張しているのは、紛争解決プロセスが試みられず、こうした疑問が明らかにされないかぎり、私たちにはこの戦争がアメリカ国民の安全と自由を守るために不可欠なのか、あるいはかつてのメキシコ戦争やイラク戦争のような欺瞞行為の最新バージョンに過ぎないのかを知る術がないということだ。

ある実話――二〇〇三年のジョージ・W・ブッシュのイラク侵攻前夜、しだいに戦雲が濃くなりつつあったときに、私はアメリカ平和研究所の一職員に、イラクでの戦争の代替案を議論する会合を同研究所で開かせてほしいと依頼した。その会合には紛争解決分野や学界やシンクタンクの専門家、事情に通じたジャーナリスト、アメリカ政府の高官たちを集めるつもりだ、と。私はその仲介人に、参加者には侵攻とイラクの「政権転覆」を強く支持している人々も反対している人々も含めること、意見のやり取りはすべて非公開にすることを請け合った。しばしの沈黙ののちちに、その人物は「何ができるか、やってみよう」と応じた。数日間待っても梨のつぶてだったので、私は電話で「イラクのフォーラムはどうなった?」と聞いてみた。その答えは「上司たちから『冗談だろう、現政権がそんなことを認めるわけがない』と言われた」というものだった。

モラル——アメリカ政府が紛争解決のことを知らないわけではない。いくつかの連邦機関はその概念や技術の一部を採用しているし、ことにアメリカ平和研究所はこの新しい学問分野の潜在的可能性をワシントンの人々に教えるのに多大の努力を払ってきた。けれども、世界唯一の超大国——事実上の帝国——という地位を維持することと、紛争解決プロセスに参加することのあいだには、克服できそうもない葛藤がある。たとえば、イラク戦争開始後まもなく、イラクのスンナ派やシーア派、クルド人や多数の小さなコミュニティーが、さまざまな問題を協調的に解決する機会を死に物狂いで求めていることが判明した。それらの問題には、将来の政府の機構、石油収入の使用権、宗教と国家の関係、イランなど近隣諸国との関係などが含まれていた。占領体制下のアメリカの回答は、（フィリピン人に対するマッキンリー大統領の評価と同じく）地元民が自分たちでかかる問題に関して合意に達することなどありえない、それゆえ、大統領特使ジェリー・ブレマー〔一九四一生〕以下アメリカの官僚が気難しいイラク人に代わって決定を下さねばならない、というものだった。

ブッシュとチェイニー両氏の頭には、イスラーム世界にも伝統的な手法ばかりか現代的な紛争解決技術にも習熟した経験豊かなファシリテーターがいて、地元の当事者が独自の決定を下す手助けができる、ということが思い浮かばなかったのだろうか？　この二人には、アメリカのプレゼンスを増すと称する行動が、実際には地元民から意思決定能力を奪っていることがわからなかったのだろうか？　私が思うに、彼らはペルシア湾岸地域におけるアメリカの勢力の維持・拡大に深く傾倒していたがために、紛争解決をまともに考えられなかったのだろう。紛争解決技術を使うことは、相争うイラクの諸共同体が彼らの関係を修復するには何を変えねばならないかを探るのを許す程度まで、アメリカが後退する――そう言いたければ、撤退する――ことを意味していた。そして、かかる独立したプロセスはイラクに対する、ひいては湾岸地域に対するアメリカの支配力を脅かしかねなかったのだ。

これと同種の問題は、世界のほかの地域のほかの集団と関連してもちあがる可能性がある。たとえば、ベネズエラのウゴ・チャベスが、ラテン・アメリカにおけるアメリカの権益やアメリカ国内の安全保障を脅かすとアメリカ政府がみなすような行動をとった場合を考えてみよう。アメリカ政府高官は、軍事対決を回避すべく万策を尽くしたと国民を納得させるためだけであっても、伝統的な外交交渉に着手するだろう。だが、アメリカとベネズエラが不和になった原因を掘り下げて考察しなければ――つまり、ラテン・アメリカにおけるアメリカの役割の変化という物議を醸す問題を両国合同で徹底的に分析しないかぎり――二国間交渉はほぼ確実に失敗に終わるだろう。知識と情報を有し、覚醒したアメリカ国民が進むべき次の段階は、最後の手段として軍事力の行使を承認することではない、適切なファシリテーターを採用して紛争解決プロセスに誠実に取り組むよう政府に要求することだ。

要するに、誠心誠意紛争解決を試みないかぎり、戦争はけっして最後の手段たりえないのだ。

終わりに――より明晰に戦争を考察するための五つの方法

1　戦争が常態化することを受け入れない

冷戦の終結このかた、戦争と平和をめぐるアメリカ人の議論は周囲から孤立した奇妙な真空状態の中で行なわれてきた。自衛や「邪悪な敵」、人道的介入や交渉のリスクといったお馴染みの戦争を選ぶ理由が十年一日のように語られ、まるでアメリカが今なお北米大陸のフロンティアを拡大し、国外で力試しをしている若き新興国であるかのように論じられている。ところが実際には、アメリカはローマ帝国以来最も強力な超大国であり、少なくとも六三ヵ国に一四〇以上の軍事基地を構えているのだ（アメリカの支配下にある基地も勘定に入れれば、この数は七〇〇ないし八〇〇にのぼる）。

　アメリカが世界的大国《グローバルパワー》の仲間入りをした十九世紀末には、他国を占領ないし支配する論拠の一つに、イギリスの作家ラドヤード・キップリング〔一八六五～一九三六〕が言う「白人男性の責務（White

Man's Burden)」〔一八九九年の詩のタイトル。植民地原住民の教化を白人男性の責務と主張する〕のアメリカ版があった。第三章で述べたように、マッキンリー大統領がホワイトハウスで一晩熟考したのちにフィリピンの併合を決意したのは、「フィリピン全土を征服し、フィリピン人を教育し、向上させ、キリスト教化する以外にとるべき道はない(1)」からだった。インディアナ州選出の上院議員アルバート・J・ベヴァリッジ〔一八六二〜一九二七〕の演説は、マッキンリーが灯した宗教的な火に人種的偏見という薪《まき》をくべた。いわく、「われわれはわが人種の使命、すなわち神から託された世界文明の管理人という役割をけっして放棄しない(2)」と。人種的優越感と宗教的義務感は疑いようもなくアメリカの初期の帝国主義的な数々の冒険を彩っていたが、それは今日でもアメリカ人が世界を見る目から完全に払拭されてはいない。しかし、近年の諸々の出来事は、他国に武力介入するもう一つの理論的根拠を生みだした。それは道徳的十字軍を説くという類いのものではなく、実際的で「現実的」な理由として大衆にアピールしている。

　この理論的根拠は、アメリカは世界唯一の超大国であるという認識のもとに、アメリカの軍事力と戦う意志だけが相対的に文明化された世界の秩序と混沌のあいだに立ちはだかっている、と主張する。アメリカは二度と世界の警察官にはならないと心に誓ってベトナムから撤退した。だが、地域紛争が激増し、国際連合が無力化し、諸外国が地域のならず者に立ち向かう能力や意志を欠くなかで、アメリカはクウェートをサッダーム・フセインの占領から、コソヴォをスロボダン・ミロシェヴィッチ〔一九四一〜二〇〇六〕の残虐行為から、アフガニスタンをターリバーンの独裁から救える唯一の強国であることをみずから実証した。アル・カーイダとそのネットワークに対するグローバルな闘争を主導し、この世からイスラーム過激派を排除するために戦う国が、ほかにあるだろうか？「わが国が帝国であるというなら、それを最大限尊重しろ」と、アメリカの保守派の多くは主張する。好むと好まざるとにかかわらず、アメリカは世界をリードしなければならないのだ、と。

かかる主張に異を唱えるリベラル派の論調は、今までのところ実質よりスタイルに重きを置いているようだ。彼らは「ソフト・パワー」〔国家が軍事力や経済力などの対外的な強制力によらず、その国の有する文化や政治的価値観、政策の魅力などに対する支持や理解や共感を得ることにより、国際社会からの信頼や発言力を獲得する力〕を併用したより賢明な力の行使を強調しているものの、アメリカが世界をリードする必要性については——世界最大の軍産複合体を維持し、世界最大の軍事エスタブリッシュメントをグローバルに展開する必要性も含めて——総じて疑問を呈していない[3]。保守派とリベラル派のいずれが唱えるものであれ、「新世界秩序」の擁護を掲げる理論的根拠は特定の戦争を正当化することを意図してはおらず、むしろテロとの戦争のような持続的な軍事介入を合法化しようとしている（オバマ政権の高官の一部は今ではテロとの戦争をGCOIN、つまり「グローバルな反乱鎮圧」と称している）。こうした方針は二つの結果を招来する。一方で、国民が特定の紛争に関心をもたなくなるとともに、宣戦布告なしの戦争を支持することに馴れっこになり、ハイレベルな「通常の」軍事行動への合意が形成される。その一方で、かかる合意は広く共有されているとはいえ根拠が薄弱なので、現行制度の擁護者を（アメリカには世界の警察として働く経費を賄う財力がないといった）

実際的観点からの反対と、（イラクやアフガニスタンなどの戦争地帯における民間人の死亡率が高いというような）道徳的観点からの反対にさらしている。

さらに、アメリカをグローバルなスーパーヒーローと位置づけることは、明らかにさらなる暴力の誘因となる。いかなる帝国も――キュロス王〔二世。在位前五九九～前五三〇。アケメネス朝の創始者〕のペルシア帝国やイギリスのインド統治《ラージ》のように、その実態はともかく統治者はもっぱらよかれと思って治めていたような帝国ですら――憤懣と反感を育み、それが超大国を残虐な反乱鎮圧作戦に駆りたてる。進んだ技術をもつ帝国は、人間が望みうるあらゆる兵器を保有している。ところが、反抗的な臣民は狂信的な決意と素朴な武器を操る技能をもって、過度に複雑な兵器システムと互角に戦う。これはさだめし、超大国の「クリプトナイト問題」と呼べるだろう〔クリプトナイトとは、スーパーマンの超人的能力を無力化し、さらに死をもたらす物質で、クリプトン星が爆発したときに生じたとされる〕。この問題を克服するには、スーパーマンのコスチュームを脱いで、クラーク・ケント流の二つの問いを発する必要がある。

第一の問いは、「紛争解決を試したらどうか？」というものだ。人が暴力に訴えるのは、たいていは未解決の問題が存在するからであって、純然たる狂信や悪意や権力欲からという場合はめったにない。唯一の超大国という地位を守るために戦うことをやめれば――かかる地位への耽溺はほとんど意識されていないがゆえにいっそう強烈である――私たちは自由な立場で、紛争の当事者たちが問題の本質を明らかにし、彼ら独自の方法で解決するのを支援できるだろう。

第二の問いは、「国際法や地域の慣習法を施行したらどうか？」というものだ。紛争解決が功を奏さず、武力行使が必要とされる場合、世界が求めるのは強制外交〔相手国の敵対的な行動を撤回させることを目的に、限定的な軍事力や威嚇を用いて行なう外交〕の合法的な根拠、つまり人々が各自の社会経済的地位や政治見解や文化にかかわらず受け入れられる権威である。これは少なくとも現在の形では国連安全保障理事会を意味せず、おそらく諸々の地域機関と連携した新しい機関や制度を意味している。私たちアメリカ国民がスーパーヒーロー／スーパーパワーの夢を捨てさえすれば、かような機関や制度をすみやかに設計し実現することができるだろう。

2 自衛について冷静かつ戦略的に考察する

九・一一のテロ攻撃からおよそ一〇年経っても、アメリカ人の自衛観はいまだにこの大きなトラウマにとりつかれている。まったく予想もしていなかった残虐な攻撃に見舞われた、私たちを襲った組織のメンバーは今でも野放しにされているという意識が、思いがけなく悲惨な交通事故に遭った被害者を苦しめているのと同じ精神状態に私たちを陥らせている。かつて、信号無視をした車が私の車に正面からぶつかってきた。それから一年ほどのあいだ、私は信号機のある交差点を通過するたびに、誰かの車がまた信号を無視してぶつかってくるのではないかとパニックに襲われたものだ。いうまでもなく、アル・カーイダのテロリストはもっと大きな恐怖を人々の心に吹きこんでいる。なにしろ、彼らの行為は意図的だったうえに、ふたたび攻撃すると脅しているのだから。それでもやはり、私たちはアル・カーイダのテロリストを「典型的な悪質ドライバー」――あらゆるテロリストと反乱者の典型――とみなし、しかもアメリカを痛めつけるという彼らの欲望をほかの集団すべてにあてはめてきた。それゆえ、イラクのスンナ派やシーア派の反乱者、アフガニスタンのターリバーンの戦士、さらにはコロンビアのFARC〔コロンビア革命軍〕のゲリラが彼らの領土で任務についている米軍部隊に激しく抵抗すると、私たちは感情的にこれを世界貿易センタービルとペンタゴンへのアル・カーイダの攻撃と同一視してしまう。テロリストや反乱者がアメリカ軍ではなく自国の政府やライバル組織のメンバーを攻撃している場合でさえ、アメリカ人は「われわれ」が攻撃されているというのだ！

　かかる混同した見方はアメリカ国民の生命と財産を犠牲にするばかりか、自己充足的な予言〔予言などが予言されたために実現すること〕として機能する。というのは、もし、アメリカが自国の防衛とはほとんど関係がないのに勢力拡大にはおおいに関係がある他国の紛争にちょっかいを出したら、それまでアメリカを攻撃する気などさらさらなかったグループが、突如として私たちに照準を合わせるようになるからだ。たとえば、フィリピンのミンダナオ島でイスラーム反政府組織と戦っているフィリピン軍に、軍事援助や助言を提供するような場合だ（これをアメリカは実行している）。反乱グループの一つ、アブ・サヤフと称するゲリラ集団は、今ではアル・カーイダと「結託」していると言われている。アメリカ政府がアブ・サヤフをアメリカの敵と宣言した以上、おそらくそのとおりなのだろう。これと同様に、現在ソマリア南部の大部分を支配しているアル・シャバブと名乗るソマリ族のグループは、そもそも地元の民衆抵抗運動組織として結成された。だが、二〇〇六年にアメリカの支援を受けたエチオピア軍がソマリアに侵攻すると、アル・シャバブは急進化した。今日でさえ、このグループはアル・カーイダに近いと言われているものの、その関心と野心の対象はソマリア国内に限られている。紛争解決プロセスは、ソマリアの人々が国内の紛争を解決するのを手助けできるのか？　たぶんできるだろう。けれども、東アフリカ諸国に帝国主義的支配を行使しようとするアメリカの試みは、まず助けにならないだろう。

私は第二章で、戦争を正当化する根拠として自衛が挙げられたときに問うべき四つの疑問を提示した。私たちは何を守ろうとしているのか、それを誰から守ろうとしているのか、選択された自衛手段は合理的なのか、その手段はどのくらいの時間とコストを要するのか？　これらの疑問は、アル・カーイダのケースのように答えが自明と思える場合でも問わねばならない。アメリカ政府高官は繰り返しこう主張している。「わが国は戦時下にある。テロリストどもはわれわれを殺そうとしている。彼らと交渉するのではなく、まず彼らを殺さねばならない」と。これは常識だろうか？　いや、必ずしもそうではない。暴力的な紛争においては、敵は常に相手を殺そうとする。たとえこうした状況下でも、交戦中の当事者が交渉か紛争解決をつうじて平和的に決着をつけようと決断するときがある。紛争解決の機が熟した状況を「みじめな膠着状態」と表現する専門家もいるが、非暴力的な紛争解決技術が戦闘を継続するより長期的な安全保障に資するような状況も存在するのだ。[4] 私たちはどうすれば、所与の政策が合理的な自衛戦略であるか否かを判定できるのだろうか？

最初のステップは敵を理解することだ。不幸なことに「イスラーム過激派」に関しては、以下のコメントが典型的な見解を示している。

イスラーム過激派との闘争は、アメリカがこれまでに遂行したいかなる戦争とも似ていない。ウサーマ・ビン・ラーディンとその同類の輩《やから》は、アメリカ政府が国民の安全を保障できないことを明らかにしようと目論んでいる。彼らはアメリカをイスラーム世界から撤退させようと策動し、人間の行動を律するのは彼らのいわゆる神の法ではなく人間であるという理念をわれわれに放棄させようと画策してきた。彼らの行動を駆りたてているのは、ささいな不満でも貧困でもない。(5)

これは、平素は適正な判断を下すという評判の前司法長官〔マイケル・B・ムカジー。一九四一生。在職二〇〇七～〇九〕の見解である。しかし、この手の粗雑な誤解に基づいて合理的な自衛戦略を構築することは不可能だ。まず、テロとの戦争はアメリカがこれまでに遂行した戦争とまったく似ていないわけではない。これは多くの面でフィリピンやベトナムやイラクで遂行された戦争に似た反乱鎮圧闘争である。さらに、「ウサーマ・ビン・ラーディンとその同類の輩」と語ることはアル・カーイダとそのほかの「イスラーム過激派」を一つに括《くく》り、事実上彼らすべてに宣戦を布告するに等しい。けれども、合理的な自衛戦略であれば、アル・カーイダとほかのイスラーム主義グループを引き離し、後者を対話に引きこんで、アメリカとイスラーム世界の関係の再構築を目指すだろう。この文を寄稿した前司法長官が述べているように、ビン・ラーディンが「アメリカをイスラーム世界から撤退させようと策動してきた」ことは事実だが――それがどうだというのだ？　ムスリム諸国におけるアメリカの役割は、控えめにいっても議論の余地がきわめて多い。この問題を敵と議論することによって、本格的な紛争解決を行なう基盤が生まれるかもしれない。あたかもアメリカの政策と実践を見なおすのは不名誉だといわんばかりに「撤退」を語るという手口は、アメリカ人が彼の地で実際に何をしているのか、何を変えれば私たちはより危険にではなく安全になれるのか、と考えることを拒絶するための常套手段である。

彼ら独自の神の法を私たちに押しつけようとするイスラーム主義者について、これらジハード主義者が門口に迫っていると云々されるが、かかる妄想は宗教的自衛を叫ぶ興奮状態を引き起こそうとの魂胆と見受けられる。たしかに、「神なき西洋」に神の判決を下せと呼びかける狂信的なイスラーム主義者の言説を見かけるが、それはちょうど、クルアーン〔コーラン〕は殺人と破壊行為を命じていると主張する狂信的なイスラーム嫌いの言葉を目にするのと同じことだ。だが、これは宗教的信条をめぐる紛争ではなく、住人のほとんどがムスリムである国々を誰が統治するかという問題なのだ。くだんの前司法長官が「彼らの行動を駆りたてているのはささいな不満ではない」と言うとき、彼が言わんとしているのは「その原動力は純然たる宗教的中毒であり、それゆえ狂信者を殺す以外に打つ手はない」ということだ。しかしながら、ここでは、かつてローマ・カトリック教会もキリスト教徒を自称する〔アリウス派やネストリウス派などの〕異端派について、まさにこのような見解をもっていたことを想起するのが有用である。ローマ教会は彼らの殉教が「教会の種《たね》」になるとは夢想だにしていなかったのだ〔西方教会の最初の教父で護教家のテルトゥリアヌス（一六〇頃～二二〇頃）は「殉教者の血は教会の種」と述べ、アウグスティヌス（三五四～四三〇）は『神の国』でこの言葉を引用している〕。

もちろん、わかっている範囲では、初期のキリスト教徒はテロリスト流の暴力に訴えてはいなかった。それに対して、イスラーム主義者の中には（聖書時代の〔ユダヤ教の祭司〕マカベア家のように）聖戦士を自任する者たちがいる。このことから、多くの人々が彼らと話し合っても無益だと思うようになった。とはいえ、テロリストとの交渉をテーマとした論説がしだいに増しており、それらは話し合いを有意義なものとする諸々の条件を示唆している[6]。私見では、アメリカはアル・カーイダと「交渉」――つまり取引――をすべきではない。私たちは戦闘的イスラーム主義者も含めたイスラーム世界の指導者たちと、徹底的な紛争解決プロセスを実行すべきだ。そのプロセスには、もし彼らが望むのであればアル・カーイダの代表たちも参加させる。自衛について明晰に考察するとは、アメリカ国民に長期的な安全保障を提供する最良の方法を見出すことにほかならない。そして、長期的な安全保障は究極的には兵器にではなく、公正な関係を築けるか否かにかかっている。この種の紛争解決に着手するに当たって、アメリカが武装解除する必要はない。だが、アメリカが紛争解決に着手しなかったら、世界中の兵器すべてをもってしても私たちが求める安全は得られないのだ。

3 「邪悪な敵」と道徳的十字軍について厳しく問いただす

この世に悪が存在することは疑問の余地がない。だが、大きな悪と戦うために他国民を殺し、みずからの命も危険にさらせと政府高官が国民に求めるとき、彼らはえてしてどんな敵でも悪魔のような存在に仕立て上げる。かくして、私たちもしだいに敵の指導者や、さらには敵国の国民すべてを――悪意を有し、不誠実で、残酷で、権力欲にとりつかれた――超越的な「悪」と思いこむようになる。私たちが超人にして超越的な悪と思い描く堕天使のルシファー〔悪魔《サタン》〕のように、「邪悪な敵」は非人間的な性格と力を併せもっている。これは、私たちを英雄的な暴力行為に駆りたてるためにつくられた恐ろしい妖怪である。このイメージはきわめて強い魔力をもっているので、「邪悪な敵」がふたたび現われたときにはいつでも厳しく問わねばならない。以下に問うべき事柄の例を列挙しよう。

「悪」という言葉がどのように使われているか？

この言葉は、敵の指導者やグループが善なるものすべての破壊を欲しているという意味で、悪魔もどきの存在であることを表わしているのか？　異常な非情さや残酷さを、もしくは、ある国や地域や全世界を支配せんという欲望を意味するのか？　あるいは、もっぱらアメリカに対する強い敵意を表わしているのか？　（悪を定義することは、この言葉を使う権利を放棄することを意味しない）

性格が邪悪であるという以外に、くだんの人物やグループが現在見られるように考え、行動する理由があるのか？

彼らの背景や経験のなかにその理由を見出せるのか？　現在彼らが置かれた状況や、アメリカ国民も含めた他者の行動に根ざした理由があるのか？　それらの理由は、彼らと意思を疎通させたり、彼らの行動を変える手立てを示唆するのか？（理由を見出しても、彼らの行動を弁明することにはならない）

かような指導者やグループに対して、いかなる対処法が可能なのか——そして、どの方法が最も理にかなっているのか？

交渉や紛争解決プロセスは私たちの体面を傷つけ、相手を調子づかせて行動をエスカレートさせる恐れがあるので、敵と目されている者たちとの話し合いは避けるべきなのか？　彼らと戦うべきなのか——その場合、どうすれば武力闘争が招来する結果を予測できるのか？　これらの問題解決を支援できるような信頼に足る第三者やファシリテーターは存在するのか？（別の対処法の利点を評価することは、無為と同義ではない）

前述したように、敵のイメージはしばしば私たちの「影の分身」を表わしている——そう、自分自身が嫌悪し、取り除きたいと思っているおのれの性格を他者というスクリーンに投影したものなのだ。卑しい性格や恥ずべき性格を払拭できれば、私たちはより純粋で善良な人間になったように感じられる——暴力的・狂信的・利己的で権力に飢えた「他者」とは正反対の人間に。かくして、自分には道徳的十字軍に従軍する資格があると思うようになる。なにしろ、自分たちが快楽主義者ではなく利他主義者として、抑圧者ではなく解放者としてふるまえることがわかっているのだから。だが、民主主義や自由、さらには世界秩序を守るための十字軍に同意するよう誘《いざな》われたときに私たちの眼前に閃《ひらめ》くべきは、『マタイによる福音書』〔第八章八節〕に記されたローマの百卒長の言葉、「主よ、私には〔私の屋根の下にあなたをお入れする〕資格がありません」という言葉なのだ。個人としてなら、私たちは外国の人々が彼らの問題を解決するのを助けるためだけに進んで彼の地で戦い、任務を果たせばすぐさま喜んでその土地から永久に去るだろう。しかし、世界で唯一の超大国は単なる善意から、充分に装備された数十万もの兵士を何千億ドルもの経費をかけて派遣したりはしない。大きな富や力をもたない善意の市民たちは、人道的介入を呼びかける組織の実態が帝国であること、その政界と実業界の指導者たちは彼ら独自の利益を追求するのが常であることを、忘れてしまいがちなのだ。

大量虐殺やジェノサイドの防止が介入の理由とされるときには、この問題は最も核心を突いた形で現出する。とりわけテッド・ロバート・ガー〔一九三六生〕が先駆的な著書『危機に瀕する少数民族（Minorities at risk）』を公刊して以来、ジェノサイドの防止は世界中の紛争解決専門家や学者や政策立案者の関心を強く引くようになった。[7] 国際連合はジェノサイド防止を担当する事務総長特別顧問を任命した。国際的な専門誌『ジェノサイドの研究と防止（Genocide Studies and Prevention）』は広く読まれている。数多のNGOがこの分野に参入し、「ジェノサイド防止に政府を取り組ませる（Engaging Governments on Genocide Prevention）」と呼ばれる革新的なプログラムが国際的なジェノサイド専門家や世界各国の政府高官を結びつけ、ジェノサイドの早期警報や非暴

力的な防止法について情報を提供してきた。(8)

一九九四年にアメリカがルワンダに介入してさえいたら、数十万もの無辜《むこ》の命を救えたはずだ、とよく耳にする。たしかに、そのとおりだろう。だが、どうしてアメリカは介入しなかったのか？ なぜ、アメリカはほぼ例外なくキューバやフィリピンやイラクのような――下世話な言い方をするなら、アメリカにとって何かがある地域にばかり介入するのだろうか？ 危機に瀕したコソヴォの住民をセルビア軍から守るために、一九九九年に米国空軍がNATO軍の主力部隊として空爆ミッションを敢行したときですら、アメリカは〔この年にセルビア空爆の拠点として建設された〕コソヴォのボンドスティール基地をめぐって関係諸国と短期間とはいえ鋭く対立していた。アメリカはどうやら、このヨーロッパ最大の軍事基地を予見しうる将来にわたって所有し、運用する計画のようだ〔ボンドスティール基地は建設当時から目的に比べて規模が大きすぎるうえ、設備が豪華すぎると非難されていた〕。ジェノサイドの恐れがあるなど人道的介入が必要とされるときに、アメリカ政府が単独で介入すると主張したら、私たちはただちに先ほど述べた二つの問いを投げかけねばならない。紛争解決を真剣に試みたらどうか、それが失敗したら国際機関や地域機関をつうじて介入したらどうか、と。ジェノサイドが差し迫っていたり、すでに行なわれているのにほかの選択肢がない場合には、アメリカは介入すべきだと私は思う――ただし、介入は人道的危機を阻止するのに必要最小限の期間と軍事力に限定し、任務を果たした暁には、その国に設けた軍事基地や帝国主義的施設の類いを維持しようなどと思わずに撤退するという条件で。

アメリカは比類ない徳を有するという思いこみは、過去に行なった数々の介入のよりどころとなっていた。それはまた、私たちを自己欺瞞と度重なる非人道的抑圧という堕落への道に導いてきた。ジェノサイドに対して、私たちは「二度と繰り返すな」と声を上げるべきだ。そして、反乱者と民間人の大量虐殺に対しても、まったく同様に「二度と繰り返すな」と言うべきなのだ。

4 愛国的アピールを分析する――国民浄化キャンペーンに抵抗する

ジョンソン博士〔サミュエル・ジョンソン。一七〇九〜八四〕の警句「愛国心はならず者の最後の避難所」は必ずしも真理ではないが、愛国心はいかがわしい戦争を正当化する究極の口実となる。最も原初的な形では、愛国心にかかわる教理問答は次のように進行する。Q・あなたは自分の国を愛しているか？　A・はい。Q・あなたは祖国のために進んで戦うか（あるいは、祖国のために戦えと進んで家族や友人を戦場に送りだすか）？　A・はい。

私たちアメリカ人は一つ目のQとAからすぐさま二つ目のQとAに進むよう条件づけられている。ここで語られていない連結語は、「あなたが自分の国を愛しているなら、祖国のために戦うはずだ」である。だが、この連結こそ個々のケースで検証すべきで、一般論として主張されるべきでない。自分の国を愛することは、指導者たちの命令に無条件で従うことを意味しない。さらに、彼らが命ずるままに外国人を殺したり、アメリカ人の生命を危険にさらすことも含意していない。一つ目から二つ目のQとAに飛躍するためには別種の教理問答が必要で、戦争を唱道する者すべてにそれを行なわなければならない。

Q・あなたの言う「国への愛」は何を意味しているのか？　これは多肢選択式の質問である。その答えとしては、（a）特定の人々や場所への愛情、（b）特定の政治的・経済的・道徳的原理に対する崇拝の念、（c）特定の習慣や社会慣行や文化的産物への愛着、（d）特定の形態の共同体生活への参加、などが考えられる。このリストは不完全だと思う向きもあるだろう。なぜなら、国への愛はもっと包括的で絶対的な何か、言葉では表現できない全的存在――「国という神秘的統一体」――の一部であるという意識を内包しているからだ、と。だが、私は繰り返し「特定の」という言葉を用いて、自分の国を愛することはその国民、場所、原理、文化的産物、共同体生活の形態すべてを称賛することと同義ではないという事実を強調した。実際には、アメリカの特定の側面を愛すれば愛するほど、ほかの側面をますます嫌悪するようになるものなのだ。

しかも、このリストはさまざまなタイプの愛国心を個別に挙げている。ところが、自称愛国者は往々にして愛国心をより幅広く、共同体に根差したものと捉えている。彼らの言う共同体は、理想的なアメリカと現実のアメリカを混同している点で「想像の」共同体である。彼らが緊密に統合された共同体として描出する国は、国民すべてを包含すると想定されているものの、実際には国民のあいだに現存する諸々の相違点を否定し、国民の多くを排除するか周辺に追いやっている。愛国的イデオロギーはアメリカを一つの家族、一つのエスニック共同体、階級のない一つの社会、さらに近年では一つの道徳的／精神的「文明」と叙述してきた――そして、これこそが私たちが愛するとされている国なのだ……さもないと……。共同体的愛国心の復活はほぼ例外なく、説得や威嚇や脅迫をつうじて国民を統合することを意図した国民浄化キャンペーンを生みだす。

Q・なぜ、この特定のケースにおいて、国を愛することが必然的に国のために戦うことになるのか？　この問いかけは実のところ、二つの回答を求めている。

第一に、戦争を正当化するためには、国の特定の側面に対する脅威がたしかに存在することを実証しなければならない。たとえば、エスカレートしたテロとの戦争を擁護する人々が、イスラーム主義者は彼ら独特の神の法を私たちに押しつけようと画策し、それによってアメリカの宗教的・道徳的アイデンティティーを脅かしていると考えているなら、そうした脅威がたしかに存在することを彼らに証明させるべきだ。あるいは、アメリカの民主的な参加制度と個人の人権を守らねばならないと主戦論者が言うなら、この制度が具体的にどのように脅かされているのか（私たちが身の安全に神経過敏になっていることは別にして）、彼らに証明させなければならない。「アメリカ」が危険にさらされているという事実も、どのように脅かされているのかも明確に示せないような理屈を支持して、大規模な暴力行為に加担すべきではない。

第二に、戦争を正当化するためには、軍事力の行使が脅威を排除する唯一ないし最良の方法であることを証明しなければならない。たとえば、一部のイスラーム主義者はアメリカの長年の同盟国であるイスラエルを非合法とみなし、同国のユダヤ人コミュニティーを破壊すべきだと主張しているが、武力をもって彼らを守る以外にイスラエルのユダヤ人の大量殺戮を防ぐ手段が皆無であるなら、アメリカの間接的・直接的な介入は正当化される。けれども、紛争解決専門家のみならず多数の政策アナリストが、イスラエルのユダヤ人共同体とパレスチナ人共同体をともに安全にし、しかもイスラエルがいつまでも暴力に過度に頼らずにすむような、効果的で実行可能な方法があると確信している。たとえ、それらの選択肢がアメリカとイスラエルの現行政策の重大な変更を伴うものであっても、中東における軍事力の行使を正当化するためには、そうした変更がなされなければならないのだ。

これらの問いに答えるのは困難だが、少なくとも実際にある戦争が正当化されている場合には不可能ではない。主戦論者は証明するという重責を担うべきである。問題は、軍事作戦の提案に対して少しでも疑念を表明すれば非愛国的とか臆病者とレッテルを貼られかねないときに、これらの問いを投げかける勇気を奮い起こせるか否かにかかっている。本書の冒頭でその古典的アメリカ研究を引用したアレクシス・ド・トクヴィルは、世界で最も自由な国民が多数意見の圧制に挑むのを非常に困難に思っている、という皮肉な現象を長々と論じている。私たちは問いを発する勇気の源を政治的イデオロギーにだけでなく、宗教的・倫理的伝統のうちにも見出すことができる。こうした伝統は、国とは人間に犠牲を求める神的存在ではなく、存続に値する人間主体の組織であることを明確に示している。これと同じ伝統が、人間の生命は限りなく尊く、いかなる国民の生命も他国民のそれより価値が高いことはありえないと主張する。アメリカ国民の生命はほかの国民の生命より本質的に価値があると主張することは、愛国的行為どころか、とりわけ悪しき形態の偶像崇拝にほかならない。

戦争と平和の問題はそのほかの政治的な問題の多くとは異なり、生と死というこの世の絶対的原理の地平で作用する。民主主義のもとでは、ならず者を追放したり政策を変更することによって、ほとんどの誤りを修正することができる。だが、死者を生き返らせることも、心身に永久的な傷を負った人々を癒すこともできはしない。それゆえ、私たちには、主戦論者が要求する犠牲がわが国の安全保障と領土の保全を追求するうえで絶対不可欠なのかと問いかける資格があるばかりか、それを求められているのだ。この問いに然りと答える論拠が曖昧で説得力がない場合は——アブラハムが刃物を手に息子のイサクを屠《ほふ》ろうとしたときに手を下すなと告げた神の御使いの声のように大きく、はっきりしていない場合には〔『創世記』（第二二章一〜一九節）によれば、アブラハムは神からひとり子のイサクを犠牲として捧げよと命じられたとき、それに服する姿勢を示して信仰の篤さを認められた〕——私たちはおのれの血も他者の血も流すべきでない。

5 主戦論者に彼らの利害を開示せよと要求する

開発専門家なら知っていることだが、〔特定の一次産品の栽培に依存する〕単一栽培《モノカルチャー》経済はたとえ一時的に大きな富を生みだしても、最終的には国家経済にも社会生活にも破滅的な害をもたらす。一九五〇年代以降、アメリカは主要産品が戦争であるモノカルチャー経済を発展させる方向にかなり進んできた。連邦政府による直接的な軍事支出はいまや、アメリカの総予算（約一兆ドル）[9]のおよそ四分の一に達している。わが国の軍事費は世界のほかの国すべての軍事費を合計した額にほぼ等しい。『フォーチュン』誌のトップ一〇〇に載る企業の半数以上が、国防生産に深く関与している。国家経済全体がアメリカの戦争能力の持続的な増強・使用と兵器や軍事物資の国際貿易にどの程度依存しているのかは、推測することしかできない。[10]アメリカの戦争システムを完璧に叙述するのは本書の視野を超えているが、戦争を承認するよう国民が求められたときには、主戦論者一人ひとりの個人的な利害がたちまち問題になってくる。

私たちアメリカ人は通常なら、かなり実利にさとい国民である。遠隔地の貧しい人々に寄付してほしいとか、地元の警察官や消防士を支援してほしいと求められると、寄付金のどれほどが実際にくだんの目的に使われるのか、どれほどが何者かのポケットに入るのかを知りたがる。ところが、異国の地で戦うために息子や娘や恋人を供出せよと求められると、愛国的心情か何らかの抑制因子が働いて、同様の実際的な質問をすることをしばしば思いとどまってしまう。誰が戦争から利益を得るのか？　私たちが戦うか否かを決する際に、どれほどの軍のキャリアや民間人の雇用、企業役員の給料や株主の配当が、その決定に左右されるのか？　私はけっして、おおかたの戦争は純粋に私的な利益のために遂行されると言っているのでも、誰かを必然的に豊かにする正義の戦争はありえないと言っているのでもない。だが、あるケースに利害を有することは、それをどのように評価するかに影響を及ぼす。だからこそ、判事その他の公僕はそうした利害を開示することを期待されている。要するに、私たち一人ひとりが和戦いずれかを決する際に考慮できるように、主戦論者が戦争にいかなる利害を有しているのか、私たちは彼らにそれを開示するよう要求しなくてはならないのだ。

多くの人々がこうした要求を躊躇するであろうことには、もう一つの理由がある。アメリカ経済がいまや軍事支出にあまりに依存しているので、私たち自身が——銀行家や軍事産業の大物のみならず労働者や農民にいたるまで——この問題に利害を有するといえる状態なのだ。ある専門家たちによれば、アメリカ国民はかなり長きにわたって「軍事的ケインズ理論」を実践してきたという。つまり、膨大な軍事支出を使って、制御不能の過剰生産に苦しむ経済システムを支える需要を生みだしてきたというのだ。はたしてアメリカ国民は、自分の仕事や自分が属するコミュニティーの安寧を危険にさらすことなく、デクスター・フィルキンス〔一九六一生〕のいわゆる「果てしなき戦争」をやめることができるのか？[11] 私たちは早急にこの問題に正面から取り組まなければならない。なぜなら、これは私たちを道徳的に許されない立場に追いやりつつあるからだ。それが経済を浮上させておく唯一の方法だからという理由で、私たちは価値の疑わしい戦争で国民の生命と安寧を犠牲にしようというのだろうか？ 現在の経済構造を見なおし、かかるジレンマから脱出できるような経済システムを再構築する方法はないのだろうか？ 経済的観点から見た戦争と平和の得失というトピックは、現在のアメリカではさほど研究されていないものの、世界各地で重要なテーマとして議論されるようになってきた。[12] もし、私たちが生計のために人を殺したり自分が死ぬのを避けようと思うのならば、間違いなくこのトピックは優先的に考察するに値する。

これらの関心事に対して、アメリカの戦争システムはもっぱら驚くほど単純に対処してきた――そう、アメリカ人の死傷者を最小限にせよ、と。少なくともベトナム戦争以来、人的損耗率はそれだけでは国民が戦争の賛否を決める決定的要素たりえないが、ほかの要素が加わるとかなり大きなウエートを占めることが明らかになってきた[13]。アメリカ政府当局はどうやら、アメリカ人の戦死者と重度の戦傷者を大幅に減らせれば、果てしなく続くかのような戦争に対する国民の不平不満もずっと減ると思っているらしい。かような判断に対しては、私たちは二つの回答を心に刻んでおかねばならない。

第一に、一九九一年の湾岸戦争以降、ハイテク攻撃兵器の使用と（防護服などの）防御手段の改良が進んだ結果、アメリカ人の戦死者数は顕著に減少したが、即席爆弾のようなローテク兵器を駆使する敵対勢力との非対称の戦争によって、戦傷者数は驚くほど増えている。アメリカの退役軍人用病院は、重篤な頭部の損傷や四肢の切断、心的外傷後ストレス障害（ＰＴＳＤ）に苦しむ兵士でいっぱいだ――しかも、退役した兵士の自殺率は急激に増加している。さらに、政府は人的損耗率を「高い」「低い」「容認できる」と分類しているが、私たちはその定義を問わねばならない。はたしてイラク戦争は、四三〇〇人以上のアメリカ人の生命と三万二〇〇〇人以上の戦傷者より価値があったのだろうか？

第二の回答は、たとえアメリカ人の死傷者をゼロにできたとしても、それをもって不正な戦争で外国人を大量虐殺することへの国民の同意は得られない、ということだ。イラク戦争では一〇万人以上の民間人が命を落としたが、五〇万人という推定値も報告されている。アメリカ軍の安全の保証と引き換えなら他国民の生命を犠牲にしてもかまわないと信ずる者たちは、アメリカ人の道徳的な国民性を形づくっているきわめて高尚な見解をもちあわせていない。本書の主たる前提条件は――これを再確認して筆をおきたいのだが――合法的な自衛ないし道徳的義務という根拠で武力闘争が正当化されると納得しないかぎり、私たちは殺したり死んだりしないということだ。現行の戦争システムは、拡大する一方の紛争地帯への絶えざる介入というパターンが定着しており、特定の戦争について正当な理由を求めるという習慣から国民を引き離すことを意識的ないし無意識的に意図しているように思われる。このシステムはうまく機能しないだろうと――戦争の正当性を納得できる理由がないかぎり、アメリカ国民は今後も進んで戦おうとしないだろうと――主張することは、おそらく信仰に類する行為である。それにもかかわらず、私はこの信仰をもちつづける。そして、あなたたち親愛なる読者にも、これをもちつづけてほしいのだ。

謝辞

本書を執筆するに際して、私はまたしても、ジョージ・メイソン大学紛争分析・解決研究所（ＩＣＡＲ）の強力かつ有益な支援をいただいた。同研究所は、紛争を解決し、世界の平和を築くための実践的行動を創造的に考えることを鼓舞するユニークな学術研究所である。私を励まし、助言してくれたＩＣＡＲ所長のアンドレア・バルトリと前所長のサラ・コッブに、批評と示唆を与えてくれた同僚のケヴィン・アヴルーチ、サンドラ・Ｉ・チェルドリン、クリストファー・Ｒ・ミッチェル、ジェームズ・Ｒ・プライス、ディーン・Ｇ・プルイト、ダニエル・ロスバート、ソロン・シモンズに、きわめて貴重な手助けをしてくれたエカテリーナ・ロマノヴァに、そして、本書で述べたアイディアにいつもながらの率直さとエネルギーをもって反応してくれた優秀で個性豊かなＩＣＡＲの学生たちに、それぞれ心から感謝する。

本書の執筆のためにイタリアのベラージオにある研究センターに一ヵ月滞在することを認めて

くれたロックフェラー財団と、ヴィラ・セルベッローニの寛大な支配人にして導き手たるミズ・ピラール・パラシアに深謝する。刺激的で気の合う学者やアーチストたちとベラージオで暮らしたことは、何より楽しい経験だった。そのうちの数人は私の研究に貴重な貢献をしてくれた。なかでも、マーク・J・レイシーとデイヴィッド・ダンラップに感謝の言葉を送りたい。

本書の一部は、『非対称な紛争のダイナミクス（Dynamics of Asymmetric Conflict）』第二巻、第一号（二〇〇九年一〇月）に収録された「なぜ、アメリカ人は戦うのか――非対称な戦争の正当化」を改訂したものである。有益な批評と示唆を与えてくれた出版元の編集者クラーク・マコーリーと彼の同僚たちに感謝する。

何より深い感謝の念を、私のリテラリー・エージェントであるゲイル・ロス・アソシエーツ社のゲイル・ロスと、ブルームズベリー・プレス社の有能な編集者ピーター・ビーティーに捧げる。

私の家族は、彼らの愛情あふれる支えが私にとってどれほど有意義なのかを知っている。スーザン、私がこの愛のための労苦《レイバー・オブ・ラブ》〔テサロニケの信徒への手紙一、第一章三節。転じて「好きでする仕事」の意〕をやり遂げるのを支えてくれてありがとう。ハンナとシャナ、君たちの同志愛と示唆に富む言葉に感謝しているよ。そしてマット、原稿を読んで批評する時間と労をとってくれてありがとう。

訳者あとがき

本書は Richard E. Rubenstein, Reasons to Kill: Why Americans Choose War（Bloomsbury Press, 2010）の全訳である。ただし、巻末の索引は人名索引のみとし、原書にはない年表と地図を付した。原註はすべて記載し、訳註は〔　〕で本文中に示した。原文中の（　）、［　］はそのままとし、イタリクスによる強調は傍点を付して示した。第四章に引用されている The Man Without a Country は BiblioBazaar の二〇〇九年版に合わせて一部修正した。著者のリチャード・E・ルーベンスタイン氏はヴァージニア州のジョージ・メイソン大学で紛争解決と公共問題の研究に従事し、政治や宗教、それらにまつわる紛争について著述を行なっている。そのうち Aristotle's Children: How Christians, Muslims, and Jews Rediscovered Ancient Wisdom and Illuminated the Dark Ages（『中世の覚醒――アリストテレス再発見から知の革命へ』）が邦訳されている。

本書でも論じられている戦争をそれらが招いた「意図せざる結果」という観点から考察した

『アメリカと戦争1755-2007』(K・J・ヘイガン&I・J・ビッカートン著、高田馨里訳、大月書店)によれば、アメリカは独立以来、国外で二五〇以上もの軍事行動を起こしてきた。ルーベンスタイン氏は一九九〇年に始まった湾岸危機の平和的解決を探る活動や、二〇〇三年のジョージ・W・ブッシュ政権によるイラク侵攻を阻止する活動を続けるなかで、アメリカ人がかくもしばしば戦争を選んできた理由を知りたいと思うようになったという。本書はいかなる大義が唱えられようと戦争とは敵とみなされた国や集団に属する人間を殺すこと(と、おのれの生命を危険にさらすこと)にほかならないという信念のもとに、国家の指導者が戦争を提唱しても、その言い分を無批判に受け入れることなく、アメリカの国民性に深く刻まれてきた健全な懐疑心を発揮して「殺す理由」の当否を厳しく問うてほしいと、同胞に呼びかけた警世の書である。

アメリカは開拓初期から始まったインディアン戦争によって先住民の土地を奪い、米墨戦争によって大陸本土の領土を太平洋岸まで拡張し、米西戦争によってカリブ海と太平洋に勢力圏を拡大した。第一次世界大戦と第二次世界大戦にも参戦した結果、世界に冠たる超大国となった。冷戦期には朝鮮戦争とベトナム戦争という熱い戦争を戦うとともに、さまざまな形で他国に軍事介入し、世界各地に軍事拠点を築いた。冷戦後もサッダーム・フセインのクウェート侵攻に端を発した湾岸戦争、二〇〇一年九月一一日のアメリカ中枢同時多発テロ後に対テロ戦争として始まったアフガニスタン侵攻、そしてイラク戦争と、アメリカは絶え間なく戦いつづけてきた。ブッシュ政権はその間に、中央アジアや中東で軍事的なプレゼンスを拡大した。原書が二〇一〇年に出版されてから、ウサーマ・ビン・ラーディンは米国海軍特殊部隊によって殺害され（二〇一一年五月）、オバマ大統領がイラク戦争終結を宣言し（同年一二月）、アフガニスタンからの米軍撤退を一四年末までに完了する旨を言明するなど、情勢は大きく変化した。とはいえ、アメリカはアフガニスタンから撤退後も同国への関与を続ける決意を表明しており、今なお不透明なイラクの「戦後」を見届け、イラク戦争の意味を評価するうえでも、本書の出版は価値のあることと思う。

イラク戦争の例が記憶に新しいところだが、アメリカの指導者は戦争を提唱するに際して、一再ならず虚偽ないし誇張した申立てを行なって国民を誤り導いてきた。著者によれば、彼らは戦争が不可避である理由として、自衛の必要性や「邪悪な敵」の脅威、人道的介入の義務や戦争以外の解決策が存在しないことなどを挙げ、こうした理由を国民に受け入れさせるために、愛国心の高揚を図るプロパガンダを打ち上げ、国民精神の浄化を意図したキャンペーンを発動するという。

著者は本来なら実利にさといはずのアメリカ人が戦争を容認してきた理由を探究し、彼らは戦争が道徳的に正当化されると納得したときに戦争を選ぶという結論に達した。また、道徳的に正しいか否かの判断にアメリカの市民宗教が大きな影響を及ぼしているとみる。市民宗教とはルソーが『社会契約論』において提唱した概念で、あらゆる社会に普遍的に存在し、その国家ないし民族にアイデンティティーや存在の意味を与える宗教的・道徳的自己理解の体系である。宗教社会学者ロバート・N・ベラーは、多民族国家アメリカを統合し、政治に倫理的次元を与えてきたアメリカ固有の宗教の存在を「アメリカの市民宗教」と呼んだ。森孝一氏は『宗教から読む「アメリカ」』（講談社）において、それを「見えざる国教」と称している。建国の最初から「国教制度を否定し、個人の信教の自由を守る」ことと、「宗教的信条の上に政体を打ち建て、国家を統一する」ことを両立させるという困難な道を選んだアメリカにおいて、中世ヨーロッパ世界におけるカトリックや今日のイランにおけるシーア派イスラームのように誰の目にも明らかな「国教」がその社会集団に対して果たしているのと同じ機能を、アメリカの市民宗教は目に見えない形で果たしている。つまり、多民族国家アメリカは政教分離と信教の自由を保障しながら、ユダヤ・キリスト教的色彩の強い「アメリカの見えざる国教」によって国家を統合することを目指してきたのだという。本書の著者も述べているように、市民宗教は最良の形でも最悪の形でも表出する。アメリカよりはるかに歴史の長い日本で培われた日本の市民宗教も、悪しき方向に利用される可能性があることを、私たちは銘記しなければならない。

近年のアメリカは経済を浮揚させておくために軍産複合体を維持・拡大し、圧倒的な軍事力を容赦なく使い、「テロに対する戦争」という言葉によって、あらゆる異論や反論を封じこめようとしているように見受けられる。著者はアメリカの指導者に対して、戦争と平和に関する事柄について国民を欺くことなく、実際に戦争のコストを負う国民を和戦の意思決定にもっと関与させるよう求め、さらに戦争を回避するための方途として紛争解決に真摯に取り組むよう要求している。紛争解決ないし紛争管理とは、紛争の当事者がみずから、あるいは第三者の助けを得ながら、問題を正視し、その拡大防止と収拾を図ることを意味する言葉で、紛争解決・管理学は、そのために必要な理論構築と技法の開発を目指す学問である。『現代世界の紛争解決学――予防・介入・平和構築の理論と実践』（オリバー・ラムズボサムほか著、明石書店）は現代の武力紛争の予防・終結・戦後復興・平和構築・和解について、その方法・手段・対応の理論的・実際的状況を概観するとともに、最新の統計とケーススタディーに基づいて実践における障壁を考察したものだが、同書を訳された紛争分析・解決学専門家の宮本貴世氏によれば、紛争解決学は「もともと二つ以上のものや人のあいだの対立状態、つまり紛争をどのように平和的に解決するかに関する学問だが、近年の激しい内戦、地域・民族紛争、テロなどの世相を考え合わせると、現代の紛争解決の焦点はどのようにしてそのような戦争や殺戮をなくし、平和な社会をつくれるのかに置かれていると言ってよいだろう」とのことである。このほかにもさまざまな形でヨーロッパやアジア、アフリカなど世界各地での紛争解決の実証的な事例が報告されており、今後も実効あるものとして機能することが期待される。

それにしても、イラク戦争とは何だったのだろうか。世界各地であがった反対の声をものともせずにアメリカは二〇〇三年三月に軍事攻撃に踏み切り、戦争の理由を変えながら、数千人のアメリカ人と一〇万人以上のイラク人の命を奪ったあげく、二〇一一年末に戦闘終結宣言を出した。以後もイラクでは自爆攻撃がおさまらず、一般市民が「自由と民主主義」を享受しているとはいいがたい。日本でも草の根の反対運動が広がっていた頃、若狭の古刹・明通寺に参った。国宝の本堂の柱に「己が身に引き比べて　殺すな　殺させるな　殺すことを見逃すな」と墨書した紙が貼ってある。この仏陀の言葉とそれを実践する意義について、ご住職がお説教してくださったことを思い出す。近年では無人攻撃機などみずからは安全な場にいながら敵を殺すテクノロジーがますます発達し、アメリカのみならず多くの国々で殺人ロボット兵器の開発が進んでいるという。人間の心の闇はどこまで深いのだろうか。

最後に、貴重な助言と激励を惜しまず与えてくださったうえに、原書にない年表と地図を付してくださった紀伊國屋書店出版部の大井由紀子さんに心から感謝いたします。

二〇一三年二月
小沢千重子

年	大統領	アメリカの歩み
1492		コロンブス、バハマ諸島ワトリング島に到着
1507		地理学者ワルトゼーミュラー、探検家アメリゴ・ヴェスプッチの名をとり、大陸をアメリカと名づける
1600		〔イギリス〕東インド会社設立
1606		ヴァージニア植民の会社にイギリス国王より勅許状
1607		ヴァージニアに初の恒久的英領植民地ジェームズタウン建設
1618		〔ヨーロッパ大陸〕三十年戦争（〜48年）
1619		ジェームズタウンに初の植民地議会発足／ヴァージニアに初の黒人奴隷輸入
1620		ピルグリム・ファーザーズ、プリマス植民地建設
1626		オランダ、先住民からマンハッタン島購入、ニューアムステルダムと命名
1630		マサチューセッツ湾植民地建設
1634		メリーランド植民地建設
1636		ロードアイランド植民地建設／コネティカット植民地建設／ピクォート戦争（〜37年）／初の大学ハーバード・カレッジ創立
1641		〔イギリス〕ピューリタン革命（〜49年）
1643		対インディアン、ニューイングランド連合結成
1651		〔イギリス〕航海条例制定
1660		〔イギリス〕王政復古
1663		カロライナ植民地建設

1664	ニューアムステルダム、英領植民地に、一部をニュージャージー植民地として割譲
1667	ニューアムステルダム、ニューヨークに改名
1675	フィリップ王戦争（〜76年）
1676	ベーコンの反乱
1677	カルペパーの反乱（〜79年）
1679	ニューハンプシャー、マサチューセッツ植民地より分離
1681	ペンシルベニア植民地建設
1688	[イギリス] 名誉革命（〜89年）
1689	ライスラーの反乱（〜91年）
1702	アン女王戦争（〜13年）
1703	デラウェア植民地建設
1707	[イギリス] スコットランド併合、グレートブリテン王国成立
1711	タスカローラ戦争（〜75年）
1729	カロライナ植民地、南北に分離
1732	ジョージア植民地建設
1739	ジェンキンズの耳事件（〜42年）
1744	ジョージ王戦争（〜48年）
1752	フランクリン、避雷針発明
1754	フレンチ・アンド・インディアン戦争（〜63年）
1763	[フランス] パリ条約によりアメリカの植民地を放棄／ポンティアック戦争
1764	[イギリス] 砂糖条例制定

1765		[イギリス] 印紙法制定
1766		[イギリス] 印紙法撤廃／自由州と奴隷州の境界をペンシルベニアとメリーランドの間のメイソン・ディクソン線に
1769		[イギリス] ワット、蒸気機関改良
1773		[イギリス] 茶税法制定／ボストン茶会事件
1774		フィラデルフィアで第一回大陸会議開催
1775		レキシントン・コンコードの戦い、独立戦争（～83年）／ワシントン、植民地軍総司令官に任命
1776		独立宣言公布
1777		国旗として星条旗採用／サラトガの戦い
1778		[フランス] 対英宣戦布告
1781		連合規約発効／ヨークタウンの戦い、イギリス軍降伏
1783		[イギリス] アメリカ独立を承認
1785		北西インディアン戦争（～95年）
1786		ジェイズの反乱（～87年）
1787		大陸会議、北西部領地条例制定
1788		合衆国憲法発効
1789	ジョージ・ワシントン（初代・フェデラリスト党）	第一回連邦議会／憲法修正第一条～第一〇条（権利章典）制定／ワシントン、初代大統領就任／[フランス革命]
1791		リパブリカン党結成
1793		逃亡奴隷法制定。逃亡奴隷援助組織・地下鉄道、盛んに／ホイットニー、綿繰り機発明
1794		フォールン・ティンバーズの戦い／フェデラリスト（連邦）党結成

1798	ジョン・アダムズ（第2代・フェデラリスト党）	外国人・治安法制定
1800		ワシントン遷都
1801	トーマス・ジェファーソン（第3代・リパブリカン党）	第一次バーバリ戦争（～05年、トリポリと講和条約）
1802		【イギリス】トレビシック、蒸気機関車発明
1803		フランスよりルイジアナ購入／ルイスとクラーク、西部探検（～06年）
1807		出航禁止法制定
1808		奴隷貿易禁止法制定
1812	ジェームズ・マディソン（第4代・リパブリカン党）	一八一二年戦争（第二次英米戦争、～15年、14年ヘント条約）
1814		ホースシューベンドの戦い／クリーク戦争／イギリス軍、首都侵攻。ワシントン炎上／ニューオーリンズの戦い、イギリス軍に大勝（～15年）
1816		初の保護関税法制定
1817	ジェームズ・モンロー（第5代・リパブリカン党）	リベリアへの米植民地協会結成
1818		第一次セミノール戦争（19年アダムズ－オニス条約。スペイン、フロリダをアメリカに割譲）
1820		ミズーリ妥協
1821		解放奴隷約一万五〇〇〇人、アフリカへ戻る（～60年）
1822		アメリカ植民地協会、西アフリカに黒人植民地リベリア建設

1823		モンロー・ドクトリン発表
1825	ジョン・クインシー・アダムズ（第6代・リパブリカン党）	エリー運河開通
1828		民主党結成
1830	アンドリュー・ジャクソン（第7代・民主党）	インディアン強制移住法制定
1832		ブラック・ホーク戦争
1833		アメリカ奴隷制反対協会結成／ホイッグ党結成
1834		インディアン関係法制定
1835		[フランス] トクヴィル『アメリカのデモクラシー』第一巻刊行／コルト、弾倉回転式ピストル（リボルバー）に特許／テキサス独立戦争（～36年、ベラスコ条約、メキシコから独立）／第二次セミノール戦争（～42年）
1836		アラモ砦の戦い
1837	マーティン・V・ビューレン（第8代・民主党）	モールス、有線電信機発明
1838		チェルキー族強制移住開始（涙の道）
1840		[英・清] アヘン戦争（～42年）
1844	ジョン・タイラー（第10代・ホイッグ党）	[米・清] 望厦条約締結
1845	ジェームズ・K・ポーク（第11代・民主党）	スライデル使節団、メキシコとの交渉失敗（～46年）／テキサス併合／アイルランド大量移民開始
1846		米墨戦争（～48年、グアダルーペ・イダルゴ条約、カルフォルニアとニュー

		メキシコ獲得）／イギリスよりオレゴン譲渡
１８４７		〔リベリア〕アメリカからの独立を宣言
１８４８		カリフォルニアで金鉱発見
１８４９	ザガリー・テイラー（第12代・ホイッグ党）	ソロー「市民的不服従」執筆
１８５０	ミラード・フィルモア（第13代・ホイッグ党）	カリフォルニア編入問題で南北妥協
１８５２		ストウ『アンクル・トムの小屋』刊行
１８５３	フランクリン・ピアース（第14代・民主党）	ペリー、日本来航
１８５４		共和党結成／日米和親条約調印／カンザス・ネブラスカ法制定
１８５７	ジェームズ・ブキャナン（第15代・民主党）	最高裁、ドレッド・スコット判決（自由黒人に白人と平等の権利を否定）
１８５８		日米修好通商条約調印／大陸横断郵便開始
１８６０		サムター要塞の戦い／サウスカロライナ、連邦脱退
１８６１	エイブラハム・リンカーン（第16代・共和党）	南部一一州、南部連合結成／南北戦争（〜65年）
１８６２		ヴィックスバーグの戦い（〜63年）／ホームステッド法制定
１８６３		国法通貨法制定／ゲティスバーグの戦い／アイルランド系移民によるニューヨーク暴動鎮圧／奴隷解放宣言／ヘイル『祖国なき男』刊行（１９２５年映画化）
１８６５	アンドリュー・ジョンソン（第17代・民主党）	リンカーン暗殺／憲法修正第一三条（奴隷制の全面的廃止）発効／クー・クラックス・クラン結成

1866		大西洋横断電信開通
1867		ロシアよりアラスカ購入／南部再建諸法制定／ミッドウェー島、アメリカ領に
1868		憲法修正第一四条（黒人公民権承認）発効／［キューバ独立闘争（～78年）］
1869	ユリシーズ・S・グラント（第18代・共和党）	大陸横断鉄道完成
1870		憲法修正第一五条（黒人選挙権保障）発効／スタンダード石油会社設立
1871		全米ライフル協会発足
1875		公民権法制定
1876		ベル、電話に特許／ブラックヒルズ戦争（～77年）／リトルビッグホーンの戦い
1877	ラザフォード・B・ヘイズ（第19代・共和党）	南部から連合軍引き揚げ、再建時代終了
1879		エジソン、電灯発明
1880		ヨーロッパより約二〇〇〇万人が移住（～1920年）
1881	ジェームズ・A・ガーフィールド（第20代・共和党）	ガーフィールド暗殺
1882	チェスター・A・アーサー（第21代・共和党）	中国人入国制限法制定
1883		最高裁判所、75年の公民権法を無効に
1886	グローヴァー・クリーヴ	アパッチ族降伏。対インディアン戦争、事実上終結／自由の女神

	ランド（第22代・民主党）	像建立／アメリカ労働総同盟（AFL）結成
1890	ベンジャミン・ハリソン（第23代・共和党）	ウーンデッド・ニーの虐殺。フロンティア・ライン消滅へ／シャーマン反トラスト法制定／全米婦人参政権協会設立
1891		エジソン、ラジオに特許
1892		人民党結成／南部各州でジム・クロウ法（黒人差別）成立
1896	グローヴァー・クリーヴランド（第24代・民主党）	フォード、初の自動車製作
1897	ウィリアム・マッキンリー（第25代・共和党）	ボストンに初の地下鉄開通
1898		米艦メイン号沈没。米西戦争（フィリピン、プエルト・リコ、グアム島獲得）／ハワイ併合／アメリカ反帝国主義連盟結成
1899		フィリピン・アメリカ戦争（～1902年）／ウェーク島併合／ドイツとサモア諸島分割／［イギリス］コンラッド『闇の奥』発表（1902年刊行）／［イギリス］キップリング「白人男性の責務」発表
1900		エジソン、電池発明
1901	セオドア・ローズヴェルト（第26代・共和党）	プラット修正条項によりキューバを保護国化／社会党結成／マッキンリー暗殺／北京議定書調印
1902		［ロシア］シベリア鉄道開通
1903		キューバとの協定により、グアンタナモ海軍基地獲得／太平洋横断海底電線敷設／ライト兄弟初飛行成功／コロンビアに対するパナマ独立支援を名目に海兵隊派遣
1904		［日露戦争（～05年、ローズヴェルトの斡旋でポーツマス条約調印）］
1906		キューバ内戦介入／サンフランシスコ教育委員会、日中朝の学童

		の隔離を指令／対日戦を想定したオレンジ計画始動
1907		日米紳士協約締結
1908		司法省内に連邦捜査局（FBI）設立
1909	ウィリアム・H・タフト（第27代・共和党）	全米黒人地位向上協会（NAACP）設立
1910		[日本] 韓国併合
1912		憲法修正第一六条（所得税）発効／ニカラグア内戦介入（〜33年）／革新党結成
1913	ウッドロウ・ウィルソン（第28代・民主党）	カリフォルニア州排日土地法制定
1914		メキシコ革命介入、ベラクルス占領／第一次世界大戦（〜18年）／ウィルソン、中立を宣言／パナマ運河開通、米軍駐留開始
1915		[日本] 対華二一ヵ条要求／[イギリス] 客船ルシタニア号撃沈事件／ハイチに海兵隊派遣（〜34年）
1916		ドミニカに海兵隊派遣（〜24年）／[メキシコ] 対米叛乱
1917		デンマークよりヴァージン諸島購入／一九一七年移民法（移民識字テスト法）制定／[ドイツ] 無制限潜水艦作戦再開／対独宣戦布告／ロシア革命で反ボリシェヴィキ軍を支援／アメリカ護国連盟（APL）結成
1918		ウィルソン「一四ヵ条」演説／連合軍、シベリア出兵／[ドイツ] 降伏／映画『好戦将軍』公開
1919		憲法修正第一八条（禁酒法）発効／パリ講和会議／上院、国際連盟加盟を否決／ユージン・V・デブス、諜報活動防止法違反で投獄

1920		／ヴェルサイユ条約調印／［国際連盟設立］／アメリカ共産党結成／市民権をもたない外国人四〇〇〇人以上、国外追放 憲法修正第一九条（婦人参政権）発効／ピッツバーグで世界初のラジオ放送開始
1921	ウォーレン・G・ハーディング（第29代・共和党）	［中国共産党結成］／［ドイツ］ヒットラー、ナチス党党首就任／［英・米・日・仏］四ヵ国条約調印、日英同盟解消
1922		［米・英・日・仏・伊］ワシントン海軍軍縮条約調印／［イタリア］ムッソリーニ、政権獲得／［ソヴィエト社会主義共和国連邦成立］
1923	カルビン・クーリッジ（第30代・共和党）	戦争抵抗者連盟結成
1924		インディアン市民権法制定／一九二四年移民法（排日移民法）制定／メルヴィル『ビリー・バッド』刊行
1927		リンドバーグ、大西洋無着陸飛行成功
1928		不戦条約（ケロッグ＝ブリアン条約）を米仏ほか一五ヵ国が締結
1929	ハーバート・C・フーバー（第31代・共和党）	ウォール街で株価暴落、世界大恐慌
1930		映画『西部戦線異状なし』公開（1929年原作刊行）
1931		エンパイア・ステート・ビル竣工／［中国］満州事変
1932		スティムソン・ドクトリン発表
1933	フランクリン・D・ローズヴェルト（第32代・民主党）	［ドイツ］ヒットラー、首相就任／禁酒法廃止／ニューディール政策により全国銀行休業宣言／［日本］国際連盟脱退／一九三三年銀行法（緊急銀行救済法）制定／金本位制停止／［ドイツ］国際連盟脱退／ソ連承認

1934	アメリカ労働者党、オハイオ州トレドのオート・ライト社工場スト主導／ミネソタ州ミネアポリスでトラック運転手組合スト決行／西海岸港湾労働者のスト、サンフランシスコでゼネスト招来／［ソ連］国際連盟加入／［日本］ワシントン海軍軍縮条約破棄／インディアン再組織法制定
1935	第二次ニューディール立法。最高裁判所、ニューディール諸立法に違憲判決／［ドイツ］再軍備宣言／ニューヨーク・ハーレムで黒人暴動／ワグナー法（全国労働関係法）制定／［イタリア］エチオピア侵攻
1936	［ドイツ］ラインラント進駐
1937	［中ソ不可侵条約調印］／［イタリア］国際連盟脱退
1938	［ドイツ］オーストリアとチェコスロヴァキアのズデーテン地方に侵入／下院非米活動委員会（HUAC）設立／［英・仏・独・伊］ミュンヘン会談／産業別労働組合会議（CIO）結成
1939	初の大西洋横断定期航空旅客便就航／［独ソ不可侵条約調印］／［ドイツ］ポーランド侵攻／第二次世界大戦（～45年）／ローズヴェルト、中立宣言／［ソ連］国際連盟より除名
1940	［ドイツ］デンマーク、ノルウェー、オランダ、ベルギー占領／米英防衛協定調印／アメリカ優先委員会（AFC）設立／選抜徴兵法制定／［日・独・伊］三国同盟締結／外国人登録（スミス）法制定
1941	ローズヴェルト、「四つの自由」発表／武器貸与法制定／［ドイツ］ソ連侵攻／日本資産を凍結、対日石油全面禁輸／大西洋憲章発表／パール・ハーバー攻撃により対日宣戦布告／対独宣戦布告

1942		連合国共同宣言に二六ヵ国が署名／日系アメリカ人の強制収容開始／［米・日］ミッドウェイ海戦／戦時情報局設立／［独・ソ］スターリングラード攻防戦（〜43年）／マンハッタン計画開始／連合軍、北アフリカ上陸／映画『われらはなぜ戦うのか』シリーズ製作開始
1943		連合軍、イタリア上陸／戦時労働争議法制定／テヘラン会談
1944		連合軍、ノルマンディー上陸。パリ解放／米軍、フィリピン上陸／バルジの戦い（〜45年）
1945	ハリー・S・トルーマン（第33代・民主党）	ヤルタ会談／連合軍、ドレスデン無差別爆撃／［ドイツ］無条件降伏。連合軍、ドイツを分割占領（〜49年）／「国際連合設立」／ニューメキシコ州アラモゴードで初の原爆実験／広島・長崎に原爆投下／［ソ連］対日参戦／［日本］ポツダム宣言受諾。米軍、日本占領（〜52年）／米軍、沖縄占領（〜72年）／［米・ソ］朝鮮半島分割統治（〜48年）／映画『The House I Live In』公開
1946		チャーチル、「鉄のカーテン」演説／ビキニ環礁で原水爆実験（〜62年）／フィリピン独立承認／［仏・ベトナム］第一次インドシナ戦争（〜54年）
1947		パリ講和条約締結／トルーマン・ドクトリン発表／忠誠審査令制定／マーシャル・プラン（欧州復興計画）発表／国家安全保障法制定／国防総省、中央情報局（CIA）設立／ケナン、ソ連「封じ込め」政策発表／ミクロネシア、マーシャル諸島、北マリアナ諸島、信託統治領に
1948		［ソ連］チェコスロヴァキアの政変に関与／「イスラエル建国」／

		［第一次中東戦争］／［ソ連］ベルリン封鎖／［大韓民国成立］／［朝鮮民主主義人民共和国成立］
1949		発展途上国経済援助のためのポイント・フォー計画発表／北大西洋条約機構（NATO）設立／［ドイツ連邦共和国成立］／［ソ連］原爆実験成功／［中華人民共和国成立］／［ドイツ民主共和国成立］
1950		マッカーシー旋風／アルジャー・ヒスに有罪判決／［中ソ友好同盟相互援助条約調印］／［朝鮮戦争（〜53年）］／ローゼンバーグ夫妻逮捕
1951		トルーマン、マッカーサーを罷免／米比相互防衛条約調印／［米・オーストラリア・ニュージーランド］太平洋安全保障（アンザス）条約調印／サンフランシスコ講和条約調印／日米安全保障条約調印／リビア独立、英米と二〇年間の駐留協定締結（〜69年）／米軍、アイスランドに防衛隊駐留（〜2006年）／初のカラーテレビ試験放送（54年本放送）
1952		映画『真昼の決闘』公開
1953	ドワイト・D・アイゼンハワー（第34代・共和党）	ミラー『るつぼ』初演／共産党員に司法省への登録命令／米韓相互防衛条約調印／対インディアン連邦管理終結政策開始
1954		初の原子力潜水艦ノーチラス完成／［仏・ベトナム］ディエンビエンフーの戦い／オッペンハイマー、原子力委員会顧問を解任／グアテマラ革命介入／マッカーシー、対陸軍公聴会／映画『波止場』公開／東南アジア条約機構（SEATO）設立／米華相互防衛条約調印

1955		【ソ連ほか】ワルシャワ条約機構設立／バグダード条約機構（中東条約機構）にオブザーバー参加／アラバマ州でバス・ボイコット運動／南ベトナムに軍事顧問団派遣
1956		【エジプト】スエズ運河国有化宣言／〔第二次中東戦争〕／FBI、国内での対敵情報活動計画（COINTELPRO）開始
1957		アーカンソー州リトルロックで暴動、連邦軍出動／【ソ連】世界初の人工衛星スプートニク一号打ち上げ成功
1958		初の人工衛星エクスプローラー打ち上げ成功／アメリカ航空宇宙局（NASA）設立／レバノンに海兵隊派遣／ノーチラス、北極の氷層下を潜航
1959		【キューバ】カストロ政権成立／【イラク】バグダード条約機構より脱退／アラスカ、四九番目の州に／ハワイ諸島、五〇番目の州に
1960		日米新安保条約調印／U-2偵察機、ソ連領空侵犯／【南ベトナム】民族解放戦線結成／南部各地で座り込み運動／【アフリカ】一七ヵ国独立
1961	ジョン・F・ケネディ（第35代・民主党）	ケネディ、「進歩のための同盟」提唱／対キューバ、ピッグズ湾上陸作戦失敗／初の有人ロケット打ち上げ成功／【ドイツ】ベルリンの壁建設／自由バス乗車（フリーダム・ライド）運動開始／国際開発庁（USAID）設立
1962		初の人間衛星打ち上げ成功／キューバ・ミサイル危機
1963	リンドン・B・ジョンソン（第36代・民主党）	【米・英・ソ】部分的核実験禁止条約調印／ワシントンで公民権行進／ケネディ暗殺／バーミングハムで人種隔離撤廃要求運動
1964		映画『博士の異常な愛情 または私は如何にして心配するのを止

		めて水爆を愛するようになったか』公開／コンゴ動乱介入／公民権法制定／［ベトナム］トンキン湾事件／フリースピーチ運動開始／キング牧師、ノーベル平和賞受賞／各地で黒人暴動（～68年）
1965		マルコムX暗殺／ミシガン大学でベトナム反戦のティーチ・イン開始／ベトナム戦争（～73年、パリ和平協定）／ドミニカに海兵隊派遣
1966		［中国］文化大革命（～76年）／カーマイケル、ブラック・パワー提唱／初の黒人閣僚誕生／全国女性組織（NOW）設立
1967		［第三次中東戦争］／［東南アジア諸国連合（ASEAN）結成］／マーシャル、初の黒人最高裁判事就任／ベトナム反戦運動、全国規模に
1968		［南ベトナム］ソンミ村虐殺事件／キング牧師暗殺／ミュージカル『ヘアー』ブロードウェイ初演／核拡散防止条約調印／［チェコスロヴァキア］プラハの春、ソ連侵攻／シカゴでの民主党大会に反戦活動家集結
1969	リチャード・ニクソン（第37代・共和党）	アポロ一一号、初の月面着陸／ニクソン・ドクトリン発表／ウッドストック・ロックフェスティバル開催／過激派グループ、ウェザー・アンダーグラウンド結成
1970		米軍、カンボジア侵攻／ケント州立大学とジャクソン州立カレッジで反戦学生射殺事件／各地でウーマンリブの大行進
1971		ベトナム戦争、ラオスに拡大／ワシントンDCで大規模な反戦デモ／国防総省秘密報告書（ペンタゴン・ペーパーズ）発表
1972		男女平等憲法修正条項（ERA）承認（82年不成立）／ニクソン、中

1973		国訪問／沖縄、日本に返還／ニクソン、ソ連訪問。戦略兵器制限条約（SALTⅠ）調印／ウォーターゲート事件発覚 選抜徴兵制廃止、志願制へ／米軍、南ベトナムより撤退完了／カンボジア爆撃停止決定／［チリ］クーデター、ピノチェト軍事政権誕生／［第四次中東戦争］／第一次石油危機／キッシンジャー、ノーベル平和賞受賞（レ・ドゥク・トは辞退）／戦争権限法成立
1974	ジェラルド・R・フォード（第38代・共和党）	映画『HEARTS AND MINDS』公開／［米・ソ］地下核兵器実験制限条約調印
1975		ソ連のソユーズとアメリカのアポロが宇宙で連結
1976		［米・ソ］平和目的地下核爆発制限条約調印
1978	ジミー・カーター（第39代・民主党）	北マリアナ諸島、自治領に／［米・エジプト・イスラエル］キャンプ・デービッド合意／人民寺院集団自殺事件
1979		［イラン・イスラーム革命］／第二次石油危機／対中国、国交正常化／スリーマイル島原発事故／台湾関係法制定／［米・ソ］SALTⅡ調印／テヘラン・アメリカ大使館人質事件（〜81年）／［ソ連］アフガニスタン侵攻（〜89年）／対ソ穀物禁輸
1980		モスクワ五輪ボイコット／［イラン・イラク戦争（〜88年）］／エル・サルバドル内戦介入
1981	ロナルド・レーガン（第40代・共和党）	スペースシャトル（コロンビア号）打ち上げ成功／米軍、リビア空軍機撃墜／初の女性最高裁判事就任／第二次ニカラグア内戦で反革命勢力コントラ支援、対ニカラグア経済制裁
1982		米軍空母、リビア沖に派遣／多国籍軍、レバノン内戦介入（〜84年）／米ソ戦略兵器削減交渉（START）／［英・アルゼンチン］フォ

		ークランド紛争／［米・パラオ共和国］自由連合盟約調印
1983		レーガン、ソ連を「悪の帝国」発言／［ソ連］大韓航空機撃墜事件／米軍、ニカラグア沖に機雷設置／レバノン・ベイルートで米海兵隊兵舎テロ／米軍、グレナダ侵攻
1984		ロス五輪開催、［ソ連ほか］不参加を表明／アメリカ平和研究所（USIP）設立
1985		［ソ連］ゴルバチョフ書記長就任、ペレストロイカ開始／プラザ合意
1986		ベルリンのディスコ爆破事件の報復として、米軍、リビア爆撃／［ソ連］チェルノブイリ原子力発電所事故／包括的反アパルトヘイト法制定、対南アフリカ経済制裁／［米・マーシャル諸島］自由連合盟約調印／［米・ミクロネシア連邦］自由連合盟約調印／イラン・コントラ事件発覚
1987		対日経済制裁／イラン・オイルプラットフォーム事件／［米・ソ］中距離核戦力全廃条約調印
1988		ジェノサイド条約批准
1989	ジョージ・H・W・ブッシュ（第41代・共和党）	シドラ湾事件（米軍、リビア空軍機撃墜）／［中国］天安門事件／［ドイツ］ベルリンの壁崩壊／米軍、パナマ侵攻
1990		［イラク］クウェート侵攻／対イラク経済制裁／米軍、サウディアラビアとクウェートに派兵／パリ憲章により冷戦体制終結宣言
1991		多国籍軍、イラク侵攻。湾岸戦争／クルド族の安全な避難場所確保と難民キャンプ建設開始／［ソ連ほか］ワルシャワ条約機構解体／［米・ソ］戦略兵器削減条約（START I）調印／［ハイチ］軍事クー

1992		デター／［ソ連崩壊］ ロサンゼルスほかで黒人暴動／多国籍軍、ソマリア内戦介入（～95年）／［米・カナダ・メキシコ］北米自由貿易協定調印
1993	ビル・クリントン（第42代・民主党）	［米・ソ］STARTⅡ調印／世界貿易センタービル爆破事件／米軍、イラクをミサイル攻撃／ハンチントン「文明の衝突」発表／［イスラエル・PLO］オスロ合意／［欧州連合（EU）発足］／［英・北アイルランド］和平宣言
1994		［ルワンダ］大虐殺発生／NATO軍、ボスニア・ヘルツェゴビナ紛争介入、空爆／［南アフリカ］マンデラ、大統領就任／多国籍軍、ハイチ介入
1995		対ベトナム、国交正常化／［ボスニア・ヘルツェゴビナ・クロアチア・セルビア］デイトン合意調印
1996		サウディアラビアのホバル・タワー（米空軍宿舎）テロ／米軍、イラク空爆
1998		国際宇宙基地協力協定調印／［英・アイルランド］聖金曜日協定（ベルファスト協定）調印／ケニアとタンザニアでアメリカ大使館爆破テロ／米軍、アフガニスタンのアル・カーイダ訓練キャンプ三ヵ所とスーダン・ハルツームの工場を爆撃／［北朝鮮］テポドン発射実験
1999		NATO軍、コソヴォ紛争介入、空爆／パナマ運河をパナマに返還、米軍撤退
2000		イエメン・アデン湾で米駆逐艦コール自爆攻撃
2001	ジョージ・W・ブッシュ	9・11同時多発テロ事件／多国籍軍、アフガニスタン空爆。ター

2002	（第43代・共和党）	リバーン政権崩壊／エンロンなど大企業会計不正事件続発／米国愛国者法制定／国土安全保障省設立 ブッシュ、イラン・イラク・北朝鮮を「悪の枢軸国」発言／［EU］ユーロ導入開始／先制攻撃容認の国家安全保障戦略発表
2003		イラク戦争（～11年）／米軍、中東の司令部をカタールに移転
2004		イラク・アブグレイブ収容所捕虜虐待発覚／マサチューセッツ州、初の同性婚合法化／米同時多発テロ独立調査委員会最終報告
2005		［イラク］初の国民議会選挙実施、新憲法成立／南部に大型ハリケーン、カトリーナ襲来／北朝鮮の核保有をめぐる六ヵ国協議で初の共同声明
2006		非合法移民規制強化に各地で抗議デモ／対リビア、国交正常化／［エチオピア］アメリカ支援のもと、ソマリア侵攻／［イラク］フセイン死刑執行
2007		米軍、イラク増派／サブプライムローン問題表面化／ゴア前副大統領、ノーベル平和賞受賞
2008		リーマン・ショック
2009	バラク・オバマ（第44代・民主党）	オバマ、ノーベル平和賞受賞／米軍、イエメン空爆
2010		デトロイトでティーパーティープロテストの全米決起集会／医療保険改革法成立／米軍、アフガニスタン増派／［チュニジア］ジャスミン革命
2011		［エジプト］騒乱、アラブの春へ／［日本］東北大震災、福島原発事故／NATO軍、リビア内戦介入／米軍、ウサーマ・ビン・ラー

ディン殺害／〔リビア〕カダフィ大佐処刑／NATO軍、パキスタン空爆／米軍、イラクより完全撤収

＊〔　〕はアメリカ国外の出来事を表わす

世界の米軍展開兵数（総計141万4149人）。駐留者のいる国には塗りを入れ、20名以上の国は国名と人数を記した（Active Duty Military Personnel Strengths by Regional Area and by Country（304A）, Department of Defense, December 31, 2011 より。韓国のみ2009年の数字）。

註

はじめに

1. “War in the Gulf : What Are the Alternatives?（湾岸での戦争――ほかの選択肢は？）” C-SPAN Library, August 30, 1990 を参照。http://www.c-spanvideo.org/program/17513-1（2009年5月13日現在）

第1章

1. Alexis de Tocqueville (1863), 327-28〔トクヴィル『アメリカのデモクラシー』全4巻、松本礼二訳、岩波文庫、ほか〕.
2. アメリカが行なった主要な戦争と死傷者数については、Hannah Fischer et al., *American War and Military Operations Casualties : Lists and Statistics*, CRS Report to Congress, May 14, 2008, http://www.fas.org/sgp/crs/natsec/PL32492.pdf（2009年6月8日現在）を参照。アメリカ先住民との戦争および対外軍事介入も含めたアメリカの軍事作戦の完全なリストについては、“Timeline of United States Military Operations,” http://en.wikipedia.org/wiki/List_of_United_States_military_history_events（2009年4月1日現在）を参照。小規模な介入については、Stephen Kinzer (2007) を参照。また、Johan Galtung (2009), 34-37 と、同書の引用文献も参照されたい。
3. David Walker Howe (2007), 762.
4. アメリカ帝国および政策立案者が戦争を選ぶ動機をリベラル／左派の観点から考察した著作の例として、Chalmers Johnson（2004a〔ジョンソン『アメリカ帝国への報復』鈴木主税訳、集英社〕、2004b〔ジョンソン『アメリカ帝国の悲劇』村上和久訳、文藝春秋〕）、Fred Anderson and Andrew Cayton (2005) 、Carl Boggs (2005) 、Stephen Kinzer (2007) 、Eugene Jarecki (2008) 、François Debrix and Mark J.Lacy (2009)が挙げられる。保守派／右派の観点からのアプローチについては、Patrick J. Buchanan (1999) 、Jean Belke Elshtain (2003) 、John Lewis Gaddis (2004)〔ギャディス『アメリカ外交の大戦略――先制・単独行動・覇権』赤木完爾訳、慶應義塾大学出版会〕、Niall Ferguson (2005) 、Robert Kagan（2003〔ケーガン『ネオコンの論理――アメリカ新保守主義の世界戦略』山岡洋一訳、光文社〕, 2006) を参照。
5. 一般国民が戦争に同意する現象を重点的に考察した実証的な研究として、Bruce W. Jentleson (1992) 、Gregory G. Brunk et al. (1996) 、Bruce W. Jentleson and Rebecca L. Britton (1998) 、Richard K. Herrmann et al. (1999) 、Michael J. Butler (2003) 、Christopher Gelpi et al. (2005) 、Peter

Liberman (2006)、Adam J. Berinsky (2009) などが挙げられる。

6. 第4章の考察を参照。

7. Herman Melville (1924), Chapter22〔メルヴィル『ビリー・バッド』坂下昇訳、岩波文庫、ほか。邦訳では引用箇所は 21 章〕。Geraldine Murphy (1989) の解説や、Rollo May (1998)〔メイ「わが内なる暴力」『ロロ・メイ著作集3』(小野泰博訳、誠信書房)に所収〕も参照されたい。

8. Terence P. Moran and Eugene Secunda (2007), 1. アメリカ国民が抱える不安につけこむといっそう効果を発揮するような、プロパガンダの威力を重視した分析として、David Campbell (1992)、Robert Fyne (1994)、R. A. Hackett and Y. Zhao (1994)、Andrew Bacevich (2005)、John Western (2005)、Erin Steuter and Deborah Wills (2008)、Walter L. Hixson (2008)、Susan A. Brewer (2009) などを参照。

9. Daniel Walker Howe (2007), 762.

10.「リンカーンは8項目からなる『現地点問題に関する決議案』〔『リンカーン演説集』(高木八尺・斎藤光訳、岩波文庫)に所収〕を連邦議会下院に提議し、『ポーク大統領が宣言した文言中の［アメリカ］市民の血が流された地点は、〔少なくとも 1819 年の協定以後メキシコ革命にいたるまで〕スペイン領土内であったか否か、［そして］メキシコ革命政府がスペインから奪取した領土内であるか否か』と質し、さらに関連する質問に答えるよう、ポークに迫った」。Walter Nugent (2008), 208. ヌエセス川とリオグランデ川に挟まれたくだんの係争地は、そもそもメキシコのコアウイラ・テハス州(テハスはテキサスのスペイン語読み)に属していなかったので、国際法のもとでアメリカのテキサス州の一部とみなされることはなかっただろう〔テキサスとメキシコの伝統的な国境は、リオグランデ川より約 240 km 北のヌエセス川だった〕。アメリカ側は、テキサスのメキシコからの独立戦争を終わらせた〔ベラスコ〕条約において、リオグランデ川が新たな国境と定められたと主張した。だが、この条約は、サンタ・アナがテキサス軍の捕虜となっていたときに強制されて署名したもので、メキシコは承認していなかったのだ。同書、194-97 を参照。

11. Fred Anderson and Andrew Cayton(2005), 283.〔グラントの回顧録(前半)の邦訳は『自著克蘭徳一代記 ── 一名・南北戦争記』山本正脩訳、精文堂〕

12. Louis A. Pérez Jr.(1989), 294.

13. John L. Offner(1992), 138を参照。「機雷がこの惨事を引き起こしたと米国海軍調査委員会が結論づけたことに、スペイン人は啞然とし、スペイン政府はその由々しき含意を悟った」

14. リコーヴァーの報告書については、Hyman G. Rickover(1995), 104 et seq. を参照。「素晴らしい短い戦争」という表現は、駐英アメリカ大使ジョ

ン・ヘイ〔1838 - 1905〕の言葉である。

15. H. C. Peterson(1939), 51-70〔ピーターソン『戦時謀略宣伝』村上倬一訳、富士書房〕; Ralph Raico, "World War I: The Turning Point," in John V. Denson(1999), 220-24; Donald E. Schmidt(2005), 87-88 を参照。ジェームズ・ブライス子爵がまとめた「ドイツのベルギーにおける暴力調査委員会」報告書は、ドイツ軍がベルギーで戦争犯罪を犯したと断罪した。最も忌まわしい部類の犯罪行為には言及していないが、ドイツ軍が民間人を虐待した事例をいくつか報告している。Bryce (1915) を参照。この報告書の正確さをめぐる議論は今日も続いている。それは一部には、ブライス委員会が集めた証拠は目撃者の証言と伝聞情報が入り混じっているうえに、裏づけをとっておらず、反対尋問も行なっていないからだ。

16. Richard Hoftstadter (1989) と Donald E. Schmidt(2005), 77-78 を参照。

17.「一つの国を丸ごと飢えさせても誰も反対しないのに、少数の人間が溺れ死んだからといって、どうしてショックを受けねばならないのか?」と、ブライアンは言ったとされている。Patrick J. Buchanan(1999), 200 を参照。

18. Doris Kearns Goodwin(1995), 371.

19. Nicholas John Cull(1997), 170.　また、John F. Bratzel and Leslie B. Rout Jr., "FDR and The 'Secret Map,'" *Wilson Quarterly* (Washington, D.C.), New Year' s 1985, 167-73 ; Francis MacDonnell (1995), 97 も参照。

20. Thomas A. Bailey(1948), 13. Ralph Raico, "Rethinking Churchill," in John V. Denson(1999), 339 に引用。

21. Donald E. Schmidt(2005), 263-68 に引用。

22. 同書, 264.

23. Anthony O. Edmonds(1998), 42.

24. Marilyn B. Young et al.(2003), 77-78.

25. パナマ、グレナダその他の国々へのアメリカの介入を正当化するためになされた虚偽の申立てについては、Stephen Kinzer(2007), 223-38, passim. を参照。イラクへの介入に関しては、George Packer(2006)〔パッカー『イラク戦争のアメリカ』豊田英子訳、みすず書房〕と Bob Woodward (2004)〔ウッドワード『攻撃計画――ブッシュのイラク戦争』伏見威蕃訳、日本経済新聞社〕の論述が最も包括的で説得力があるだろう。

26. たとえば、独立系世論調査機関 Pew Research Center の調査報告 "the declinein the belief in solid evidence of global warming(地球温暖化の確たる証拠に対する信頼の低下)" (October 22, 2002) を参照。http://people-press.org/report/556/global-warming(2010 年 2 月 25 日現在)

27. たとえば、Adam J. Berinsky (2001) や、Michael J. Butler (2003) を参照。

28. こうした見方をする学者は右派と左派の双方に存在する。保守的傾向を帯びた「開拓地の戦士仮説」については、Max Boot(2002), Robert Kagan

(2003〔ケーガン『ネオコンの論理』〕, 2006)、John Lewis Gaddis (2004)〔ギャディス『アメリカ外交の大戦略——先制・単独行動・覇権』〕、Stephen Peter Rosen (2009) を参照。左派的ないしリベラルな傾向を帯びたアプローチについては、Michael J. Shapiro (1997)、Richard Slotkin (1998a, 1998b, 2000)、Tom Engelhardt (2007)、John Brown (2006) を参照。

29. Robert D. Kaplan(2006), 4.

30. John Brown (2006) を参照。また、「入植者 vs インディアン」戦争と、そのシナリオの対テロ戦争への応用をみごとに叙述した Tom Engelhardt(2007), 16-53 を参照されたい。

31. Bruce Lincoln (1989, 1999) を参照。

32. アメリカの外交政策イデオロギーにおける一要素としての人種を考察した Michael H. Hunt(1987), 46-91 を参照。これはアメリカ人に限った現象ではない。イングランド人はアイルランド人を同様に描いていたし、スペイン人とフランス人も彼らの植民地の先住民を同様にみなしていた。

33. とくに、John W. Dower (1987)〔ダワー『容赦なき戦争——太平洋戦争における人種差別』猿谷要監修、斎藤元一訳、平凡社〕を参照。

34. Benedict Anderson(2006)〔アンダーソン『定本 想像の共同体——ナショナリズムの起源と流行』白石隆・白石さや訳、書籍工房早山、ほか〕を参照。

35. Stephen Peter Rosen(2009), 21. 「生まれつき好戦的 (*Born Fighting*)」という言葉は、James Webb がスコッチ・アイリッシュについて考察した著作 (2005) のタイトル〔サブタイトルは "*How the Scots-Irish Shaped America*"〕である。

36. 平和主義者の伝統については、Joseph R. Conlin (1968)、Murray Polner (1998)、Andrew E. Hunt (2006) を参照。左派の伝統については、Todd Gitlin (1993)〔ギトリン『60 年代アメリカ——希望と怒りの日々』疋田三良・向井俊二訳、彩流社〕、Ernest Freeberg (2008) を参照。右派／リバタリアニズムの伝統については、Patrick J. Buchanan (1999)、Ron Paul (2007) を参照。

37.「ニュー・アメリカン・ミリタリズム」を考察した著作として、Michael J. Shapiro (1997)、Andrew Bacevich (2005)、Eugene Jarecki (2008) を参照。

38. こうしたケースは（とくに）第一次世界大戦勃発後の 2 年間、両次の世界大戦間期のほとんど、朝鮮戦争終結後の一時期に認められた。Jon Western (2005) などを参照。

39. アメリカの平和運動に関する最近の資料として、Charles F. Howlett and Robert Lieberman (2008)、Murray Polner and Thomas E. Woods (2008) を参照。反戦運動については第 4 章でより詳細に考察する。

40. Edward Suchman et al. (1953)、Christopher Gelpi et al. (2005)、Richard

C. Eichenberg (2005) の実証的な研究を参照。
41. Peter Liberman (2006), 208.
42. Robert Andrews (1993), 471.
43. Richard E. Rubenstein (1991) を参照。
44. たとえば、Michael J. Butler (2003) が分析した具体的な事実は、冷戦期間中のアメリカ政府は軍事行動が「正義の戦争」を構成する諸原理のいずれかによって正当化されるとみなした場合に軍事介入を認める傾向が強かったことを示唆している。Gregory G. Brunk et al. (1996)、Richard K. Herrmann and Vaughn P. Shannon (2001) も参照。
45. アメリカとディエンビエンフー〔ベトナム北西部の町。フランス軍駐屯地があったが、1954 年にベトミンの攻撃を受けて陥落した〕については、Jon Western (2005), 26-61 を参照。リンドン・ジョンソンの言葉は Susan A. Brewer (2009), 195 に引用されている。
46. Robert N. Bellah (1967)〔ベラー「アメリカの市民宗教」『社会変革と宗教倫理』(河合秀和訳、未来社) に所収〕を参照。また、Michael V. Angrosino (2002), 259 も参照。「綿密な社会学的研究によって、市民宗教はアメリカ社会における一つの明確な文化的要素であり、党派政治や特定の宗派の信条の枠におさまらないものであるとする Bellah の洞察が、しだいに受け容れられるようになってきた」
47. Michael V. Angrosino (2002), 241. Angrosino によれば、アメリカの市民宗教には３つのタイプがある。すなわち、文化的宗教としての市民宗教、宗教的ナショナリズムとしての市民宗教、超越的宗教としての市民宗教である (246)。
48. Robert N. Bellah (1975)〔ベラー『破られた契約――アメリカ宗教思想の伝統と試練』新装版、松本滋・中川徹子訳、未来社〕、Richard T. Hughes (2003) を参照。
49. Perry Miller (1956)〔ミラー『ウィルダネスへの使命』向井照彦訳、英宝社〕、Sacvan Bercovitch (1978)、George McKenna (2007) を参照。
50. Richard M. Gamble (2003) を参照。
51. Jim Wallis (2006), 87-208.　また、Richard E. Rubenstein (2006) も参照。
52. David Halberstam (1972)〔ハルバースタム『ベスト＆ブライテスト』全３巻、浅野輔訳、二玄社、ほか〕を参照。

第２章

1. この分析は部分的に、高い評価を受けた David Rodin の *War and Self-Defense* (2002) からインスピレーションを受けた。同書は、国家の防衛という概念が本質的に変質する性格を帯びていることを強調している。Rodin の見解に対する批判については、Igor Primoratz and Aleksandar

Pavković (2008) を参照。
2. 「内部の敵」たるアメリカ先住民と「外部の敵」たるイギリス人が手を組んでいるというストーリーは、植民地時代からアメリカ人にとって馴染み深いものだった。「アメリカ独立革命中およびそれ以後の時期におけるインディアンの襲撃はことごとくイギリスが鼓舞していたという見方は(まったく正しくないというわけではないが)、植民者の思考において一種の信条となっていた」。David Campbell(1992), 137.
3. Kenneth Wiggins Porter(1951), 253-54.
4. 「ニグロ・フォートは周囲数マイルに住む寄る辺ない奴隷たちにとって灯台の光であり、あらゆる地域から新たな移民が続々と集まった」。同書, 261.
5. くだんの二人のイギリス人はアーバスノットとアンブリスターという名前で、彼らがイギリスの工作員でなかったことはまず間違いない。二人とも一匹狼の冒険家だったようで、先住民に共感し、彼らとの交易によってひと財産築きたいと望んでいた。アーバスノットはすでに久しくセミノール族に武器を売っており、アンブリスターは彼らにジャクソンの部隊が襲ってくると警告していた。軍事法廷はアンブリスターに死刑を宣告するのを拒否したが、ジャクソンが二人とも死刑にせよと主張したため、両人とも処刑された。
6. David S. Heidler(1993), 503.
7. William Earl Weeks(1992), 3.
8. David Campbell(1992), 126-27 を参照。「この問題に対する懸念の強さと、イギリス人とインディアンのあいだに明確な境界線を引こうと固執する姿勢は、両者が本質的に異質な存在であることを裏づける証拠としてではなく、両者のアイデンティティーを隔てる境界線には可変性と透過性があることを示す証拠として機能する……それゆえ、初期の入植者は、彼らの内部の文明性と、彼らの目には原始的と映る外部の状態を絶えず対比し、指摘することによって、彼らの内なる野蛮性を封じこめるという戦略をとった。さらに、William R Taylor (1993) 、Michael J. Shapiro (1997) 、Roy Harvey Pearce (2001) も参照。
9. Jedediah Purdy(2009), 99-111.
10. John Lewis Gaddis(2004), 17, 21-22〔ギャディス『アメリカ外交の大戦略——先制・単独行動・覇権』〕.
11. Robert Kagan(2006), 162 et seq. で、引用および考察されている。
12. John Lewis Gaddis(2004)〔ギャディス『アメリカ外交の大戦略——先制・単独行動・覇権』〕, 19 によれば、「[ジョン・クインシー・アダムズも] 晩年には、北米大陸の領土拡張が国家の安全保障に何をもたらしたにせよ、新たな奴隷州を連邦に組み入れることによって、それまで内戦を防いで

きた微妙なバランスが覆され、その結果、国内の平穏が蝕まれる可能性を理解するようになっていた」

13. Richard M. Gamble (2003) を参照。

14. Barbara Tuchman (2004) を参照〔タックマン『八月の砲声』山室まりや訳、ちくま学芸文庫〕。David Fromikin (2005) はこの見解に同意せず、ドイツ参謀本部がこの8月の危機を全面戦争に拡大させたと主張している。Niall Ferguson (2000) はイギリスにも同等の責任を負わせている。歴史家のあいだには、戦争の引き金を引いた出来事と、より長期的な原因を混同する傾向が認められる。

15. 中立を守るよう呼びかけたウッドロウ・ウィルソン大統領の上院へのメッセージ、1914 年 8 月 19 日。http://www.sagehistory.net/worldwar1/docs/WWNeutral1914.htm（2009 年 9 月 20 日現在）

16. Patrick Devlin (1975) を参照。ウィルソンが公にしなかったのは、ルシタニア号が3インチ砲弾 1248 ケース、薬包およそ 500 万発、小型兵器用弾薬 2000 ケースを積載していたことと、近くで潜水艦が浮上したら体当たりするよう船長が命じられていたことだった。Howard Zinn(2003), 362〔ジン『民衆のアメリカ史――1492 年から現代まで』猿谷要監修、富田虎男ほか訳、明石書店、ほか〕を参照。ドイツの潜水艦はそれまで、攻撃した船舶に救命艇を下ろす余裕を与え、乗客を助けるために、あえて浮上していた。浮上すれば体当たりされることになったので、この慣行は実行不可能になった。

17. H. C. Peterson(1939), 83〔ピーターソン『戦時謀略宣伝』〕. また、Patrick Devlin(1975), 193 も参照。

18. Barbara Tuchman (1985)〔タックマン『決定的瞬間――暗号が世界を変えた』町野武訳、ちくま学芸文庫〕を参照。

19.「われわれの目的は、世界の暮らしのなかで、利己的で専制的な権力に反対する平和と正義の原則を立証し、今後これらの原則の遵守を保障するための目的と行動の協調を、世界の真に自由かつ自治の諸国民のあいだに樹立することである」。ウィルソンが議会に対独宣戦を要請した教書、1917 年 4 月 2 日。http://wwi.lib.byu.edu./index.php/Wilson%27s_War_Message_to_Congress（2009 年 10 月 20 日現在）

20. Robert F. Lansing and Louis F. Post(1917), 6.　また、Donald E. Schmidt (2005), 63-68 も参照。

21. フランクリン・デラノ・ローズヴェルト、『炉辺談話』16、1940 年 12 月 29 日。http://www.mhric.org/fdr/chat16.html（2009 年 12 月 8 日現在）

22. フランクリン・デラノ・ローズヴェルト、『炉辺談話』17、1941 年 5 月 27 日。http://www.mhric.org/fdr/chat17.html（2009 年 12 月 8 日現在）

23. Patrick J. Buchanan(2008).　A. J. P. Taylor (1996)〔テイラー『第二次世界

大戦の起源』吉田輝夫訳、講談社学術文庫、ほか〕はヒトラーの野望について同様の見解を述べている。ただし、Taylor は Buchanan とは異なり、イギリスは 1939 年のドイツのポーランド侵攻以前にポーランドの独立を保証することを拒否してさえいればドイツとの戦争を避けられただろう、とは主張しなかった。

24. Susan A. Brewer (2009), 104 et seq. を参照。
25. ヘンリー・ルースは『ライフ』、『タイム』、『フォーチューン』誌の出版者だった。Harold Evans (2000), xiv などを参照。
26. テロとの戦争は、ジョージ・W・ブッシュ政権では「テロに対するグローバルな戦争」(GWOT)と呼ばれていたが、オバマ政権のメンバーによって「グローバルな反乱鎮圧」(GCOIN)と改称された。私は簡潔かつ広く受け入れられているという理由で、テロとの戦争という言葉を用いている。
27. 国務省が指定したテロ組織のリストは、http://www.state.gov/s/ct/rls/other/des/123085.htm(定期的に更新。2010 年 1 月 5 日現在)を参照。アメリカの国民や機関に暴力的な攻撃を行なっている組織には 3 つのアル・カーイダ系グループと、かつて反米活動にかかわっていた少数の組織(たとえばヒズボラ、フィリピンの新人民軍、アル・シャバブ)が含まれている。
28. Michael W. Doyle (1986)、David Harvey (2003)〔ハーヴェイ『ニュー・インペリアリズム』本橋哲也訳、青木書店〕、Robert Kagan (2003)〔ケーガン『ネオコンの論理 —— アメリカ新保守主義の世界戦略』〕、Chalmers Johnson (2004a〔ジョンソン『アメリカ帝国への報復』〕, 2004b〔ジョンソン『アメリカ帝国の悲劇』〕)、William Appleman Williams (2006) を参照。保守的な学者の Niall Ferguson は、アメリカは「あえてそう名乗らない……帝国」であると確信している (2004,317; また 2006 も参照)。Michael Hardt and Antonio Negri (2001)〔ハート&ネグリ『〈帝国〉 —— グローバル化の世界秩序とマルチチュードの可能性』水嶋一憲ほか訳、以文社〕は、グローバリゼーションの時代において、新たな主権的権力である「帝国」がいかなる国民国家の支配をも凌駕してきたと力説している。
29. テロリストに対する軍事力行使の認可決議、Pub. L. 107-40, 115 Stat. 224. 下院における唯一の「反対票」を投じたのは、バーバラ・リー議員(民主党、カリフォルニア)である。
30. ジョージ・W・ブッシュ、上下両院合同会議における演説、2001 年 9 月 20 日。http://archives.cnn.com/2001/US/09/20/gen.bush.transcript/(2009 年 6 月 17 日現在)
31. ジョージ・W・ブッシュ、空母エイブラハム・リンカーン艦上での演説、

2003 年 5 月 1 日。http://www.cnn.com/2003/US/05/01/bush.transcript/（2009 年 6 月 17 日現在）

32.「2001 年 9 月 20 日にターリバーンは、ウサーマ・ビン・ラーディンがニューヨークとワシントンの攻撃に関与していたことを裏づける証拠をアメリカが提出するなら、彼を中立的なイスラーム国家に引き渡して審理させると申し入れた。アメリカはこの申入れを拒否した。アフガニスタン空爆が始まる 6 日前の 10 月 1 日、ターリバーンはふたたびこの提案を表明し、パキスタンを拠点とする彼らの代表は記者たちに『われわれは交渉する準備ができている。交渉するか否かは相手しだいだ。交渉だけがわれわれの問題を解決するだろう』と語った。翌日の記者会見でこの提案について質問されたブッシュは『交渉などありえない。そんな予定もない。われわれは暇なときに〔ママ〕〔「自分のやりたいように」の言い間違い〕行動する』」と答えた。George Monbiot, "Dreamers and Idiots（夢想家と愚か者）," *Guardian*, November 11, 2003, http://www.guardian.co.uk/politics/2003/nov/11/afghanistan.iraq（2009 年 7 月 16 日現在）。また、"Diplomats Met with Taliban on Bin Laden: Some Contend U.S. Missed Its Chance（ビン・ラーディンの件で外交官がターリバーンと協議した――アメリカは好機を逸したとの主張も）," *Washington Post*, October 29, 2001 も参照。この記事は http://www.accuracy.org/newsrelease.php?articleId=2136（2009 年 9 月 12 日現在）に引用され、リンクされている。

33. 避難所に関する国際法については、Peter Weiss (2002) を参照。国際連合は 2001 年 10 月の米英軍のアフガニスタン侵攻を承認しなかった。

34. Peter Baker, "Obama's War over Terror," *New York Times Magazine*, January 17, 2010, 37 に引用。

35. たとえば、2010 年 1 月 22 - 24 日に CNN が行なった世論調査を参照。http://www.pollingreport.com/afghan.htm（2010 年 2 月 28 日現在）

36. David Rodin(2002), 175.

37. たとえば、Nic Robertson, "Sources: Taliban Split with al-Qaeda, Seek Peace," CNN.com/Asia, http://edition.cnn.com/2008/WORLD/asiapcf/10/06/afghan.saudi.talks/?iref=mpstoryview（2010 年 2 月 28 日現在）を参照。

38.「ノーベル平和賞授賞式における大統領の演説」、2009 年 12 月 10 日。http://www.whitehouse.gov/the-press-office/remarks-president-acceptance-nobel-peace-prize（2010 年 2 月 26 日現在）。〔『オバマ演説集』三浦俊章編訳、岩波新書〕

39. テロリストとの交渉については、I. William Zartman (2005)、Dean G Pruitt (2007) を参照。そして、北アイルランドでのカトリック系とプロテ

スタント系の準軍事組織との交渉を考察した George J. Mitchell (2001) と比較されたい。また、Ronald J. Fisher (2005) も参照。

40. Tom Engelhardt(2007), 212-15. フェニックス計画その他の大量殺害作戦による犠牲者数について、Engelhardt はこう述べている。「戦争のストーリーを当惑するほどアメリカらしくない残虐行為シリーズに変えたのは、統計学的規模で増大するばかりの大量殺戮をものともせず、ベトナム人が降伏しないと決意を固めたことだった (214-15)。また、Douglas Valentine (2000) も参照。

41. Joseph Conrad(1899), Chapter2, p.7〔コンラッド『闇の奥』藤永茂訳、三交社、ほか〕.

第3章

1. 海外戦争復員兵協会全国大会におけるチェイニーの演説、2002 年 8 月 26 日。下院軍事委員会におけるラムズフェルドの宣誓証言、2002 年 9 月 10 日。

2. 「ライス――サッダームは『邪悪な男』である」*USA Today*, August 15, 2002, http://www.usatoday.com/news/world/2002-08-15-rice-saddam_x.htm（2009年8月17日現在）

3. クリントン政権は海軍の巡航ミサイル 23 発でイラクを攻撃し、バグダードの情報機関「総合情報庁」の本部ビルを破壊した。David Von Drehle and R. Jeffrey Smith, "U.S. Strikes Iraq for Plot to Kill Bush（アメリカがブッシュ前大統領暗殺計画への報復としてイラクを攻撃)," *Washington Post*, June 27, 1993.

4. Max Boot, "Colonise Wayward Nations（強情な国々を植民地化せよ)," *Australian*, October 15, 2001, 13. また、Nick Beams の論評 "Behind the 'Anti-terrorism' Mask（「反テロリズム」の仮面の陰に)," World Socialist Web Site, http://www.wsws.org/articles/2001/oct2001/imp-o18.shtml（2009 年 8 月 17 日現在）も参照。

5. Richard Lowry, "End Iraq（イラクを破壊せよ)," *National Review*, October 15, 2001.

6. Zell Miller の言葉。Walter Woods, "Miller Defends ... Comment," *Atlanta Business Chronicle*, January 14, 2002 に引用。

7. Glenn Kessler, "Rice Lays Out Case for War in Iraq," *Washington Post*, August 16, 2002.

8. David Morgan, "Ex-U.S. Official Says CIA Aided Baathists," Reuters, April 20, 2003, http://www.commondreams.org/headlines03/0420-05.htm（2009 年 7 月 12 日現在）を参照。

9. Joyce Battle (2003) と、National Security Archive（アメリカ国家安全保障

アーカイヴ）が収集した文書類を参照。

10. "Iran-Contra Report; Arms, Hostages and Contras: How a Secret Foreign Policy Unraveled," *New York Times*, November 19, 1987 を参照。

11. Richard N. Haass(2009), 56.

12. イギリスのジャーナリスト二人の取材に対してこの問題を語ったグラスピーの言葉については、Kaleem Omar (2005) を参照。

13. Richard N. Haass(2009), 55.　また、サッダームが「財政援助を引きだすためにクウェートの一部を奪取する」公算もかなり大きかった、という言葉 (57)も参照。

14. Roberta L. Coles(1998), 376.「保育器」の話をでっち上げたのは、ワシントンの PR コンサルタント会社ヒル・アンド・ノウルトンである。同社はクウェートのある部族長〔当時の駐米クウェート大使〕の娘に演技指導して、議会の小委員会〔下院人権議員集会〕でこのストーリーを証言させた。John R. MacArthur (1992), 54 et seq. を参照。

15. 第 5 章での考察から明らかなように、私はブッシュ大統領が表明した湾岸戦争の理論的根拠を容認していない。Roberta L. Coles (1998) も参照。

16. Richard E. Rubenstein (1991) を参照。

17. かような「悪」の定義は、アウグスティヌスの倫理観をプロテスタント流に翻案したものである。17 世紀のピューリタンの指導者コットン・マザー〔1663 - 1728〕にとって、ニューイングランドにおける一連のインディアン戦争は「サタンとキリストの絶えることない戦争の一つの段階」だった。Richard Slotkin(2000), 130.

18. Adam J. Berinsky(2009), 31.

19. Ragnhild Fiebig-von Hase and Ursula Lehmkuhl(1997), 43-63 に引用された Kurt R. Spillman and Kati Spillman, "Some Sociobiological and Psychological Aspects of 'Images of the Enemy,'" を参照。また、Vamik Volkan (1998)〔ヴォルカン『誇りと憎悪――民族紛争の心理学』水谷驍訳、共同通信社〕も参照。

20. 私が男性代名詞を用いているのは、これまで「邪悪な敵」とされた人物のほとんどが男性だからである。これは、特定の状況下では「邪悪な敵」が女性でありうることを否定するものではない。スペイン人はイングランド女王エリザベス 1 世〔1533 - 1603〕を、イギリス人はジャンヌダルク〔1412 - 31〕を悪魔とみなしていた。第二次世界大戦では、日本の連合軍向け宣伝放送のアナウンサー「東京ローズ」や、「ブーヘンヴァルトの魔女」と呼ばれたイルゼ・コッホ〔1906 - 67〕のごとき邪悪な女性も登場した。

21. Ragnhild Fiebig-von Hase and Ursula Lehmkuhl(1997), 95-100 に引用された Jürgen Heideking, "The Image of an English Enemy During the

American Revolution," を参照。また、メル・ギブソン主演、ローランド・エメリッヒ監督の 2000 年の映画『パトリオット (The Patriot)』に登場するウィリアム・タヴィントン大佐の悪人像も参照されたい。

22. Sacvan Bercovitch(1978), 119.
23. 南北戦争における贖罪としての暴力については、James M. McPherson (1998, 2003) を参照。第一次世界大戦については Richard M. Gamble (2003), 182 et seq. 、第二次世界大戦については Susan A. Brewer (2009), 87-88 を参照。Brewer は、第一次世界大戦後に国民が幻滅を感じたことも一つの原因となって、第二次世界大戦時には国民の罪が償われるという主張は第一次世界大戦時よりも控えめになされたと指摘している。
24. Samuel Winch(2004), 18.
25. Richard Slotkin(2000), 94-115, passim.
26. Deborah E. Lipstadt(1993) を参照。
27. John W. Dower(1987) を参照。〔ダワー『容赦なき戦争 —— 太平洋戦争における人種差別』〕
28. Robert F. Lansing and Louis F. Post (1917). 「ドイツが守るつもりもないのに野蛮な潜水艦戦争をやめるとアメリカに約束したのは、ひとえに潜水艦を建造する時間を稼ぐためであり、行動するときがいたるや、ドイツはこの約束もほかの『紙切れ』と同様、躊躇なくびりびりに破いた」とランシングは悲憤慷慨した。かかる信義にもとる行為はドイツ政府の邪悪な性格を表わしており、「これこそわが国が参戦した根本的な理由だった」(4)(「紙切れ」という言葉は、ベルギーの中立を保障した条約を紙切れに過ぎないと言ったとされるドイツ皇帝ヴィルヘルム 2 世〔一説にはドイツ帝国宰相ベートマン = ホルヴェーク〕へのあてこすりだった)。
29. Michael H. Hunt(1987), 46-91を参照。同書は、キューバ人とフィリピン人をステレオタイプ化した「ニグロ」として描いた漫画を収録している。太平洋戦争中の反日的ステレオタイプについては、John W. Dower が 1987 年に公刊した貴重な著作を参照〔ダワー『容赦なき戦争 —— 太平洋戦争における人種差別』〕。アメリカ文化に「肌の色とは無関係の」人種差別が根強く残っていることについては、Eduardo Bonilla-Silva (2009) を参照。
30. 「総じてアメリカほど、精神の独立と真の討論の自由がない国を私は知らない」Alexis de Tocqueville(1863), book 1, chapter15〔トクヴィル『アメリカのデモクラシー』。岩波文庫版では、該当箇所は第 1 巻(下)第 2 部 7 章〕.
31. たとえば、Susan A. Brewer(2009), 106-07 を参照。「1944 年の春までは、アメリカ人の 65%は依然として、ドイツ国民は彼らの指導者から解放されたがっていると信じていた。一方、日本国民に対して同様の見方をし

ていたアメリカ人は 13%に過ぎなかった。だが、1944 年 6 月のノルマンディー上陸作戦以後、アメリカの GI 数万人がドイツ兵に殺されるにいたると、アメリカ人はドイツ国民をナチスの犠牲者とはみなさなくなった」

32. John Morton Blum(1976), 52 et seq.
33. Greg Robinson (2009) を参照。
34. Adam Quinn(2008), 22. Quinn はこう結論づけている。「『国益』は政策の決定を左右するファクターでも客観的なファクターでもない。また、そうなることもありえない。国益とはいわば概念上の戦場であり、この戦場で、相容れないイデオロギーがそれぞれの規範的信条や過去の経緯からおのれの権利とみなすものについて、意見を戦わせるのである」
35. 正戦ドクトリンについては膨大な量の文献がある。Andrew Fiala (2008)は、現在の状況下で戦争が正しいものたりうる可能性はきわめて小さいと結論づけている。Michael Walzer (2006a〔ウォルツァー『正しい戦争と不正な戦争』萩原能久監訳、風行社〕, 2006b〔ウォルツァー『戦争を論ずる──正戦のモラル・リアリティ』駒村圭吾ほか訳、風行社〕) はこうした見方に異議を唱えている。アメリカの軍事介入に正戦理論がかなり影響を及ぼしていることについては、Michael J. Butler (2003) を参照。
36. Donald E. Schmidt(2005), 40-41 に引用。
37. Fred Anderson and Andrew Cayton(2005), 335.
38. 同書, 336.
39. 同書, 338. さらに、John V. Denson(1999), 189 に収録された Joseph R. Stromberg, "The Spanish-American War as Trial Run, or Empire as Its Own Justification," も参照。ベトナム戦争と同様に、この戦争についてもその正当性と手段をめぐって今なお議論が続いている。Stuart Creighton Miller (1984) の批判的な見方と、Brian McAllister Linn (2002) のより親米的な記述を比較されたい。
40. Howard Zinn(2003), 511, 515.〔ジン『民衆のアメリカ史──1492 年から現代まで』〕
41. Mark Twain(1901), 117b.
42. Stephen Kinzer(2007), 9-30.
43. Howard H. Quint(1958) を参照。
44. この着想は、Christopher Collins の名著 *Homeland Mythology: Biblical Narratives in American Culture* (2007) からインスピレーションを受けて生まれた。同書は、現代のアメリカ人の思考において（聖書のさまざまな物語の中でも）『出エジプト記』が重要な役割を演じていることを論じている。また、Richard T. Hughes(2003), 19-34、George McKenna(2007), 16-43、Bruce Feiler(2009) も参照。アフリカ系アメリカ人の思考様式と北部の南北戦争イデオロギーに『出エジプト記』が与えた影響については、

Eddie S. Glauder Jr. (2000) を参照。

45. 1901 年9月 19 日にオハイオ州オークヒルのC・M・教会でジョージ・ジェームズ・ジョーンズ師が述べた弔辞を参照。http://mckinleydeath.com/documents/magazines/Cambrian21-10a.htm（2010 年1月5日現在）

46.「彼らの唯一の政府をわれわれが倒したのちに、戦争とわが軍の行動に伴う不測の事態によって無力化した人々を、混沌と無政府状態のうちに放置することができようか？」と、マッキンリーはレトリックを駆使して問いかけた。Susan A. Brewer(2009), 28-30 に引用。

47. John L. Offner(1992), 150-58 ; H. W. Brands(1992), 48.

48. Mark Twain(1901), 115.

49. Donald E. Schmidt(2005), 206.

50. たとえば、William Appleman Williams (1972)〔ウィリアムズ『アメリカ外交の悲劇』高橋章ほか訳、御茶の水書房〕や Joyce and Gabriel Kolko (1972) の見解と、Daniel Yergin (1978) や John Lewis Gaddis (2000) のそれを比較されたい。

51. Eugene Jarecki(2008), 77.

52. Susan A. Brewer(2009), 146 に引用。

53. Hannah Arendt (2004)〔アーレント『全体主義の起源』全3巻、大久保和郎ほか訳、みすず書房〕を参照。

54.「ヨーロッパの戦争で 1700 万人の軍人が死亡した。そのうち 1600 万人は東部戦線で戦死した。1700 万人の犠牲者のうち、1300 万人がロシア兵だった。北アフリカ、イタリア、フランスの戦線での戦死者は、両陣営合わせて 100 万人強だった」Donald E. Schmidt(2005), 228.

55. Andre Geromylatos(2004). ギリシアの反乱勢力はチトー元帥〔1892 - 1980〕率いるユーゴスラヴィア政府から限定的な支援を受けていたが、これもまもなく打ち切られた。

56. Walter LaFeber(2006), 53-54〔ラフィーバー『アメリカ vs ロシア――冷戦時代とその遺産』平田雅己・伊藤裕子監訳、芦書房〕.

57. David Horowitz(1969), 11.

58. Tom Engelhardt(2007), 54-65. Engelhardt は、国民が朝鮮戦争に幻滅したことが「アメリカの戦勝文化」の終わりの始まりを画したと確信している。

59. 北朝鮮がこうした決断を下すに際して、国務長官ディーン・アチソンの物議を醸した演説によって勇気づけられた可能性がある。アチソンはこの演説において、韓国をアメリカのアジアにおける「防御線」から除外していたのだ。Bruce Cumings (1990) を参照〔カミングス『朝鮮戦争の起源 2 1947年 - 1950年――「革命的」内戦とアメリカの覇権』上下巻、鄭敬謨・林哲・山岡由美訳、明石書店〕。また、David Halberstam(2007), 48 et seq.〔ハルバースタム『ザ・コールデスト・ウインター――朝鮮戦

争』上下巻、山田耕介・山田侑平訳、文春文庫〕も参照。
60. Donald E. Schmidt(2005), 247.
61. たとえば、Stephen Kinzer (2007) 、Richard J. Barnet (1968) を参照。
62. こうした見解を、Whittaker Chambers はその回想録 *Witness* (1987) で擁護していた。
63. とくに、*The Spy Who Came in from the Cold* (1963)〔『寒い国から帰ってきたスパイ』宇野利泰訳、ハヤカワ文庫〕、*The Looking Glass War* (1965)〔『鏡の国の戦争』宇野利泰訳、ハヤカワ文庫〕、*A Small Town in Germany* (1968)〔『ドイツの小さな町』宇野利泰訳、ハヤカワ文庫〕、*The Honourable Schoolboy* (1977)〔『スクールボーイ閣下』村上博基訳、ハヤカワ文庫〕、*The Perfect Spy* (1986)〔『パーフェクト・スパイ』村上博基訳、ハヤカワ文庫〕を参照。
64. 植民地時代と独立革命の時期については、Perry Miller (1956)〔ミラー『ウィルダネスへの使命』〕、Sacvan Bercovitch (1978) を参照。聖戦としての南北戦争については、George McKenna(2007), 128-63 を参照。
65. Richard M. Gamble (2003) 、Jonathan M. Hansen (2003) 、Walter Karp (2003) 、Michael S. Foley and Brendan P. O' Malley(2008), 81-118 を参照。
66. Eric L. Muller (2007) 、Susan A. Brewer(2009), 104-22 を参照。
67. 一義的に「赤の恐怖」とみなされた現象への批判的な見解を包括的に述べたものとして、David Caute (1978) 、Ellen Schrecker (1998) を参照。ソ連のスパイ活動の影響を重視する見解については、ヴェノナ文書に多分に依拠した Allen Weinstein and Alexander Vassiliev (2000) を参照〔ヴェノナ文書については、ヘインズ&クレア『ヴェノナ――解読されたソ連の暗号とスパイ活動』(中西輝政監訳、PHP 研究所) を参照〕。
68. 1919 - 20 年にウッドロウ・ウィルソン政権の司法長官 A・ミッチェル・パーマー〔1872 - 1936〕は、アメリカの「赤の恐怖」に対する最初の大がかりな手入れを行なった。その結果、4000 人以上の急進的な外国人〔市民権をもたない移民〕が検挙され、国外に追放された。Howard Zinn(2003), 375-76〔ジン『民衆のアメリカ史――1492 年から現代まで』〕などを参照。
69. Victor S. Navasky (2003) を参照。〔ナヴァスキー『ハリウッドの密告者――1950 年代アメリカの異端審問』三宅義子訳、論創社〕
70. "We are dealing" Billy Graham(1999), 382. Thomas Aiello (2005) に引用されたグラハムの言葉 "Either communism must die" (1954) 。
71.『僕が暮らす家 (The House I Live In)』は、アルバート・モルツ脚本、フランク・ロス製作、フランク・シナトラ主演で 1945 年につくられた短編映画である。シナトラは「こいつの宗教が気にくわない」という理由で今にも一人の子どもを殴ろうとしていた少年たちに、反ユダヤ主義と人

種的偏見に抗議する主題歌を歌ってきかせる。この映画は 1945 年のアカデミー特別賞を受賞した。モルツと作曲家のアール・ロビンソンは赤狩りの時期にブラックリストに載せられた。http://www.archive.org/details/THE_HOUSE_I_LIVE_IN（2010 年 3 月 3 日現在）を参照。

72. Nelson Blackstock (1988) を参照。

73.『ワシントン・ポスト』紙と ABC ニュースが 2006 年に行なった世論調査によれば、「イスラームに対して好意的でない見方を表明するアメリカ人の比率が増しつつあり、現在では国民の大多数がムスリムは過度に暴力的な傾向があると述べている……この世論調査から、アメリカ人の半数近く ── 46% ── がイスラームに対して否定的な見方をしていることがわかった。この数字は、2001 年 9 月 11 日の世界貿易センタービルとペンタゴンへのテロ攻撃直後の緊張した時期のそれより7%高い。当時、ムスリムはしばしば暴力の標的とされていた」。Claudia Deane and Darryl Fears, "Negative Perception of Islam Increasing." *Washington Post*, March 9, 2006.

74. 本書が印刷にまわされているときにも、アメリカ政府は依然として、拷問を実施している同盟諸国にテロ容疑者を「引き渡し」ていた。

第 4 章

1. アメリカ人の愛国心を綿密に分析した著作の例として、Robert N. Bellah (1975)〔ベラー『破られた契約 ── アメリカ宗教思想の伝統と試練』〕、Frederick Edwords (1987) 、Jonathan M. Hansen (2003) 、Richard T. Hughes (2003) 、Stephen Nathanson (2003) 、George McKenna (2007) 、William E. Connolly (2008) などが挙げられる。
2. 「道徳的束縛からの解放」理論は Albert Bandura の社会的学習理論ととりわけ密接に関連している。Bandura (2004)〔モハダム＆マーセラ編『テロリズムを理解する ── 社会心理学からのアプローチ』（釘原直樹監訳、ナカニシヤ出版）に所収〕と、Alfred L. McAlister (2000, 2001) を参照。
3. よき愛国心と悪しき愛国心については、Robert N. Bellah（1967〔ベラー「アメリカの市民宗教」『社会変革と宗教倫理』（河合秀和訳、未来社）に所収〕, 1975〔ベラー『破られた契約 ── アメリカ宗教思想の伝統と試練』〕）を参照。Michael Angrosino の興味深い著作 (2002) は市民宗教の 3 つの類型、すなわち「文化的」、「ナショナリスト的」、「普遍的」なタイプを考察し、それぞれが独自の形の愛国心を伴うと論じている。「正しかろうが……」の引用は、1805 年にスティーヴン・ディケーター海軍大佐〔1779 - 1820〕が述べた乾杯の言葉に由来する。「諸外国との関係において、わが祖国が常に正しからんことを。だが、正しかろうが誤っていようが、わが祖国、わが祖国」。John Davis Collins によれば、この乾杯は、トリポ

リとの戦争〔第一次バーバリ戦争。1801 - 05年〕を終わらせる講和条約をトーマス・ジェファーソンが結んだことに対して捧げられたものだったが、国民の多くは条約締結を不名誉と感じていたという〔トリポリは地中海の北アフリカ沿岸に存在したバーバリ諸国の一つで、これらの国々はオスマン帝国が任命したパシャによって統治されていた〕。“My Country, My Country,” http://www.angelfire.com/bc/RPPS/revolution_movies/decatur.htm（2009年1月18日現在）を参照。

4. Stephen Nathanson (2003) を参照。また、Nathanson らの評論を編集した Igor Primoratz and Aleksandar Pavković (2008) も参照。
5. Walter Scott(1805)〔佐藤猛郎『ウォルター・スコット 最後の吟遊詩人の歌——作品研究』評論社。引用部分は第六曲 I〕.
6. Edward Everett Hale(1917/1863).
7. Drew Gilpin Faust (2008), xvi-xvii は、戦死者の写真によって国民は戦場の現実と向き合うことになったと論じている。また、14-17, passim. に記された戦死者名簿や悔みの手紙や遺書など、戦死を遺族に伝えた方法も参照されたい。〔ファウスト『戦死とアメリカ——南北戦争 62 万人の死の意味』黒沢眞里子訳、彩流社〕
8. 1864 年、リンカーンは民主党から立候補したかつての北軍総司令官ジョージ・マクレランを破って大統領に再選された。だが、南部諸州が棄権し、北軍兵士が投票するための帰省休暇を与えられたにもかかわらず、得票数の差は総投票数 400 万票のうち 40 万票に過ぎなかった。
9. Drew Gilpin Faust (1990) 、William R Taylor (1993) を参照。
10. 個人的／政治的なアイデンティティーの危機については、Eric H. Erikson (1994) を参照。〔エリクソン『アイデンティティ——青年と危機』岩瀬庸理訳、金沢文庫、ほか〕
11. Benedict Anderson(2006), 6-7.〔アンダーソン『定本　想像の共同体——ナショナリズムの起源と流行』〕
12. Campbell J. Gibson and Emily Lennon(1999). 移民の数と傾向の詳細な分析については、Roger Daniels (2002), 123 et seq. を参照。第一次世界大戦期のアメリカ人の思考に与えた移民の影響については、John Higham(2002), 194-263 を参照。
13. これらの闘争の多くは、John Higham が彼の代表作 *Strangers in the Land* (2002) で論じている。労働闘争については、Louis Adamic (2008) を参照。
14. Israel Zangwill(2009/1908).
15. Sharon Smith (2006) を参照。
16. たとえば、Barton J. Bernstein (1968) を参照。
17. たとえば、Clayton R. Koppes and Gregory D. Black(1990), 222 et seq.を参照。

18. Robert A. Wells (2005) を参照。
19. トロツキストの指導者たちのグループはあくまでストライキを扇動し、労働者国家の建設を唱道した。スミス法〔1940 年に制定された外国人登録法の別称。在米外国人の登録と指紋届出を義務づけたが、実質は政府転覆を目的とする言論や団体結成を規制する治安立法的性格が強かった〕により破壊行為のかどで最初に起訴され、投獄されたのは──アメリカのナチス支持者ではなく──彼らだった。James P. Cannon (1975) を参照。
20. 当時の人種的・政治的・文化的運動については、National Advisory Commission on Civil Disorders (1968) 、National Commission on the Causes and Prevention of Violence (1970) 、Todd Gitlin (1993)〔ギトリン『60 年代アメリカ──希望と怒りの日々』〕、Kenneth Keniston（1967, 1968〔ケニストン『ヤング・ラディカルズ──青年と歴史』庄司興吉・庄司洋子訳、みすず書房〕）を参照。
21. David Bailey(2008). Bailey はさらに、ブッシュがイラクでベトナム流の戦争をするリスクを冒そうとしなかったことからわかるように、罪の償いは「不充分」だった、と述べている。
22. Samuel P. Huntington (1998)〔ハンチントン『文明の衝突』鈴木主税訳、集英社〕. ベトナムの農村人口を激減させるアメリカの戦略〔ハンチントンはこれをアーバニゼーション（都市への移動を促す）プロセスと呼んだ〕をハンチントンが擁護したことをめぐる論争については、Noam Chomsky (1970) と Samuel P. Huntington (1970) を参照。また、Richard M. Pfeffer (1969) に収録されたハンチントンとイクバール・アフマド〔1933/34 - 99〕の言葉も参照。
23. ハンチントンはロシアとバルカン諸国を「東方正教会文明」、インドを「ヒンドゥー文明」、中国 (China) を「儒教文明」などと色分けした（1998 年の著作では、中国文明を表現するのにより中立的な「Sinic」という語も使っている）。彼の理論の諸側面を批判的に考察したものとして、Richard E. Rubenstein and Jarle P. Crocker (1994) を参照。
24. James Davison Hunter (1992) を参照。
25. しばしば「ホイッグ党」タイプの見解を反映している興味深いウェブサイトが http://www.antiwar.com である。
26. John B. Hoey(2000). また、Donald R. Hickey(2006), 255 も参照。
27. Daniel Walker Howe(2007), 743.
28. Michael H. Hunt(1987), 38-41; Michael S. Foley and Brendan P. O'Malley(2008), 18-38.
29. フィリピン割譲などを定めた米西間の条約は、上院での批准に必要な出席議員数の3分の2よりわずか1票多い賛成票で批准された。Michael H. Hunt(1987), 81-90.

30. James M. McPherson (2003) を参照。
31. Jennifer L. Weber (2008) を参照。
32. Iver Bernstein (1990) を参照。
33. Howard Zinn(2003), 364. また、365-76〔ジン『民衆のアメリカ史 ── 1492 年から現代まで』〕も参照。
34. 広報委員会とアメリカ護国連盟については、Susan A. Brewer(2009), 55-77 を参照。
35. ルイス・マイルストーン〔1895 - 1980〕が監督したこの映画の原作は、1929 年に出版されてベストセラーになったエーリッヒ・マリア・レマルク〔1898 - 1970〕の同名の小説〔*Im Westen nichts Neues*〕である。
36. 1930 年代の反戦運動の左派的要素については、Charles Chatfield (1992), 62-73 を参照。AFC（アメリカ優先委員会）とローズヴェルトの AFC 攻撃をめぐる議論は、Patrick J. Buchanan の *Churchill, Hitler, and "the Unnecessary War"* (2008) が出版されてからふたたび熱を帯びてきた。Buchanan は同書において、アメリカの参戦はヨーロッパのユダヤ人にホロコーストの宣告を下すに等しい、というリンドバーグの（あたかも予言のごとくデモインで語った）主張を繰り返している。これより控えめだが親 AFC 的な見方として、Wayne S. Cole (1974) を参照。リンドバーグの親ナチス、反ユダヤ的な傾向は、Max Wallace (2004) で詳細に考察されている。A. Scott Berg (1999)〔バーグ『リンドバーグ ── 空から来た男』上下巻、広瀬順弘訳、角川文庫〕、Philip Roth の並外れた歴史ファンタジー *The Plot Against America* (Vintage, 2005) も参照されたい。
37. Howard Zinn(2003), 407, 418〔ジン『民衆のアメリカ史 ── 1492 年から現代まで』〕.
38. Tom Engelhardt(2007), 64. さらに 64-65 も参照。「開戦後 8ヵ月経った 1951 年 2 月には、アンケートに答えたアメリカ人のうち、戦争努力を支持していたのは 39 %に過ぎなかった ── そして、この数字は低下する一方だった」
39. 同書, 247-48.「ドラッグがはびこっていた（1971 年には、帰還兵の 60 %までもがなんらかのドラッグを使ったことを認めていた）; 脱走兵は 1000 人中 70 人という近代では高い比率に達した; 小規模な反抗や「戦闘拒否」は数字で表わされていなくても危機的なレベルだった; 人種間の争いが急増し、将校（「職業軍人」）と兵士の争いは前代未聞のレベルに達していた」
40. 同書, 244.
41. Adam Garfinkle (1997) を参照。
42. William L. Lunch and Peter W. Sperlich(1979), 32-34.
43. 同書, 39 et seq. Lunch and Sperlich は、「中流階級」のアメリカ人は「下

流階級」より戦争を支持する傾向にあると述べているが、この分類ではブルーカラーの労働者がいずれに属するのか不明である。Frank Koscielski (1999) も参照。

44. たとえば、Todd Gitlin (1993)〔ギトリン『60 年代アメリカ――希望と怒りの日々』〕や、Kenneth Keniston（1967, 1968〔ケニストン『ヤング・ラディカルズ――青年と歴史』〕）を参照。
45. 合衆国教育省教育統計年鑑によれば、大学生の数は 1950 年から 70 年のあいだに 4 倍に、1950 年から 80 年のあいだに 6 倍に増えた。"How Educated Are We: Data Presentation," http://social.jrank.org/pages/1024/How-Educated-are-We-Data-Presentation.html（2010 年 1 月 30 日現在）
46. 連邦下院議員の Charles Rangel（民主党、ニューヨーク州）は 2006 年 2 月 14 日に、徴兵制を復活する法案を提出した。"Rangel Reintroduces Draft Bill," http://www.house.gov/list/press/ny15_rangel/CBRStatementonDraft02142006.html（2010 年 2 月 2 日現在）

第 5 章

1. "The Ballad of High Noon" (1952), music by Dimitri Tiomkin, lyrics by Ned Washington, sung in the film by Tex Ritter.
2. National Commission on Terrorist Attacks upon the United States (2004), 239〔同時多発テロに関する独立調査委員会『9/11 委員会レポートダイジェスト――同時多発テロに関する独立調査委員会報告書、その衝撃の事実』松本利秋・ステファン丹沢・永田喜文訳、WAVE 出版〕.
3. Richard Slotkin(2000), 18.
4. John Lewis Gaddis(2004), 7 et seq.〔ギャディス『アメリカ外交の大戦略――先制・単独行動・覇権』〕の考察を参照。
5. Harris Poll〔ハリス世論調査〕#81, August 15, 2007, http://www.harrisinteractive.com/harris_poll/index.asp?PID＝797(2009年2月6日現在)
6. Susan A. Brewer(2009), 152 に引用。Brewer は「アメリカの役割はむしろ控えめに『国連武装保安隊の強力なメンバー』と位置づけられていた」と記している。
7. キッシンジャーはのちにこのインタヴューについて、「メディアの一員と交わした会話の中で最も破滅的なもの」と称した。Adam Bernstein による Oriana Fallaci の死亡記事, *Washington Post*, September 16, 2006, http://www.washingtonpost.com/wp-dyn/content/article/2006/09/15/AR2006091501145_pf.html（2009 年 2 月 2 日現在）を参照。
8. Zuckerman on *Lou Dobbs Tonight*, September 11, 2003, CNN Transcripts. http://transcripts.cnn.com/TRANSCRIPTS/0309/11/ldt.00.html（2010 年 2 月 5 日現在）

9. “War,” in *Stanford Encyclopedia of Philosophy*, http://plato.stanford.edu/entries/war/ （2009 年 10 月 26 日現在）。また、Robinson(2003), 222-25 に引用された Rob van den Toorn, “Just War and the Perspective of Ethics of Care,” も参照。
10. ある指導的な歴史家は、〔1818 年の合意に基づいて英米が共有していた〕オレゴン地域の購入をめぐるイギリスとの交渉と、メキシコとの取引に対するポーク大統領の姿勢の違いについて、こう述べている。「オレゴンに関しては、彼は非妥協的な姿勢で臨んだが、妥協を取りつけた。ところがメキシコとの交渉に際しては、彼はいかにも道理をわきまえた議論に前向きな姿勢をとりつつ、相手に非妥協的な要求を押しつけ、それがおそらく戦争への道を開いた」David Walker Howe(2007), 735.　さらなる考察については 734-38 を参照。
11. この交渉について、John L. Offner (1992) が詳細に考察している。Offner は交渉による解決は不可能だったと総括している。かかる結論は、マッキンリーはスペイン政府と合意に達せられなかっただろうし、その場合は再選を勝ち取れなかったであろうことを示すものとして、Offner が提示した証拠に照らし合わせて読むべきである。
12. George Monbiot, “Dreamers and Idiots,” *Guardian*, November 11, 2003. http://www.monbiot.com/archives/2003/11/11/dreamers-and-idiots/ （2009 年 12 月 3 日現在）
13. 本書 111-115 頁の考察を参照。
14. パネリストは Eugene Carroll 、Muhammad Faour 、Abdeen Jabara 、Harold H. Saunders だった。http://www.c-spanvideo.org/program/17513-1 （2009 年 10 月 30 日現在）
15. Douglas Kellner (1992).　また、Robert A. Pape(1996), 217、William O. Beeman (2005) も参照。
16. このメッセージは、Richard N. Haass が二つの対イラク戦争について最近著わした *War of Necessity, War of Choice* (2009) から、はっきりと伝わってくる。湾岸戦争の遂行に貢献した Haass によれば、サウディアラビアは「今後サッダームの影に怯えながら生きていかずにすむように、彼の戦争マシーンを徹底的に破壊すること」を強硬に主張し (79) 、イスラエルも同様の意見だったという (86) 。Haass は「万が一サッダームが当方の要求に応じたら」どうすべきかと、ブッシュ政権のメンバーたちが案じていたことを認めている (84) 。彼はまた、アメリカはイラクのクウェートからの即時撤退以外の何も受け入れるつもりがなかったので、（「湾岸危機をつうじて期待はずれな言動に終始した」）ヨルダンのフセイン国王が心ならずも提案したいかなる妥協にも、ブッシュ政権は「無関心」だったと述べている。Haass は国務長官のジェームズ・ベーカー〔1930

生〕がサッダーム・フセインに会う前に、「国連安全保障理事会の決議に応じることと引き換えに、サッダームに報償を与えたり面子を立ててやるべきでない」と強調した電報を長官に送った、と回想している (108)。彼はこれ以外の和平工作には言及しておらず、イラクが土壇場で撤退を申し出たことについてもいっさい論じていない。

17. 国防総省の記者会見、ドナルド・ラムズフェルド、March 20, 2003, http://www.defense.gov/transcripts/transcript.aspx?transcriptid＝2072 (2009年2月8日現在)
18. この決議案は下院においては賛成 296、反対 133、上院においては賛成 77、反対 23 で票決され、2002年10月16日にブッシュ大統領が署名して、Pub. L. No.107-243 となった。さらに、George Packer (2006)〔パッカー『イラク戦争のアメリカ』〕の考察も参照。
19. Julian Borger, Brian Whitaker, and Vikram Dodd, "Saddam's Desperate Offers to Stave Off War," *Guardian*, November 7, 2003, http://www.guardian.co.uk/world/2003/nov/07/iraq.brianwhitaker (2010年1月7日現在)
20. James Risen, "Iraq Said to Have Tried to Reach Last-Minute Deal to Avert War," *New York Times*, November 6, 2003, http://www.nytimes.com/2003/11/06/politics/06INTE.html?pagewanted＝1 (2010年1月7日現在)
21. この交渉の詳細な考察については John L. Offner (1992)、とくに 143-93、225-36 を参照。
22. 1899年、アメリカ軍上層部はキューバの解放軍が「独立」祝賀式典に参列することを拒否した。アメリカが軍事占領を終えるに際して、連邦議会はプラット修正条項を通過させた (1901)。この条項はキューバから自国領土を支配し、独自の外交政策や財政政策を追求する権利を奪い、キューバを事実上アメリカの保護国とするものだった。Stephen Kinzer(2007), 35-44 を参照。
23. Michael Cox(1990), 31. Cox の基本的な論点は、冷戦「システム」の維持は両陣営のエリートの利益にかなった、ということである。
24. 同書, 35. レーガンとミハイル・ゴルバチョフの関係にまつわる内部情報については、Jack F. Matlock Jr. (2005) を参照。
25. Bruce Cumings(1990), 557-59〔カミングス『朝鮮戦争の起源 2 1947年 - 1950年――「革命的」内戦とアメリカの覇権』〕を参照。
26. Lloyd C. Gardner and Ted Gittinger (2004) が編集した論説、とりわけ David Kaiser が著わした "Discussions, Not Negotiations: The Johnson Administration's Diplomacy at the Outset of the Vietnam War," 45-58 を参照。
27. キューバ・ミサイル危機については大量の文献が存在する。この危機に

対するより伝統的なアプローチ（たとえば Michael Dobbs〔2009〕〔ドブズ『核時計零時1分前――キューバ危機 13 日間のカウントダウン』布施由紀子訳、日本放送出版協会〕）と、紛争処理技術の重要性を強調したアプローチ（たとえば Richard Ned Lebow and Janice Gross Stein〔1995〕）を比較するのは有用である。また、Laurence Chang and Peter Kornbluh (1998)、Ernest R. May and Philip D. Zelikow (2002) も参照。

28. James Bamford(2001), chapter 4〔バムフォード『すべては傍受されている――米国国家安全保障局の正体』瀧澤一郎訳、角川書店〕を参照。
29. William R. Polk (2007) がいくつかの例を論じている。
30. 紛争解決への努力の歴史とこの分野の概論については、John W. Burton (1990, 1996)、Johan Galtung (2004)、Ho-Won Jeong (2008)、Louis Kriesberg (2006)、John Paul Lederach (1998)、Terrence Lyons and Gilbert M. Khadiagala (2008)、Dean G. Pruitt and Sung Hee Kim (2004)、Oliver Ramsbotham et al. (2005)〔ラムズボサムほか『現代世界の紛争解決学――予防・介入・平和構築の理論と実践』宮本貴世訳、明石書店〕、Harold H. Saunders (2001) を参照。また、Sandra Cheldelin et al. (2008)、Dennis J. D. Sandole et al. (2009) も参照。
31. Joseph V. Montville (1991) を参照。Louise Diamond and Ambassador John McDonald (1996) は、公的な外交のほかに和平のための 14 の「トラック」ないし方法を明らかにした〔市民、国家レベルの交流にはさまざまな形態が存在するが、これらそれぞれをトラック (Track) と称している〕。
32. William B. Quandt (1986) を参照。
33. ミッチェルは彼の経験を George J. Mitchell (2001) で詳細に述べている。
34. Ronald J. Fisher (2005) の北アイルランドと南アフリカのワークショップについての考察を参照。
35. Office of Conflict Management and Mitigation については、http://www.usaid.gov/our_work/cross-cutting_programs/conflict/（2010 年 2 月 11 日現在）を参照。Office of the Coordinator for Reconstruction and Stabilization については、http://www.state.gov/s/crs/（2010 年 2 月 11 日現在）を参照。The United States Institute of Peace については、http://www.usip.org/（2010 年 2 月 11 日現在）を参照。

終わりに

1. Donald E. Schmidt(2005), 40-41 に引用。本書 129-133 頁を参照。
2. U.S. Congress. *Congressional Record*（連邦議会議事録）. 56th Cong., 1st sess., 1900. Vol.33, 711.
3. Joseph S. Nye (2005)〔ナイ『ソフト・パワー――21 世紀国際政治を制する見えざる力』山岡洋一訳、日本経済新聞社〕を参照。「ソフト・パワ

ー」についてのさらなる考察は Felix Berenskoetter and Michael J. Williams (2008) を参照。

4. I. William Zartman (2008), 232 et seq. を参照。Dean G. Pruitt (2005) と比較されたい。
5. Michael B. Mukasey, "Where the U.S. Went Wrong on Abdulmutallab（アメリカはどこでアブドゥルムッタラブへの対処を誤ったのか）," *Washington Post*, February 12, 2010〔アブドゥルムッタラブは、2009 年のクリスマスの日に米旅客機内で爆発物を爆発させようとしたとして起訴されたナイジェリア人。ミシガン州デトロイトの連邦地裁は 2012 年 2 月 16 日、同被告に終身刑など複数の刑を言い渡した〕.
6. たとえば、I. William Zartman (2005) 、Dean G. Pruitt (2007) を参照。
7. Ted Robert Gurr(1996).
8. 以下のウェブサイトを参照。http://www.dynamicsofconflict.iccc.edu.pl/index.php?page＝engaging-governments-on-genocide-prevention-eggp（2010 年 2 月 13 日現在）
9. 戦争抵抗者連盟 (War Resiters League) は、過去の戦争関連の支出（退役軍人の恩給、戦時国債の利子など）も含めれば、予算総額に対する軍事費の比率は 50 %を超えると指摘している。http://www.warresisters.org/pages/piechart.htm（2010 年 2 月 14 日現在）
10. アメリカの「軍産複合体」とそれがもたらした結果を研究したものとして、Seymour Melman (1970)〔メルマン『ペンタゴン・キャピタリズム――軍産複合から国家経営体へ』高木郁郎訳、朝日新聞社〕、William Greider (1999) 、Chalmers Johnson (2008) 、Eugene Jarecki (2008) を参照。
11. Dexter Filkins (2009)〔フィルキンス『そして戦争は終わらない――「テロとの戦い」の現場から』有沢善樹訳、日本放送出版協会〕. 軍事的ケインズ理論については、Noam Chomsky (1993) を参照。
12. Lloyd J. Dumas (1995) を参照。
13. たとえば、Christopher Gelpi et al. (2005) を参照。Adam J. Berinsky (2009) の「損耗率仮説」批判と比較されたい。

参考文献

Abbott, Philip, ed. 2007. *The Many Faces of Patriotism*. Lanham, Md.: Rowman & Littlefield.

Adamic, Louis. 2008. *Dynamite: The Story of Class Violence in America*. New York: AK Press.

Adamthwaite, Anthony P. 1989. *The Making of the Second World War*. 2nd ed. London: Routledge.

Aiello, Thomas. 2005. "Constructing 'Godless Communism': Religion, Politics, and Popular Culture, 1954-1960." *Americana: The Journal of American Popular Culture* 4:1(Spring2005). http://www.americanpopularculture.com/journal/articles/spring2005/aiello.htm (consulted January 19, 2009).

Albright, Madeleine K., and William S. Cohen. 2008. *Preventing Genocide: A Blueprint for U.S. Policymakers*. Washington, D.C.: United States Institute of Peace.

Anderson, Benedict. 2006. *Imagined Communities: Reflections on the Origin and Spread of Nationalism*. Rev. ed. New York and London: Verso.〔『定本 想像の共同体――ナショナリズムの起源と流行』ベネディクト・アンダーソン、白石隆・白石さや訳、書籍工房早山、ほか〕

Anderson, Fred, and Andrew Cayton. 2005. *The Dominion of War: Empire and Liberty in North America, 1500-2000*. New York: Viking.

Andrews, Robert. 1993. *Columbia Dictionary of Quotations*. New York: Columbia University Press.

Angrosino, Michael. 2002. "Civil Religion Redux." *Anthropological Quarterly* 75:2 (Spring): 239-67.

Arendt, Hannah. 2004. *The Origins of Totalitarianism*. New York: Schocken Books.〔『全体主義の起原』全3巻、ハナ・アーレント、第1巻・大久保和郎訳、第2巻・大島通義・大島かおり訳、第3巻・大久保和郎・大島かおり訳、みすず書房〕

Bacevich, Andrew J. 2005. *The New American Militarism: How Americans Are Seduced by War*. Oxford and New York: Oxford University Press.

Bailey, David. 2008. "Kicking the Vietnam Syndrome: George H. W. Bush, Public Memory, and Incomplete Atonement During Operation Desert Storm." Paper presented at the annual meeting of the 94th NCA National Convention, TBA, San Diego, Calif., November 20. http://www.allacademic.com/meta/p257011index.html (consulted October 25,2009).

Bailey, Thomas A. 1948. *The Man in the Street: The Impact of American Public Opinion on Foreign Policy*. New York: Macmillan.

Bamford, James. 2001. *Body of Secrets: Anatomy of the Ultra-Secret National Security Agency From the Cold War Through the Dawn of a New Century*. New York: Doubleday.〔『すべては傍受されている――米国国家安全保障局の正体』ジェイムズ・バムフォード、瀧澤一郎訳、角川書店〕

Bandura, Albert. 2004. "The Role of Selective Moral Disengagement in Terrorism and Counterterrorism." In F. M. Mogahaddam and A. J. Marsella, eds., *Understanding Terrorism: Psychological Roots, Consequences, and Interventions*. Washington, D.C.: American Psychological Association Press. http://www.des.emory.edu/mfp/Bandura2004.pdf.〔『テロリズムを理解する――社会心理学からのアプローチ』ファザーリ・M・モハダム&アンソニー・J・マーセラ編、釘原直樹監訳、ナカニシヤ出版〕

Barnet, Richard J. 1968. *Intervention and Revolution*. New York: World Books.

———. 1972. *Roots of War*. Harmondsworth, U.K.: Penguin.

Basinger, Jeanine. 2003. *The World War II Combat Film: Anatomy of a Genre*. Middletown, Conn.: Wesleyan University Press.

Battle, Joyce, ed. 2003. "Shaking Hands with Saddam Hussein: The U.S. Tilts Toward Iraq, 1980-1984." National Security Archive Electronic Briefing Book No. 82, February 25. http://www.gwu.edu/~nsarchiv/NSAEBB/NSAEBB82/ (consulted August 2, 2009).

Bellah, Robert N. 1967. "Civil Religion in America." *Daedalus* 96:1 (Winter), 1-21.〔「アメリカの市民宗教」『社会変革と宗教倫理』(ロバート・N・ベラー、河合秀和訳、未來社)に所収〕

———. 1975. *The Broken Covenant: American Civil Religion in Time of Trial*. New York: Seabury Press.〔『破られた契約――アメリカ宗教思想の伝統と試練』新装版、ロバート・N・ベラー、松本滋・中川徹子訳、未來社〕

Bercovitch, Sacvan. 1978. *The American Jeremiad*. Madison: University of Wisconsin Press.

Berenskoetter, Felix, and Michael J. Williams, eds. 2008. *Power in World Politics*. London: Routledge.

Berg, A. Scott. 1999. *Lindbergh*. New York: Berkley Books.〔『リンドバーグ――空から来た男』上下巻、A・スコット・バーグ、広瀬順弘訳、角川文庫〕

Berinsky, Adam J. 2001. "Public Opinion During the Vietnam War: A Revised Measure of the Public Will." web.mit.edu/berinsky/www/Vietnam.pdf (consulted December 6, 2009).

———. 2009. *In Time of War: Understanding American Public Opinion from*

World War II to Iraq. Chicago: University of Chicago Press.
Bernstein, Iver. 1990. *The New York City Draft Riots: Their Significance for American Society and Politics in the Age of the Civil War*. New York: Oxford University Press.
Blackstock, Nelson. 1988. *COINTELPRO: The FBI's Secret War on Political Freedom*. New York: Pathfinder Press.
Blum, John Morton. 1976. *V Was for Victory: Politics and American Culture During World War II*. New York and London: Harcourt Brace Jovanovich.
Boggs, Carl. 2005. *Imperial Delusions: American Militarism and Endless War*. Lanham, Md.: Rowman & Littlefield.
Bonilla-Silva, Eduardo. 2009. *Racism Without Racists: Color-Blind Racism and Racial Inequality in Contemporary America*. 3rd ed. London and New York: Rowman & Littlefield.
Boot, Max. 2002. *The Savage Wars of Peace: Small Wars and the Rise of American Power*. New York: Basic Books.
Booth, Ken, and Moorhead Wright, eds. 1978. *American Thinking About Peace and War: New Essays on American Thought and Attitudes*. Sussex: Harvester Press; New York: Barnes & Noble.
Brands, H. W. 1992. *Bound to Empire: The United States and the Philippines*. New York: Oxford University Press.
Brewer, Susan A. 2009. *Why America Fights: Patriotism and War Propaganda from the Philippines to Iraq*. New York: Oxford University Press.
Brokaw, Tom. 2008. *Boom! Talking About the Sixties: What Happened, How It Shaped Today, Lessons for Tomorrow*. New York: Random House.
Brown, John. 2006. " 'Our Indian Wars Are Not Over Yet' : Ten Ways to Interpret the War on Terror as a Frontier Conflict." *American Diplomacy*. http://www.unc.edu/depts/diplomat/item/2006/0103/cabrow/brown_indian.html (consulted September 1, 2008).
Brunk, Gregory G., D. Secrest, and H. Tamashiro. 1996. *Understanding Attitudes About War: Modeling Moral Judgments*. Pittsburgh: University of Pittsburgh Press.
Bryce, James. 1915. *Report of the Committee on Alleged German Outrages (The Bryce Report)*. http://www.gwpda.org/wwi-www/BryceReport/bryce_r.html (consulted April 24, 2009).
Buchanan, Patrick J. 1999. *A Republic, Not an Empire: Reclaiming America's Destiny*. Washington, D.C.: Regnery.
——. 2008. *Churchill, Hitler, and "The Unnecessary War": How Britain Lost Its Empire and the West Lost the World*. New York: Crown.

Burton, John W., ed. 1990. *Conflict: Basic Human Needs*. New York: St. Martin's Press.

——. 1996. *Conflict Resolution: Its Language and Processes*. Lanham,Md.: Scarecrow Press.

Butler, Michael J. 2003. "U.S. Military Intervention in Crisis, 1945-1994: An Empirical Inquiry of Just War Theory." *Journal of Conflict Resolution* 47:2 (April), 226-48.

Campbell, David. 1992. *Writing Security: United States Foreign Policy and the Politics of Identity*. Minneapolis: University of Minnesota Press.

Campbell, James T., M. P. Guterl, and R. G. Lee, eds. 2007. *Race, Nation, and Empire in American History*. Chapel Hill: University of North Carolina Press.

Cannon, James P. 1975. *The Socialist Workers Party in World War II: Writings and Speeches*, 1940-43. New York: Pathfinder Press.

Caute, David. 1978. *The Great Fear: The Anti-Communist Purge Under Truman and Eisenhower*. New York: Touchstone Books.

Chambers, Whittaker. 1987. *Witness*. New York: Regnery.

Chang, Laurence, and Peter Kornbluh, eds. 1998. *Cuban Missile Crisis, 1962: A National Security Archive Documents Reader*. New York: New Press.

Chatfield, Charles. 1992. *The American Peace Movement: Ideals and Activism*. New York: Twayne Publishers; Toronto: Maxwell Macmillan.

Cheldelin, Sandra, Daniel F. Druckman, and Larissa Fast, eds. 2008. *Conflict: From Analysis to Intervention*. London: Continuum.

Chidester, David. 1988. *Patterns of Power: Religion and Politics in American Culture*. Englewood Cliffs, N.J.: Prentice-Hall.

Chomsky, Noam. 1970. "After Pinkville." *New York Review of Books* 13:12 (January 1). http://www.nybooks.com/articles/11087 (consulted January 22, 2009).

——. 1993. "The Pentagon System." *Z Magazine*. February. http://www.thirdworldtraveler.com/Chomsky/PentagonSystem_Chom.html (consulted February 14, 2010).

——. 2007. *Failed States: The Abuse of Power and the Assault on Democracy*. New York: Henry Holt.〔『破綻するアメリカ　壊れゆく世界』ノーム・チョムスキー、鈴木主税・浅岡政子訳、集英社〕

Cole, Wayne S. 1962. *Senator Gerald P. Nye and American Foreign Relations*. Minneapolis: University of Minnesota Press.

——. 1974. *Charles A. Lindbergh and the Battle Against American Intervention in World War II*. New York: Harcourt Brace Jovanovich.

Coles, Roberta L. 1998. "Peaceniks and Warmongers' Framing Fracas on the Home Front: Dominant and Opposition Discourse Interaction During the Persian Gulf Crisis." *Sociological Quarterly* 39:3 (Summer), 369-91.

Collins, Christopher. 2007. *Homeland Mythology: Biblical Narratives in American Culture*. University Park: Pennsylvania State University Press.

Conlin, Joseph R. 1968. *American Anti-War Movements*. Beverly Hills, Calif.: Glencoe Press.

Connolly, William E. 2008. *Capitalism and Christianity, American Style*. Durham, and London: Duke University Press.

Conolly-Smith, Peter. 2008. "Casting Teutonic Types from the Nineteenth Century to World War I: German Ethnic Stereotypes in Print, on Stage, and Screen." *Columbia Journal of American Studies*. http://www.columbia.edu/cu/cjas/conolly-smith-1.html (consulted April 1, 2009).

Conrad, Joseph. 2005. *Heart of Darkness*. 4th ed. New York: Norton.〔『闇の奥』ジョセフ・コンラッド、藤永茂訳、三交社、ほか〕

Cox, Michael. 1990. "From the Truman Doctrine to the Second Superpower Detente: The Rise and Fall of the Cold War." *Journal of Peace Research*, 27:1 (February), 25-41.

Cristi, Marcela. 2001. *From Civil to Political Religion: The Intersection of Culture, Religion and Politics*. Waterloo, Ontario: Wilfrid Laurier University Press.

Cull, Nicholas John. 1997. *Selling War: The British Propaganda Campaign Against American "Neutrality" in World War II*. New York: Oxford University Press.

Cumings, Bruce. 1990. *The Origins of the Korean War, Vol. II: The Roaring of the Cataract, 1947-1950*. Princeton: Princeton University Press.〔『朝鮮戦争の起源 2 1947年－1950年――「革命的」内戦とアメリカの覇権』上下巻、ブルース・カミングス、鄭敬謨・林哲・山岡由美訳、明石書店〕

Daniels, Roger. 2002. *Coming to America: A History of Immigration and Ethnicity in American Life*. 2nd ed. New York: Harper Perennial.

DeBenedetti, Charles. 1984. *The Peace Reform in American History*. Bloomington: University of Indiana Press.

Debrix, Francois, and Mark J. Lacy, eds. 2009. *The Geopolitics of American Insecurity: Terror, Power and Foreign Policy*. Abingdon, U.K.: Routledge.

Denson, John V., ed. 1999. *The Costs of War: America's Pyrrhic Victories*. New Brunswick and London: Transaction Publishers.

De Tocqueville, Alexis. 1863. *Democracy in America*. Trans. Henry Reeve. Ed. Francis Bowen. Cambridge: Sever and Francis.〔『アメリカのデモクラシ

ー』全4巻、トクヴィル、松本礼二訳、岩波文庫、ほか〕
Devlin, Patrick. 1975. *Too Proud to Fight: Woodrow Wilson's Neutrality*. New York: Oxford University Press.
Diamond, Louise, and John McDonald. 1996. *Multi-Track Diplomacy: A Systems Approach to Peace*. West Hartford, Conn.: Kumarian Press.
Dobbs, Michael. 2009. *One Minute to Midnight: Kennedy, Khrushchev, and Castro on the Brink of Nuclear War*. New York: Vintage.〔『核時計零時1分前――キューバ危機13日間のカウントダウン』マイケル・ドブズ、布施由紀子訳、日本放送出版協会〕
Dower, John W. 1987. *War Without Mercy: Race and Power in the Pacific War*. New York: Pantheon.〔『容赦なき戦争――太平洋戦争における人種差別』ジョン・W・ダワー、猿谷要監修、斎藤元一訳、平凡社〕
Doyle, Michael W. 1986. *Empires*. Ithaca: Cornell University Press.
Dumas, Lloyd J. 1995. *The Socio-Economics of Conversion from War to Peace*. Armonk, N.Y.: M. E. Sharpe.
Dunn, Michael. 2006. "The 'Clash of Civilizations' and the 'War on Terror.'" *49th Parallel* 20 (Winter 2006-7). www.49thparallel.bham.ac.uk/back/issue20/Dunn.pdf (consulted January 23, 2010).
Edmonds, Anthony O. 1998. *The War in Vietnam*. Westport, Conn.: Greenwood Press.
Edwords, Frederick. 1987. "The Religious Character of American Patriotism." *Humanist* (November-December), revised at http://www.holysmoke.org/sdhok/hum12.htm (consulted March 29, 2009).
Eichenberg, Richard C. 2005. "Victory Has Many Friends: U.S. Public Opinion and the Use of Force, 1981-2005." *International Security* 30:1 (Summer), 140-77.
Ellsberg, Daniel. 2002. *Secrets: A Memoir of Vietnam and the Pentagon Papers*. New York and London: Penguin.
Elshtain, Jean Bethke. 2003. *Just War Against Terror: The Burden of American Power in a Violent World*. New York: Basic Books.
Engelhardt, Tom. 2007. *The End of Victory Culture: Cold War America and the Disillusioning of a Generation*. Rev. ed. Amherst: University of Massachusetts Press.
Erikson, Erik H. 1994. *Identity: Youth and Crisis*. New York: Norton.〔『アイデンティティ――青年と危機』E・H・エリクソン、岩瀬庸理訳、金沢文庫、ほか〕
Evans, Harold. 2000. *The American Century*. New York: Knopf.
Faust, Drew Gilpin. 1990. *The Creation of Confederate Nationalism: Ideology*

and Identity in the Civil War South. Baton Rouge: Louisiana State University Press.

———. 2008. *The Republic of Suffering: Death and the American Civil War*. New York: Knopf. 〔『戦死とアメリカ —— 南北戦争 62 万人の死の意味』ドルー・ギルピン・ファウスト、黒沢眞里子訳、彩流社〕

Feiler, Bruce. 2009. *America's Prophet: Moses and the American Story*. New York: William Morrow.

Ferguson, Niall. 2000. *The Pity of War: Explaining World War I*. New York: Basic Books.

———. 2004. Empire: *The Rise and Demise of the British World Order and the Lessons for Global Power*. New York: Basic Books.

———. 2006. *Colossus: The Rise and Fall of the American Empire*. London and New York: Penguin.

Fiala, Andrew. 2008. *The Just War Myth: The Moral Illusions of War*. Lanham, Md.: Rowman & Littlefield.

Fiebig-von Hase, Ragnhild and Ursula Lehmkuhl, eds. 1997. *Enemy Images in American History*. Oxford and New York: Berghahn Books.

Filkins, Dexter. 2009. *The Forever War*. New York: Vintage. 〔『そして戦争は終わらない ——「テロとの戦い」の現場から』デクスター・フィルキンス、有沢善樹訳、日本放送出版協会〕

Fisher, Ronald J. 2005. *Paving the Way: Contributions of Interactive Conflict Resolution to Peacemaking*. Lanham, Md.: Lexington Books.

Foley, Michael S., and Brendan P. O'Malley, eds. 2008. *Home Fronts: A War time America Reader*. New York and London: New Press.

Foner, Eric. 1995. *Free Soil, Free Labor, Free Men: The Ideology of the Republican Party Before the Civil War*. New York: Oxford University Press.

Freeberg, Ernest. 2008. *Democracy's Prisoner: Eugene V. Debs, the Great War, and the Right to Dissent*. Cambridge: Harvard University Press.

Friedel, Frank. 2002. *The Splendid Little War*. Springfield, N.J.: Burford Books.

Fromkin, David. 2005. *Europe's Last Summer: Who Started the Great War in 1914?* New York: Vintage.

Fukuyama, Francis. 2007. *America at the Crossroads: Democracy, Power, and the Neoconservative Legacy*. New Haven: Yale University Press. 〔『アメリカの終わり』フランシス・フクヤマ、会田弘継訳、講談社〕

Fussell, Paul. 2000. *The Great War and Modern Memory*. New York: Oxford University Press.

Fyne, Robert. 1994. *The Hollywood Propaganda of World War II*. Metuchen, N.J., and London: Scarecrow Press.

Gaddis, John Lewis. 2000. *The United States and the Origins of the Cold War*. New York: Columbia University Press.

——. 2004. *Surprise, Security, and the American Experience*. Cambridge and London: Harvard University Press.〔『アメリカ外交の大戦略——先制・単独行動・覇権』ジョン・ルイス・ギャディス、赤木完爾訳、慶應義塾大学出版会〕

Galtung, Johan. 1987. *U.S. Foreign Policy: As Manifest Theology*. La Jolla: University of California at San Diego, Institute on Global Conflict and Cooperation.

——. 2004. *Transcend and Transform: An Introduction to Conflict Work*. Boulder, Colo.: Paradigm Press.

——. 2009. *The Fall of the US Empire?* And Then What? Oslo: TRANSCEND University Press (Kolofon Forlag).

Gamble, Richard M. 2003. *The War for Righteousness: Progressive Christianity, the Great War, and the Rise of the Messianic Nation*. Wilmington, Del.: ISI Books.

Gardner, Lloyd C., and Ted Gittinger, eds. 2004. *The Search for Peace in Vietnam, 1964-1968*. College Station, Tex.: Tamu Press.

Garfinkle, Adam. 1997. *Telltale Hearts: The Origins and Impact of the Vietnam Antiwar Movement*. New York: Palgrave Macmillan.

Gelpi, Christopher, Peder D. Feaver, and Jason Reifl er. 2005. "Success Matters: Casualty Sensitivity and the War in Iraq." *International Security* 30:3 (Winter 2005-6), 7-46.

George, Larry N. 2009. "American Insecurities and the Ontopolitics of US Pharmacotic Wars." In Debrix and Lacy (2009).

Geromylatos, Andre. 2004. *Red Acropolis, Black Terror: The Greek Civil War and the Origins of Soviet-American Rivalry, 1943-1949*. New York: Basic Books.

Gibson, Campbell J., and Emily Lennon. 1999. "Historical Census Statistics on the Foreign-born Population of the United States: 1850-1990." Population Division Working Paper No. 29. Washington, D.C.: U.S. Bureau of the Census. http://www.census.gov/population/www/documentation/twps0029/twps0029.html (consulted January 22, 2009).

Gitlin, Todd. 1993. *The Sixties: Years of Hope, Days of Rage*. New York: Bantam Books.〔『60年代アメリカ——希望と怒りの日々』トッド・ギトリン、疋田三良・向井俊二訳、彩流社〕

Glaude, Eddie S., Jr. 2000. *Exodus! Religion, Race, and Nation in Early Nineteenth-Century Black America*. Chicago: University of Chicago Press.

Goodwin, Doris Kearns. 1995. *No Ordinary Time. Franklin and Eleanor Roosevelt: The Home Front in World War II*. New York: Simon & Schuster.

Graham, Billy. 1999. *Just as I Am: The Autobiography of Billy Graham*. New York: HarperOne.

Greenstein, Fred I. 1996. "Ronald Reagan, Mikhail Gorbachev, and the End of the Cold War." In W. C. Wohlforth, ed., *Witnesses to the End of the Cold War*. Baltimore: Johns Hopkins University Press.

Greider, William. 1999. *Fortress America: The American Military and the Consequences of Peace*. New York: PublicAffairs.

Gupta, Karunakar. 1972. "How Did the Korean War Begin?" *China Quarterly* 52 (October-December), 699-716. http://www.jstor.org/stable/652290 (consulted December 19, 2009).

Gurr, Ted Robert. 1996. *Minorities at Risk: A Global View of Ethnopolitical Conflict*. Washington, D.C.: United States Institute of Peace.

Haass, Richard N. 2009. *War of Necessity, War of Choice: A Memoir of Two Iraq Wars*. New York: Simon & Schuster.

Hackett, R. A., and Y. Zhao. 1994. "Challenging a Master Narrative: Peace Protest and Opinion/Editorial Discourse in the US Press During the Gulf War." *Discourse & Society* 5:4, 509-41.

Halberstam, David. 1972. *The Best and the Brightest*. New York: Random House.〔『ベスト＆ブライテスト』全３巻、デイヴィッド・ハルバースタム、浅野輔訳、二玄社、ほか〕

——. 2007. *The Coldest Winter: America and the Korean War*. New York: Hyperion.〔『ザ・コールデスト・ウインター——朝鮮戦争』上下巻、デイヴィッド・ハルバースタム、山田耕介・山田侑平訳、文春文庫〕

Hale, Edward Everett. 1917(1863). *The Man Without a Country*, Harvard Classics Shelf of Fiction. http://www.bartleby.com/310/6/1.html (consulted January 19, 2009).

Hansen, Jonathan M. 2003. *The Lost Promise of Patriotism: Debating American Identity, 1890-1920*. Chicago: University of Chicago Press.

Hardt, Michael, and Antonio Negri. 2001. *Empire*. Cambridge: Harvard University Press.〔『〈帝国〉——グローバル化の世界秩序とマルチチュードの可能性』アントニオ・ネグリ＆マイケル・ハート、水嶋一憲・酒井隆史・浜邦彦・吉田俊実訳、以文社〕

Harle, Vilho. 2000. *The Enemy With a Thousand Faces: The Tradition of the Other in Western Political Thought and History*. New York: Praeger.

Harvey, David. 2003. *The New Imperialism*. Oxford: Oxford University Press.〔『ニュー・インペリアリズム』デヴィッド・ハーヴェイ、本橋哲也訳、

青木書店〕
Hedges, Chris. 2003. *War Is a Force That Gives Us Meaning*. New York: Anchor Books.
Heidler, David S. 1993. "The Politics of National Aggression: Congress and the First Seminole War." *Journal of the Early Republic* 13:4 (Winter), 501-30.
Herrmann, Richard K., P. E. Tetlock, and P. S. Visser. 1999. "Mass Public Decisions to Go to War: A Cognitive-Interactionist Framework." *American Political Science Review* 93:3 (September), 553-73.
Herrmann, Richard K., and Vaughn P. Shannon. 2001. "Defending International Norms: The Role of Obligation, Material Interest, and Perception in Decision Making." *International Organization* 55:3 (Summer), 621-54.
Hickey, Donald R. 2006. *Don't Give Up the Ship! Myths of the War of 1812*. Urbana: University of Illinois Press.
Higham, John. 2002. *Strangers in the Land: Patterns of American Nativism, 1860-1925*. New Brunswick: Rutgers University Press.
Hitchcock, Peter. 2008. "The Failed State and the State of Failure." *Mediations* 23:2. http://www.mediationsjournal.org/articles/the-failed-state-and-the-state-of-failure (consulted May 22, 2009).
Hixson, Walter L. 2008. *The Myth of American Diplomacy: National Identity and U.S. Foreign Policy*. New Haven and London: Yale University Press.
Hoey, John B. 2000. "Federalist Opposition to the War of 1812." *Early American Review* (Winter). http://www.earlyamerica.com/review/winter2000/federalist.htm (consulted November 10, 2009).
Hofstadter, Richard. 1989. *The American Political Tradition: And the Men Who Made It*. New York: Vintage.
Horowitz, David. 1969. *Containment and Revolution*. Boston: Beacon Press.
Howe, Daniel Walker. 2007. *What Hath God Wrought: The Transformation of America, 1815-1848*. New York: Oxford University Press.
Howlett, Charles F. 1991. *The American Peace Movement: References and Resources*. New York: G. K. Hall.
Howlett, Charles F., and Robbie Lieberman. 2008. *A History of the American Peace Movement from Colonial Times to the Present*. New York: Edwin Mellen Press.
Hughes, Richard T. 2003. *Myths America Lives By*. Urbana and Chicago: University of Illinois Press.
Hunt, Andrew E. 2006. *David Dellinger: The Life and Times of a Nonviolent Revolutionary*. New York: NYU Press.

Hunt, Michael H. 1987. *Ideology and U.S. Foreign Policy*. New Haven and London: Yale University Press.

Hunter, James Davison. 1992. *Culture Wars: The Struggle to Define America*. New York: Basic Books.

Huntington, Samuel P. 1970. "A Frustrating Task" (with reply by NoamChomsky). *New York Review of Books* 14:4 (February 26). http://www.nybooks.com/articles/11044 (consulted January 22, 2009).

———. 1998. *The Clash of Civilizations and the Remaking of World Order*. New York: Simon & Schuster. 〔『文明の衝突』サミュエル・ハンチントン、鈴木主税訳、集英社〕

———. 2005. *Who Are We? The Challenges to America's National Identity*. New York: Simon & Schuster. 〔『分断されるアメリカ――ナショナル・アイデンティティの危機』サミュエル・ハンチントン、鈴木主税訳、集英社〕

Ivie, Robert L. 1998. "Dwight D. Eisenhower's 'Chance for Peace': Quest or Crusade?" *Rhetoric and Public Affairs* 1, 227-43.

———. 2005. "Savagery in Democracy's Empire." *Third World Quarterly* 26:1, 55-65.

———. 2006. *Democracy and America's War on Terror*. Tuscaloosa: University of Alabama Press.

Jarecki, Eugene. 2008. *The American Way of War: Guided Missiles, Misguided Men, and a Republic in Peril*. New York: Free Press.

Jennings, Francis. 1976. *The Invasion of America: Indians, Colonialism, and the Cant of Conquest*. New York and London: Norton.

Jentleson, Bruce W. 1992. "The Pretty Prudent Public: Post Post-Vietnam American Opinion on the Use of Force. *International Studies Quarterly* 36:1 (March), 49-73.

Jentleson, Bruce W., and Rebecca L. Britton. 1998. "Still Pretty Prudent: Post-Cold War American Public Opinion on the Use of Military Force." *Journal of Conflict Resolution* 42:4 (August), 395-417.

Jeong, Ho-Won. 2008. *Understanding Conflict and Conflict Analysis*. Newbury Park, Calif.: Sage Publications.

Johnson, Chalmers. 2004a. *Blowback, Second Edition: The Costs and Consequences of American Empire*. New York: Holt Paperbacks. 〔『アメリカ帝国への報復』チャルマーズ・ジョンソン、鈴木主税訳、集英社〕

———. 2004b. *The Sorrows of Empire: Militarism, Secrecy, and the End of the Republic*. New York: Holt Paperbacks. 〔『アメリカ帝国の悲劇』チャルマーズ・ジョンソン、村上和久訳、文藝春秋〕

———. 2008. *Nemesis: The Last Days of the American Republic*. New York: Holt

Paperbacks.

Kagan, Robert. 2003. *Of Paradise and Power: America and Europe in the New World Order*. New York: Knopf.〔『ネオコンの論理――アメリカ新保守主義の世界戦略』ロバート・ケーガン、山岡洋一訳、光文社〕

――. 2006. *Dangerous Nation*. New York: Vintage.

Kagan, Robert, and William Kristol. 2000. *Present Dangers: Crisis and Opportunity in American Foreign and Defense Policy*. New York: Encounter Books.

Kaplan, Amy. 2002. *The Anarchy of Empire in the Making of U.S. Culture*. Cambridge and London: Harvard University Press.〔『帝国というアナーキー――アメリカ文化の起源』エイミー・カプラン、増田久美子・鈴木俊弘訳、青土社〕

――. 2003. "Homeland Insecurities: Some Reflections on Language and Space." *Radical History Review* 85 (Winter), 82-93.

Kaplan, Amy, and Donald E. Pease, eds. 1993. *Cultures of United States Imperialism*. Durham and London: Duke University Press.

Kaplan, Robert D. 2006. *Imperial Grunts: On the Ground with the American Military, from Mongolia to the Philippines to Iraq and Beyond*. New York: Vintage.

Karnow, Stanley. 1997. *Vietnam: A History*. 2nd ed. New York: Penguin.

Karp, Walter. 2003. *The Politics of War: The Story of Two Wars Which Altered Forever the Political Life of the American Republic, 1890-1920*. Philadelphia: Moyer Bell.

Kellner, Douglas. 1992. *The Persian Gulf TV War*. Boulder, Colo.: Westview Press.

Keniston, Kenneth. 1967. *The Uncommitted: Alienated Youth in American Society*. New York: Dell.

――. 1968. *Young Radicals: Notes on Committed Youth*. New York: Harcourt Brace Jovanovich.〔『ヤング・ラディカルズ――青年と歴史』ケネス・ケニストン、庄司興吉・庄司洋子訳、みすず書房〕

Kinzer, Stephen. 2007. *Overthrow: America's Century of Regime Change from Hawaii to Iraq*. New York: Times Books.

Kohn, Richard H. 2009. "The Danger of Militarization in an Endless 'War' on Terrorism." *Journal of Military History* 73:1 (January), 177-08.

Kolko, Joyce, and Gabriel Kolko. 1972. *The Limits of Power: The World and United States Foreign Policy, 1945-1954*. New York: Harper & Row.

Koppes, Clayton R., and Gregory D. Black. 1990. *Hollywood Goes to War: How Politics, Profits and Propaganda Shaped World War II Movies*. Berkeley:

University of California Press.
Koscielski, Frank. 1999. *Divided Loyalties: American Unions and the Vietnam War*. London: Routledge.
Kriesberg, Louis. 2006. *Constructive Conflicts: From Escalation to Resolution*. Lanham, Md.: Rowman & Littlefield.
LaFeber, Walter. 2006. *America, Russia, and the Cold War, 1945-2006*. Columbus, Ohio: McGraw-Hill.〔『アメリカ vs ロシア――冷戦時代とその遺産』ウォルター・ラフィーバー、平田雅己・伊藤裕子監訳、中嶋啓雄・高橋博子・倉科一希・高原秀介・浅野一弘・原口幸司訳、芦書房〕
Lansing, Robert, and Louis F. Post. 1917. *A War of Self-Defense*. Committee on Public Information, War Information Series No. 5. Washington, D.C.: U.S. Government Printing Office.
Larson, Eric V., and Bogdan Savych. 2003. *Misfortunes of War: Press and Public Reactions to Civilian Deaths in Wartime*. RAND Corporation. www.rand.org/pubs/monographs/2006/RAND MG441.sum.pdf (consulted December 21, 2009).
Lebow, Richard Ned, and Janice Gross Stein. 1995. *We All Lost the Cold War*. Princeton: Princeton University Press.
Lederach, John Paul. 1998. *Building Peace: Sustainable Reconciliation in Divided Societies*. Washington, D.C.: United States Institute of Peace.
Lenin, V. I. 1973. *Imperialism: The Highest Stage of Capitalism*. New York: Foreign Language Press.〔『帝国主義論』レーニン、角田安正訳、光文社古典新訳文庫、ほか〕
Liberman, Peter. 2006. "An Eye for an Eye: Public Support for War Against Evildoers." *International Organization* 60:3 (Summer), 687-722.
Lincoln, Bruce. 1989. *Discourse and the Construction of Society: Comparative Studies of Myth, Ritual, and Classification*. New York and Oxford: Oxford University Press.
———. 1999. *Theorizing Myth: Narrative, Ideology, and Scholarship*. Chicago and London: University of Chicago Press.
Linn, Brian McAllister. 2002. *The Philippine War, 1899-1902*. Lawrence: University Press of Kansas.
Lipstadt, Deborah E. 1993. *Beyond Belief: The American Press and the Coming of the Holocaust, 1933-1945*. New York: Free Press.
Lunch, William L., and Peter W. Sperlich. 1979. "American Public Opinion and the War in Vietnam." *Western Political Quarterly* 32:1, 21-44.
Lyons, Terrence, and Gilbert M. Khadiagala. 2008. *Conflict Management and African Politics: Ripeness, Bargaining, and Mediation*. London: Routledge.

MacArthur, John R. 1992. *Second Front: Censorship and Propaganda in the Gulf War*. Berkeley: University of California Press.

Marvin, Carolyn, and David W. Ingle. 1996. "Blood Sacrifice and the Nation: Revisiting Civil Religion." *Journal of the American Academy of Religion* 64:4 (Winter), 767-80. http://www.jstor.org/stable/1465621 (consulted January 14, 2009).

Matlock, Jack F., Jr. 2005. *Reagan and Gorbachev: How the Cold War Ended*. New York: Random House.

Matthews, Shailer. 1917. "Why This Nation Is at War, in Plain Words." *New York Times*, July1. http://query.nytimes.com/mem/archive-free/pdf?_r=1 & res = 9F03E2DE133BE03ABC4953DFB166838C609EDE (consulted March 18, 2009).

May, Ernest R., and Philip D. Zelikow, eds. 2002. *The Kennedy Tapes: Inside the White House During the Cuban Missile Crisis*. New York: Norton.

May, Rollo. 1998. *Power and Innocence: A Search for the Sources of Violence*. New York: Norton.〔「わが内なる暴力」『ロロ・メイ著作集３』(小野泰博訳、誠信書房)に所収〕

McAlister, Alfred L. 2000. "Moral Disengagement and Opinions on War with Iraq." *International Journal of Public Opinion Research* 12:2, 191-98.

——. 2001. "Moral Disengagement: Measurement and Modification." *Journal of Peace Research* 38:1, 87-99. http://jpr.sagepub.com/cgi/reprint/38/1/87.

McKenna, George. 2007. *The Puritan Origins of American Patriotism*. New Haven: Yale University Press.

McPherson, James M. 1998. *For Cause and Comrades: Why Men Fought in the Civil War*. New York and London: Oxford University Press.

——. 2003. *Battle Cry of Freedom: The Civil War Era*. New York and London: Oxford University Press.

Melman, Seymour. 1970. *Pentagon Capitalism: The Political Economy of War*. New York: McGraw-Hill.〔『ペンタゴン・キャピタリズム——軍産複合から国家経営体へ』セイモア・メルマン、高木郁郎訳、朝日新聞社〕

Melville, Herman. 1924(1886). *Billy Budd*. Charlottesville: University of 190 selected bibliography Virginia Electronic Library. http://etext.virginia.edu/etcbin/toccer-new2?id=MelBill.sgm & images=images/modeng & data=/texts/english/modeng/parsed & tag=public & part=22 & division=div1.〔『ビリー・バッド』メルヴィル、坂下昇訳、岩波文庫、ほか〕

Miller, Perry. 1956. *Errand into the Wilderness*. Cambridge: Belknap Press of Harvard University Press.〔『ウィルダネスへの使命』ペリー・ミラー、向

井照彦訳、英宝社〕
Miller, Stuart Creighton. 1984. *Benevolent Assimilation: America's Conquest of the Philippines, 1899-1903*. New Haven: Yale University Press.
Millis, Walter. 1989. *The Martial Spirit*. Chicago: Elephant Paperbacks.
Missall, John, and Mary Lou Missall. 2004. *The Seminole Wars: America's Longest Indian Conflict*. Gainesville: University Press of Florida.
Mitchell, C. R. 1989. *The Structure of International Conflict*. New York: St. Martin's Press.
Mitchell, George J. 2001. *Making Peace*. Berkeley: University of California Press.
Moise, Edwin E. 2004. *The Tonkin Gulf and the Escalation of the Vietnam War*. Raleigh: University of North Carolina Press.
Montville, Joseph V. 1991. *Conflict and Peacemaking in Multiethnic Societies*. Lanham, Md.: Lexington Books.
Moran, Terence P., and Eugene Secunda. 2007. *Selling War to America: From the Spanish-American War to the Global War on Terror*. New York: Praeger.
Muller, Eric L. 2007. *American Inquisition: The Hunt for Japanese American Disloyalty in World War II*. Chapel Hill: University of North Carolina Press.
Murphy, Geraldine. 1989. "The Politics of Reading *Billy Budd*." *American Literary History* 1:2 (Summer), 361-82.
Nathanson, Stephen. 2003. *Patriotism, Morality, and Peace*. Lanham, Md.: Rowman & Littlefield.
National Advisory Commission on Civil Disorders. 1968. *Report*. Introduction by Tom Wicker. New York: Bantam Books.
National Commission on the Causes and Prevention of Violence. 1970. *To Establish Justice, to Insure Domestic Tranquility (Final Report)*. Introduction by James Reston. New York: Bantam Books.
National Commission on Terrorist Attacks upon the United States. 2004. *The 9/11 Report*. New York: St. Martin's Press.〔『9/11 委員会レポートダイジェスト――同時多発テロに関する独立調査委員会報告書、その衝撃の事実』同時多発テロに関する独立調査委員会、松本利秋・ステファン丹沢・永田喜文訳、WAVE出版〕
Navasky, Victor S. 2003. *Naming Names*. New York: Hill & Wang.〔『ハリウッドの密告者―1950 年代アメリカの異端審問』ヴィクター・S・ナヴァスキー、三宅義子訳、論創社〕
Neal, Arthur G. 2005. *National Trauma and Collective Memory: Extraordinary Events in the American Experience*. 2nd ed. Armonk, N.Y., and London: M. E. Sharpe.

Nugent, Walter. 2008. *Habits of Empire: A History of American Expansion*. New York: Knopf.

Nye, Joseph S., Jr. 2005. *Soft Power: The Means to Success in World Politics*. New York: Public Affairs.〔『ソフト・パワー――21世紀国際政治を制する見えざる力』ジョセフ・S・ナイ、山岡洋一訳、日本経済新聞社〕

Offner, John L. 1992. *An Unwanted War: The Diplomacy of the United States and Spain over Cuba*, 1895-1898. Chapel Hill: University of North Carolina Press.

——. 1998. "Why Did the United States Fight Spain in 1898?" *OAH Magazine of History* 12:3 (Spring), 19-23.

Omar, Kaleem. 2005. "What ever Happened to April Glaspie?" *Third World Traveler*. http://www.thirdworldtraveler.com/Iraq/April Glaspie.html (consulted October 29, 2009).

Packer, George. 2006. *The Assassins' Gate: America in Iraq*. New York: Farrar, Straus and Giroux.〔『イラク戦争のアメリカ』ジョージ・パッカー、豊田英子訳、みすず書房〕

Pape, Robert A. 1996. *Bombing to Win: Air Power and Coercion in War*. Ithaca: Cornell University Press.

Paul, Ron. 2007. *A Foreign Policy of Freedom: Peace, Commerce, and Honest Friendship*. Lake Jackson, Tex.: Foundation for Rational Economics and Education.

Pearce, Roy Harvey. 2001. *Savagism and Civilization*. Baltimore: Johns Hopkins University Press.

Pérez, Louis A., Jr. 1989. "The Meaning of the *Maine*: Causation and the Historiography of the Spanish-American War." *Pacific Historical Review* 58:3 (August), 293-322.

——. 2008. *Cuba in the American Imagination: Metaphor and the Imperial Ethos*. Chapel Hill: University of North Carolina Press.

Peterson, H. C. 1939. *Propaganda for War: The Campaign Against American Neutrality, 1914-1917*. Norman: University of Oklahoma Press.〔『戦時謀略宣伝』H・C・ピーターソン、村上倬一訳、富士書房〕

Pfeffer, Richard M., ed. 1969. *No More Vietnams? The War and the Future of American Foreign Policy*. New York: Harper & Row.

Polk, William R. 2007. *Violent Politics: A History of Insurgency, Terrorism and Guerrilla War, from the American Revolution to Iraq*. New York: HarperCollins.

Polner, Murray. 1998. *Disarmed and Dangerous: The Radical Life and Times of Daniel and Philip Berrigan, Brothers in Religious Faith and Civil*

Disobedience. Boulder, Colo.: Westview Press.
Polner, Murray, and Thomas E. Woods, eds. 2008. *We Who Dared to Say No to War: American Antiwar Writing from 1812 to Now*. New York: Basic Books.
Porter, Kenneth Wiggins. 1951. "Negroes and the Seminole War, 1817-1818." *Journal of Negro History* 36:3 (July), 249-80.
Primoratz, Igor, and Aleksandar Pavković, eds. 2008. *Patriotism: Philosophical and Political Perspectives*. Aldershot, U.K., and Burlington, Vt.: Ashgate.
Pruitt, Dean G. 2005. *Whither Ripeness Theory?* Working Paper No. 25, Institute for Conflict Analysis and Resolution, George Mason University.
——. 2007. "Negotiating with Terrorists." IACM 2007 Meetings Paper. http://ssrn.com/abstract=1031668 (consulted August 13, 2009).
Pruitt, Dean G., and Sung Hee Kim. 2004. *Social Conflict: Escalation, Stalemate, and Settlement*. 3rd ed. New York: McGraw-Hill.
Purdy, Jedediah. 2009. *A Tolerable Anarchy: Rebels, Reactionaries, and the Making of American Freedom*. New York: Knopf.
Quandt, William B. 1986. *Camp David: Peacemaking and Politics*. Washington, D.C.: Brookings Institution.
Quinn, Adam. 2008. "The 'National Interest' as Conceptual Battleground." International Studies Association Convention, San Francisco. http://www.allacademic.com//meta/p_mla_apa_research_citation/2/5/2/9/5/pages252952/p252952-1.php (consulted August 5, 2009).
Quint, Howard H. 1958. "American Socialists and the Spanish-American War." *American Quarterly* 10:2, part 1 (Summer), 131-41.
Ramsbotham, Oliver, Tom Wood house, and Hugh Miall. 2005. *Contemporary Conflict Resolution*. 2nd ed. Cambridge, U.K.: Polity.〔『現代世界の紛争解決学――予防・介入・平和構築の理論と実践』オリバー・ラムズボサム&トム・ウッドハウス&ヒュー・マイアル、宮本貴世訳、明石書店〕
Rickover, Hyman G. 1995. *How the Battleship* Maine *was Destroyed*. Washington, D.C.: Naval Institute Press.
Risen, James. 2006. *State of War: The Secret History of the CIA and the Bush Administration*. New York: Free Press.〔『戦争大統領――CIAとブッシュ政権の秘密』ジェームズ・ライゼン、伏見威蕃訳、毎日新聞社〕
Robinson, Greg. 2009. *A Tragedy of Democracy: Japanese Confinement in North America*. New York: Columbia University Press.
Robinson, Paul, ed. 2003. *Just War in Comparative Perspective*. Aldershot, U.K., and Burlington, Vt.: Ashgate.
Rodin, David. 2002. *War and Self-Defense*. Oxford: Oxford University Press.
Rosen, Stephen Peter. 2009. "Blood Brothers: The Dual Origins of American

Bellicosity." *American Interest* 4:6 (July-August), 20-28.

Rothbart, Daniel, and Karinia V. Korostelina, eds. 2006. *Identity, Morality, and Threat: Studies in Violent Conflict*. Plymouth, U.K.: Lexington Books.

Rovere, Richard H. 1996. *Senator Joe McCarthy*. Berkeley: University of California Press.〔『マッカーシズム』リチャード・H・ロービア、宮地健次郎訳、岩波文庫〕

Rubenstein, Richard E. 1991. "On Taking Sides: Lessons of the Persian Gulf War." Working Paper No. 5, Institute for Conflict Analysis and Resolution, George Mason University. http://icar.gmu.edu/working_papers.html (consulted May 17, 2009).

———. 2006. *Thus Saith the Lord: The Revolutionary Moral Vision of Isaiah and Jeremiah*. New York: Harcourt Books.

Rubenstein, Richard E., and Jarle P. Crocker. 1994. "Challenging Huntington." *Foreign Policy* 96 (Autumn), 113-28.

Salinger, Pierre, and Eric Laurent. 1991. *Secret Dossier*. Harmondsworth, U.K.: Penguin.

Sandole, Dennis J. D. 2005. "The Islamic-Western 'Clash of Civilizations': The Inadvertent Contribution of the Bush Presidency." Paper presented at the annual meeting of the International Studies Association, Hilton Hawaiian Village, Honolulu, March 5. http://www.allacademic.com/meta/p71755index.html (consulted January 23, 2009).

Sandole, Dennis J. D., Sean Byrne, Ingrid Sandole-Staroste, and Jessica Senehi, eds. 2009. *Handbook of Conflict Analysis and Resolution*. London: Routledge.

Saunders, Harold H. 2001. *A Public Peace Process: Sustained Dialogue to Transform Racial and Ethnic Conflicts*. London and New York: Palgrave Macmillan.

Schmidt, Donald E. 2005. *The Folly of War: American Foreign Policy, 1898-2005*. New York: Algora.

Schrecker, Ellen. 1998. *Many Are the Crimes: McCarthyism in America*. Boston: Little, Brown.

Schuman, Howard, and Cheryl Rieger. 1992. "Historical Analogies, Generational Effects, and Attitudes Toward War." *American Sociological Review* 57:3 (June), 315-26.

Schwalbe, Carol B., B. W. Silcock, and S. Keith. 2008. "Visual Framing of the Early Weeks of the U.S.-Led Invasion of Iraq: Applying the Master War Narrative to Electronic and Print Images." *Journal of Broadcasting & Electronic Media* (September). http://www.entrepreneur.com/tradejournals/article/1853859321.html.

Scott, Walter. 1805. *The Lay of the Last Minstrel: A Poem in Six Cantos*. http://theotherpages.org/poems/minstrel.html.〔『ウォルター・スコット　最後の吟遊詩人の歌――作品研究』佐藤猛郎、評論社〕

Shapiro, Michael J. 1997. *Violent Cartographies: Mapping Cultures of War*. Minneapolis and London: University of Minnesota Press.

Slotkin, Richard. 1998a. *Gunfighter Nation: The Myth of the Frontier in Twentieth-Century America*. Norman: University of Oklahama Press.

———. 1998b. *The Fatal Environment: The Myth of the Frontier in the Age of Industrialization, 1800-1890*. Norman: University of Oklahoma Press.

———. 2000. *Regeneration Through Violence: The Mythology of the American Frontier, 1600-1860*. Norman: University of Oklahoma Press.

Smith, Sharon. 2006. *Subterranean Fire: A History of Working-Class Radicalism in the United States*. Chicago: Haymarket Books.

Sorabji, Richard, and David Rodin, eds. 2006. *The Ethics of War: Shared Problems in Different Traditions*. Aldershot, U.K., and Burlington, Vt.: Ashgate.

Sternberg, Richard R. 1936. "Jackson's 'Rhea Letter' Hoax." *Journal of Southern History* 2:4 (November), 480-96.

Steuter, Erin, and Deborah Wills. 2008. *At War with Metaphor: Media, Propaganda, and Racism in the War on Terror*. Lanham, Md.: Rowman & Littlefield.

Stevenson, Charles A. 2007. *Congress at War: The Politics of Conflict Since 1789*. Washington, D.C.: National Defense University Press.

Stone, Geoffrey R. 2004. *Perilous Times: Free Speech in War time from the Sedition Act of 1798 to the War on Terrorism*. New York: Norton.

Stueck, William. 2004. *Rethinking the Korean War: A New Diplomatic and Strategic History*. Princeton: Princeton University Press.

Suchman, Edward A., R. K. Goldsen, and R. M. Williams Jr. 1953. "Attitudes Toward the Korean War." *Public Opinion Quarterly* 17:2 (Summer), 171-84.

Taylor, A. J. P. 1996. *The Origins of the Second World War*. New York: Simon & Schuster.〔『第二次世界大戦の起源』A・J・P・テイラー、吉田輝夫訳、講談社学術文庫、ほか〕

Taylor, William R. 1993. *Cavalier and Yankee: The Old South and American National Character*. London and New York: Oxford University Press.

Thoreau, Henry David. 1993(1850). *The Higher Law: Thoreau on Civil Disobedienceand Reform*. Ed. Wendell Glick. Princeton: Princeton University Press.〔『ソローの市民的不服従――悪しき「市民政府」に抵抗せよ』ヘンリー・デイヴィッド・ソロー、佐藤雅彦訳、論創社、ほか〕

Trask, David F. 1996. *The War with Spain in 1898*. Omaha: University of Nebraska Press.

Tuchman, Barbara W. 1985. *The Zimmermann Telegram*. New York: Ballantine Books.〔『決定的瞬間――暗号が世界を変えた』バーバラ・W・タックマン、町野武訳、ちくま学芸文庫〕

――. 2004. *The Guns of August*. New York: Presidio Press.〔『八月の砲声』上下巻、バーバラ・W・タックマン、山室まりや訳、ちくま学芸文庫〕

Twain, Mark. 1901. "To the Person Sitting in Darkness." https://eee.uci.edu/.../Hart %20Reader_pp109 117b ToPersonSitting.pdf (consulted October 22, 2009).

――. 1963. *The Complete Essays of Mark Twain*. Ed. Charles Neider. Garden City, N.Y.: Doubleday.

Valentine, Douglas. 2000. *The Phoenix Program*. New York: iUniverse.

Virilio, Paul. 1989. *War and Cinema: The Logistics of Perception*. Trans. Patrick Camiller. London and New York: Verso.

Volkan, Vamik. 1998. *Bloodlines: From Ethnic Pride to Ethnic Terrorism*. New York: Basic Books.〔『誇りと憎悪――民族紛争の心理学』ヴァミク・ヴォルカン、水谷驍訳、共同通信社〕

――. 2004. *Blind Trust: Large Groups and Their Leaders in Times of Crisis and Terror*. Charlottesville, Va.: Pitchstone Press.

von Clausewitz, Carl. 2008 (1832). *On War*. New York: Wilder.〔『戦争論』全3巻、クラウゼヴィッツ、篠田英雄訳、岩波文庫、ほか〕

Wallace, Max. 2004. *The American Axis: Henry Ford, Charles Lindbergh, and the Rise of the Third Reich*. New York: St. Martin's Griffin.

Wallis, Jim. 2006. *God's Politics: Why The Right Gets It Wrong and the Left Doesn't Get It*. San Francisco: HarperSanFrancisco.

Walzer, Michael. 2006a. *Just and Unjust Wars: A Moral Argument with Historical Illustrations*. 4Thed. New York: Basic Books.〔『正しい戦争と不正な戦争』マイケル・ウォルツァー、萩原能久監訳、風行社〕

――. 2006b. *Arguing About War*. New Haven: Yale University Press.〔『戦争を論ずる――正戦のモラル・リアリティ』マイケル・ウォルツァー、駒村圭吾・鈴木正彦・松元雅和訳、風行社〕

Weber, Jennifer L. 2008. *Copperheads: The Rise and Fall of Lincoln's Opponents in the North*. New York: Oxford University Press.

Weeks, William Earl. 1992. *John Quincy Adams and American Global Empire*. Lexington: University Press of Kentucky.

Weinberg, Albert K. 1958. *Manifest Destiny: A Study of Nationalist Expansionism in American History*. Gloucester, Mass.: Peter Smith.

Weinstein, Allen, and Alexander Vassiliev. 2000. *The Haunted Wood: Soviet Espionage in America—The Stalin Era*. New York: Modern Library.

Weiss, Peter. 2002. "Terrorism, Counterterrorism and International Law." *Transnational Institute Newsletter*, March 29. http://www.tni.org/detail_page.phtml?page=archives_weiss_terrorism (consulted June 17, 2009).

Welch, David A. 1995. *Justice and the Genesis of War*. New York and Cambridge: Cambridge University Press.

Wells, Robert A. 2005. "Mobilizing Support for War: An Analysis of Public and Private Sources of American Propaganda During World War II." Paper presented at the Annual Meeting of the International Studies Association, Honolulu, March 5. http://www.allacademic.com/meta/p69897index.html (consulted July 6, 2009).

Western, Jon. 2005. *Selling Intervention and War: The Presidency, the Media, and the American Public*. Baltimore: Johns Hopkins University Press.

Wheelan, Joseph. 2007. *Invading Mexico: America's Continental Dream and the Mexican War, 1846-1848*. New York: PublicAffairs.

Whitaker, Brian. 2001. "Saddam: Serpent in the Garden of Eden." *Guardian*, January 12. http://www.guardian.co.uk/world/2001/jan/12/iraq.worlddispatch (consulted December 13, 2009).

Williams, William Appleman. 1972. *The Tragedy of American Diplomacy*. 2nd rev. ed. New York: Dell.〔『アメリカ外交の悲劇』ウィリアム・A・ウィリアムズ、高橋章・松田武・有賀貞訳、御茶の水書房〕

———. 1988. *The Contours of American History*. New York and London: Norton.

———. 2006. *Empire as a Way of Life: An Essay on the Causes and Character of America's Present Predicament Along with a Few Thoughts About an Alternative*. New York: Ig.

Wilz, John Edward. 1995. "The Making of Mr. Bush's War: A Failure to Learn from History?" *Presidential Studies Quarterly* 25:3 (Summer), 533-54.

Winch, Samuel. 2004. "Constructing an 'Evil Genius': Through the News Frame, Osama bin Laden Looks like Dr. Fu-Manchu." Paper presented at the annual meeting of the International Communication Association, New Orleans Sheraton, New Orleans. http://www.allacademic.com//meta/p_mla_apa_research_citation/1/1/2/8/1/pages112814/p112814-1.php (consulted August 15, 2009).

Woodward, Bob. 1987. *Veil: The Secret Wars of the CIA, 1981-1987*. New York: Simon & Schuster.〔『ヴェール——CIAの極秘戦略 1981 - 1987』上下巻、ボブ・ウッドワード、池央耿訳、文藝春秋〕

———. 2004. *Plan of Attack: The Definitive Account of the Decision to Invade Iraq*. New York: Simon & Schuster.〔『攻撃計画――ブッシュのイラク戦争』ボブ・ウッドワード、伏見威蕃訳、日本経済新聞社〕

Wynn, Neil A. 1996. "The 'Good War': The Second World War and Postwar American Society." *Journal of Contemporary History* 31:3 (1996), 463-82.

Xia, Yafeng. 2006. *Negotiating with the Enemy: U.S.-China Talks During the Cold War, 1949-1972*. Bloomington: University of Indiana Press.

Yergin, Daniel. 1978. *Shattered Peace: The Origins of the Cold War and the National Security State*. New York: Houghton Mifflin.

Young, Marilyn B., J. J. Fitzgerald, and A. T. Grunfeld. 2003. *The Vietnam War: A History in Documents*. New York: Oxford University Press.

Zangwill, Israel. 2009 (1908). *The Melting-Pot: A Play in Four Acts*. New York: BiblioLife.

Zartman, I. William. 2008. *Negotiation and Conflict Management: Essays on Theory and Practice*. London: Routledge.

———, ed. 2005. *Negotiating with Terrorists*. Amsterdam: Martinus Nijhoff.

Zinn, Howard. 1973. *Postwar America, 1945-1971*. Indianapolis and New York: Bobbs-Merrill.

———. 2003. *A People's History of the United States, 1492-Present*. New York: HarperCollins.〔『民衆のアメリカ史――1492 年から現代まで』上下巻、ハワード・ジン、猿谷要監修、富田虎男・平野孝・油井大三郎訳、明石書店、ほか〕

【ワ行】

【マ行】

【ラ行】

人名索引

著者略歴

リチャード・E. ルーベンスタイン

Richard E. Rubenstein

1938年生まれ。米国ジョージ・メイソン大学教授。国際紛争解決が専門。著書『When Jesus Became God』(未邦訳)は『パブリッシャーズ・ウィークリー』誌の最優秀宗教書に選ばれた。邦訳された著書に『中世の覚醒――アリストテレス再発見から知の革命へ』(紀伊國屋書店)がある。

訳者略歴

小沢千重子

Chieko Ozawa

1951年生まれ。東京大学農学部卒。ノンフィクション分野の翻訳に従事している。訳書にルーベンスタイン『中世の覚醒』、アンサーリー『イスラームから見た「世界史」』、クロスビー『数量化革命――ヨーロッパ覇権をもたらした世界観の誕生』『飛び道具の人類史――火を投げるサルが宇宙を飛ぶまで』、ローズ『原爆から水爆へ――東西冷戦の知られざる内幕』(共訳)(いずれも紀伊國屋書店)ほかがある。

殺す理由——なぜアメリカ人は戦争を選ぶのか

二〇一三年四月一二日第一刷発行

著　者　リチャード・E・ルーベンスタイン
訳　者　小沢千重子
発行所　株式会社　紀伊國屋書店
東京都新宿区新宿三―一七―七
出版部（編集）電話〇三（六九一〇）〇五〇八
ホールセール部（営業）電話〇三（六九一〇）〇五一九
東京都目黒区下目黒三―七―一〇
郵便番号　一五三―八五〇四
地　図　ワークスプレス（二七、六七、二九九ページ）
年表協力　掛江朋子
装幀者　間村俊一
印刷所　慶昌堂印刷
製本所　大口製本
Cover Image © Chad Slattery, Decommisioned Boeing B-52 bombers, Tucson, Arizona, early1990's The Image Bank, gettyimages.
Title Page Image © PoodlesRock, Revolutionary War Minuteman from 1775, Corbis.

ISBN978-4-314-01106-8 C0022
Printed in Japan
定価は外装に表示してあります